W0261660

Helmut Habenicht

Anker und Ankerungen zur Stabilisierung des Gebirges

Springer-Verlag
Wien New York

Dipl.-Ing., Dipl.-Ing. Dr. mont. Helmut Habenicht, M. S.
Salzburg

Mit 109 Abbildungen

Library of Congress Cataloging in Publication Data. Habenicht, Helmut, 1937—. Anker und Ankerungen zur Stabilisierung des Gebirges. Bibliography: p. Includes index. 1. Rock bolts. 2. Mine roof bolting. 3. Tunneling-Equipment and supplies. I. Title. TN292.H3. 622'.26. 75-43584

ISBN-13: 978-3-7091-8436-3 e-ISBN-13: 978-3-7091-8435-6
DOI: 10.1007/978-3-7091-8435-6

Geleitwort

Seit Hugeon und Costes 1959 ihre ausführliche Darstellung der mechanischen Wirkungsweisen verschiedener Ankersysteme veröffentlichten, ist eine geraume Zeit verstrichen und sehr vieles Neue ist auf dem Gebiet der Felsankerungen gedacht und geschaffen worden. Da ist es hocherfreulich, daß mit dem vorliegenden Buch eine reichhaltige, übersichtliche und besonders für den Praktiker wertvolle Zusammenschau gegeben worden ist. Die Felsankerung ist aus dem Bergbau und dem Tunnelbau nicht mehr wegzudenken; mehr und mehr sind Anker aller Art ein wichtiges Konstruktionselement geworden; sie haben sich, besonders im Tunnelbau, nicht nur als provisorische Gebirgsstützung, als die sie ursprünglich gedacht waren, sondern in wachsendem Maße auch als bleibendes Ausbauelement bewährt.
Deshalb ist dem Verfasser für diese Darstellung sehr zu danken. Zahlreiche Hinweise auf die reichhaltige, besonders auch auf die theoretische Literatur sind geeignet, zu weiteren Studien anzuregen.
Ich wünsche diesem Buch die gebührende Verbreitung, die es verdient.

Karlsruhe, im März 1976   Glückauf!

Leopold Müller, Salzburg

Vorwort

Im Vergleich zu dem großen Umfang von Stückzahlen, Ausführungsformen und Anwendungsweisen von Gebirgsankern sowie zu den außerordentlichen Leistungen, die sie in verhältnismäßig kurzer Zeit erreicht haben, besteht darüber wenig zusammenfassende Fachliteratur. Mit dem vorliegenden Buch soll versucht werden, den Fragenkreis der Gebirgsanker im einzelnen und in der Gesamtschau übersichtlich zu behandeln.
Besonders anregend wirkt das Bewußtsein, den hohen Stand in der Kunst der Gebirgsbeherrschung darauf zurückführen zu können, daß die Technik es vermag, die der Materie innewohnenden Eigenschaften zur Mitwirkung und zur Erreichung der angestrebten Ziele harmonisch zu nutzen.
Wegen der kurzen Zeitdauer und der Schnelligkeit der Entwicklung auf diesem Spezialgebiet ist dieser Ausarbeitung auch deutlich der Kompromiß aufgeprägt, der zwischen ausgereifter Vollständigkeit und richtungsweisendem Pioniercharakter zu treffen war. Auch deshalb werden Anregungen zur Diskussion und Entwicklungsarbeit an vielen Stellen empfunden werden.
Eine feste Grundlage hierzu sollen schließlich die beigefügten Beispiele aus der Praxis bilden, die nicht zuletzt als empirische Nachweise der Leistungsfähigkeit auch dem Lernenden als Anhaltspunkte dienen mögen.
An dieser Stelle soll allen Personen und Unternehmen, die diese Ausarbeitung so freundlich unterstützt haben, die große Dankbarkeit des Verfassers zum Ausdruck gebracht werden.

Salzburg, im März 1976 H. Habenicht

Inhaltsverzeichnis

I. Einleitung

In vielen Fällen, in denen untertägige Hohlräume hergestellt, Baugruben ausgehoben
oder Geländeeinschnitte vorgenommen werden, aber auch an natürlichen Böschungen, müssen Maßnahmen zur künstlichen Stützung der freiliegenden Flächen getroffen werden, weil das Gebirge wegen mangelnder Festigkeit nicht imstande ist,
stabil zu bleiben. Zu diesen Maßnahmen zählen das Einbringen künstlichen Ausbaues und das künstliche Verfestigen des Gebirges.

Künstlicher Ausbau besteht aus Bauelementen, die so gewählt sind, daß sie imstande sind, die Kräfte, welche das Gebirge beim Zerfallsprozeß in Richtung auf die
freiliegenden Flächen entwickelt, aufzunehmen. Damit bringen sie von außen her
dem Gebirge so viel Widerstand entgegen, daß dieses am Zerfall gehindert wird.
Die Maßnahmen der künstlichen Verfestigung zielen dagegen darauf ab, die innere
Festigkeit des Gebirges zu erhöhen. Dabei wird erzielt, daß dieses von selbst in
seiner Lage bleibt und grundsätzlich keine weitere Unterstützung von außen her
nötig ist. Zu diesen Maßnahmen gehört neben einigen anderen das Ankern.

Dieses hat nicht nur deshalb weite Verbreitung gefunden, weil es das Gebirge selbst
zum Tragen veranlaßt, und zwar sehr frühzeitig nach dem Herstellen des Ausbruchs,
sondern auch wegen seiner betrieblichen und wirtschaftlichen Vorteile. Zu diesen
gehören: geringe Material- und Einbaukosten; wenig Platzbedarf sowohl im eingebauten Zustand als auch bei der Lagerung, geringer Ausbruchsquerschnitt und Einsparung an Auffahrungskosten; leichte Handhabung; schnelles Einbauen; geringer
Transportaufwand; unbehinderte Hohlraumquerschnitte; Verwendbarkeit zum Aufhängen von Einbauten, Maschinen, Leitungen, Ausbauelementen wie Trägern,
Netzen, Platten; geringer Wetterwiderstand; Unbrennbarkeit.

Diese Vorteile haben das Ankern für Unternehmer und Mannschaften sozusagen
sympathisch gestaltet. Damit haben sie jene wichtigste psychologische Voraussetzung erfüllt, die für die Einführung von technischen Neuerungen gilt, deren konkrete
Wirkungsweise und funktionelle Leistungsfähigkeit von vornherein noch nicht
durchschaubar ist, auch wenn sie eine noch so großartige Umstellung der Verfahrenstechnik versprechen mögen.

Der größte technische Fortschritt durch das Ankern für die Stabilisierung von Hohlräumen liegt darin, daß von der Einbringung eigener tragender Bauelemente in den

Hohlraum übergegangen werden konnte zur wirksamen Beeinflussung des Gebirges durch die Anker, so daß das Gebirge selbst die stabilisierenden Widerstandskräfte entwickelt. Dies gelingt in ausreichendem Maße im überwiegenden Bereich der Gebirgsqualitäten und Hohlraumformen sowohl auf dem Gebiet der Bautechnik als auch des Bergbaues.

Die wichtigsten Ankerarten und ihre Wirkungsweise sowie die Mechanik der Gebirgsverfestigung und der daraus hervorgehende Entwurf von Ankerungen sollen hier dargelegt werden. Ihre Anwendung und der damit verbundene Erfolg sollen an einer Reihe von Beispielen praktisch ausgeführter Arbeiten erläutert werden.

II. Aufbau und Wirkungsweise von Gebirgsankern

1. Grundlegende Merkmale

Gebirgsanker sind für Zugbeanspruchung ausgelegte Elemente von stabförmiger
Ausbildung. An ihrem einen Ende, dem Verankerungsende, sind sie mit einem
Ankermechanismus ausgerüstet, an ihrem anderen, dem Ankerkopf, mit einer
Tragplatte.

Mit dem Ankermechanismus werden sie in ein Bohrloch eingeführt und im Inneren
des Gebirges verspannt. Die Ankermechanismen werden aus Gußeisen, Stahl oder
Kunststoff hergestellt, die Tragplatten jedoch ausschließlich aus Stahl. Der Ankermechanismus kann jedoch auch in einer Vergußmasse bestehen, mit der das Verankerungsende im Bohrloch gehalten wird.

Der Ankerkopf ragt dabei aus dem Bohrloch so heraus, daß die an ihm befestigte
Tragplatte an der freien Oberfläche des Gebirges aufliegt. Dabei übernimmt sie
die Last des Gebirges und überträgt diese auf den Anker.

Unmittelbar nach dem Einbauen der Anker werden diese meist vorgespannt, so
daß die Gebirgszone zwischen Ankermechanismus und Tragplatte unter Druckspannung gesetzt wird. Diese Druckspannung bewirkt eine Erhöhung der Reibungswiderstände im Gebirge, so daß das Auflockern und Zergleiten entlang von Schichtfugen oder Klüften eingeschränkt wird.

Als Baustoff für die Ankerstäbe wird fast ausschließlich Stahl verwendet. Dabei
werden diese vorwiegend in Stabform ausgeführt, doch gibt es auch an ihrer Stelle
die Verwendung von Stahldrahtbündeln oder von Drahtseilen. Neuerdings werden
auch Kunststoffe mit Glasfasern und manchmal auch Holz in Betracht gezogen.
Eine schematische Darstellung des grundlegenden Aufbaues von Gebirgsankern ist
in Abb. II.1 gegeben.

Eine Einteilung der Anker kann nach verschiedenen Gesichtspunkten vorgenommen
werden. So kann man nach dem Kriterium unterscheiden, wie die eigentliche Verankerung im Gebirge vor sich geht, wonach in Spreizanker und in Haftanker unterteilt werden kann. Oder aber nach dem Kriterium der Setzlast in vorgespannte
Anker und schlaffe Anker. Nach der Höhe der Ankerkraft kann man leichte und
schwere Anker unterscheiden. Bezüglich der Länge besteht die Möglichkeit, in
Langanker und Kurzanker einzuteilen. Entsprechend dem Aufbau gibt es Einfach-
stab-, Stabbündel- (Mehrfachstab-), Einfachdraht-, Drahtbündel (Mehrfachdraht-),
Einfachseil- oder Seilbündel- (Mehrfachseil-) Anker. Die Eigenheit des Werkstoffs

erlaubt die Unterscheidung von Stahl-, Holz- oder Kunststoffankern. Hinsichtlich der Gebirgsqualität neigt man auch zur Einteilung in Felsanker und Erdanker.
Da keines dieser Kriterien die anderen gleichzeitig ausschließt, müssen sie alle als

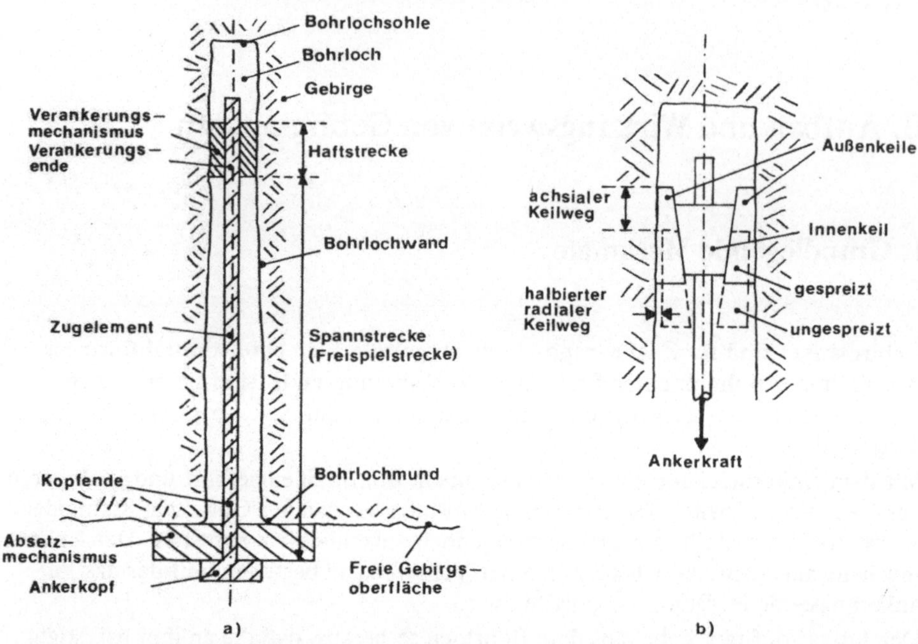

Abb. II.1. Erläuterung einiger Begriffe. a) Aufbau eines Ankers, b) Aufbau eines Verankerungsmechanismus bei Spreizankern

gleichzeitig nutzbar angesehen werden. Weiters ist die Vielfalt der auf dem Markt erhältlichen Ankerformen keineswegs durch die Herstellerfirmen oder anderweitig begrenzt und es bleibt zum Teil auch dem Verbraucher selbst überlassen, eigene Formen zu entwickeln und einzusetzen. Aus diesem Grunde soll die Systematik der Ankerbauarten nicht weiter festgelegt werden; an Stelle dessen sollen die gebräuchlichen Bauarten als solche besprochen werden.

2. Die Ankerarten

Unter den vielen Ausführungsformen soll hier nach den zwei großen Gruppen der Verankerungsweise unterschieden werden zwischen:

> *Spreizankern* und
> *Haftankern.*

Spreizanker entsprechen in ihrer Wirkungsweise am besten der vorangegangenen Beschreibung, weil ihr Ankermechanismus wirklich als eigene Einheit ausgebildet ist. Dieser besteht entweder aus einem System von Keilen, die beim Einbauen im Bohrloch axial und radial so gegeneinander verschoben werden, daß sie sich gegen die Bohrlochwand verspreizen. Die Ankermechanismen übertragen dann die Ankerkräfte vorwiegend durch Reibungsschluß ins Gebirge. Sonderformen aus einer verformbaren Metallhülse wurden ebenfalls entwickelt, wobei die Hülse durch das Auslösen einer Sprengladung in ihrem Inneren so in die Bohrlochwand gepreßt wird, daß sie den Anker dort festhält.

Haftanker haben den Ankermechanismus ersetzt durch Vergußmassen wie Kunstharze, Zement oder Mörtel, welche in das Bohrloch eingeführt werden und nach ihrem Abbinden dort die Ankerstange festhalten. Die Kraftübertragung vom Anker ins Gebirge erfolgt hier vorwiegend durch Formschluß ohne besonderen Andruck an die Bohrlochwand.

Weil die Vergußmassen manchmal eingepumpt werden, hat sich auch der etwas irreführende Ausdruck Injektionsanker oder Verpreßanker eingebürgert. Eine Injektion im eigentlichen Sinne ist jedoch weder das Ziel noch eine Begleiterscheinung des Vergußvorganges, bei dem auch keine höheren Drücke angewendet werden. Die Drücke müssen nur ausreichen, um die Vergußmasse über die Fließwiderstände befriedigend schnell in die Haftstrecke zu bringen, nach deren Füllung auch jeder hydrostatische Druckaufbau vermieden wird, um nicht das Gebirge oder die Verschlußvorrichtungen im Bohrloch aufzubrechen.

Wenn die verschiedenen Anker auch im Zuge der unabsehbaren Einzelvorgänge im Gebirge gelegentlich auf Abscherung oder Biegung beansprucht werden, so sind sie in ihrer Mechanik grundsätzlich nicht dafür ausersehen; solche Effekte werden auch nicht in den Entwurf mit einbezogen.

Die für einen Anker erforderlichen Mengen der Vergußmasse lassen sich aus dem Volumen des Ringraumes in der Haftstrecke errechnen, welches sich ergibt aus:

$$V = L\ \frac{(D^2 - d^2)\,\pi}{400} \tag{II.1}$$

Es bedeuten:

V . . . . Vergußvolumen (1)
L . . . . Länge der Haftstrecke (cm)
D . . . . Bohrlochdurchmesser (cm)
d . . . . Durchmesser des Ankerstabes (cm)

Bei der Planung ist jedoch die Rauhigkeit der Bohrlochwandung infolge kleinerer Ausbrüche zu berücksichtigen, welche je nach Gebirgsart einen Mehraufwand von 5 bis 15% des rechnerischen Volumens verursacht. Bei besonderer Klüftigkeit muß mit dem Eindringen des Vergußmittels in die Hohlräume gerechnet werden, was bei mäßigem Auftreten im Routinebetrieb bis zum Dreifachen des rechnerischen Betrages ausmachen kann. Einzelfälle von totalem Verlust der Vergußmasse sind dabei jedoch ebenfalls zu erwarten.

Es gibt in der Praxis Kombinationen von Spreiz- und Haftankern, wobei meist Spreizanker noch zusätzlich durch Nachfüllen von Vergußmitteln verpreßt werden. Manchmal kann dies in gewissem Maße als Korrosionsschutz dienen, weil die agressiven Gebirgswasser vom empfindlichen Stahl ferngehalten werden.

Hinsichtlich ihrer Kraftentwicklung unterscheiden sich die beiden Grundformen ebenfalls. Wie Tab. II.1 zeigt, werden Spreizanker beim Einbau meist vorgespannt [102, 106, 107, 108, 110, 111]. Manchmal ist das Setzen des Ankermechanismus direkt so an die Vorspannung gebunden, daß ein Setzen ohne Vorspannung nicht möglich ist. Da die Vorspannung des Ankers sich auf das umgebende Gebirge überträgt, wird dessen Mobilität frühzeitig eingeschränkt. Es wäre grundsätzlich möglich, nicht an die Vorspannung gebundene Spreizanker auch ohne eine solche einzubauen,

Tabelle II.1. Grundformen von Gebirgsankern und ihre wesentlichen Merkmale

Anker-Grundform	Setzlast	Stabilisierungswirkung		Krafteinleitung	
		zeitlich	mechanisch	in den Anker	ins Gebirge
Spreizanker	Vorspannung	sofort	stabilisiert vorweg ohne Erfordernis der Gebirgsbewegung	Formschluß über Tragplatte und Ankerkopf	Kraftschluß über Spreizmechanismus
Haftanker	Vorspannung	gering verzögert	stabilisiert vorweg ohne Erfordernis der Gebirgsbewegung	Formschluß über Tragplatte und Ankerkopf	Formschluß über Vergußmasse der Haftstrecke
	schlaff	deutlich verzögert	Widerstandsentwicklung erst bei Gebirgsbewegung	Formschluß vorwiegend über Vergußmasse im Bohrloch und zum Teil über Tragplatte und Ankerkopf	Formschluß über Vergußmasse in Bohrloch (überlagert mit Krafteinleitung in den Anker)

doch steht durchwegs die Beschränkung der Mobilität des Gebirges so sehr im Vordergrund, daß alle dazu führenden Möglichkeiten weitgehend genutzt werden.

Haftanker werden dagegen häufig auch ohne Vorspannung als sogenannte schlaffe Anker eingesetzt. Dies ist besonders der Fall, wenn die gesamte Ankerlänge in einem Vorgang vergossen wird (Vollverguß). Solche Anker bewirken eine Entwicklung von Widerstandskräften nur, wenn sie im Zuge der Gebirgsgewegung gedehnt werden. Haftanker können jedoch auch vorgespannt werden, wenn sie nur an einem Teil ihrer Länge, meist dem Verankerungsende, vergossen werden (Endverguß). Die sich dann zwischen Haftstrecke und Ankerkopf ergebende freie Ankerlänge kann zur Herstellung der Vorspannung entsprechend gedehnt werden. In diesem Fall ist das Vorspannen jedoch erst nach Abbinden der Vergußmasse, also meist nach einer Verzögerung, möglich. Auch bei derart vorgespannten Haftankern kann anschließend die vorgespannte Strecke vergossen werden (verzögerter Vollverguß), was der Korrosion des Stahles und auch eventuellen Relativbewegungen des Gebirges entgegenwirken kann.

Die Vorteile der Spreizanker sind der kurze Zeitaufwand beim Einbau, ihr sofortiges Tragvermögen, die Möglichkeit, sie nachzuspannen, und — bei einigen Bauformen — ihre Wiedergewinnbarkeit. Von Nachteil ist hingegen, daß ihre gesamte Verankerung auf einer verhältnismäßig kurzen Wegstrecke des Bohrloches stattfindet, wo hohe Spannungen entstehen und es deshalb leicht zu einem Ausbrechen des Gesteines und zum Lockern der Verankerung kommt. Sie lassen sich also nur in Gesteinen höherer Festigkeit nutzen.

Der Vorteil der Haftanker liegt darin, daß sie eine sehr gute Haftung über eine größere Bohrlochlänge aufweisen und daher unnachgiebig sehr hohe Kräfte übertragen können. Da sie bei der Verankerung im Gebirge keine besonderen Kontaktdrücke entwickeln, bedürfen sie keines Gebirges besonderer Festigkeit und können auch in Lockergebirge erfolgreich eingesetzt werden. Nachteilig erweisen sich die etwas höheren Kosten, die in einigen Fällen längere Einbauzeit, die späte Tragfähigkeit nach Abbinden des Vergußmittels,und daß sie nicht wiedergewonnen werden können.

2.1 Spreizanker

Die Arten der Spreizanker sollen hier nach Gruppen vorgestellt werden, die gleichartige Baumerkmale haben. Die Zahl der Herstellerfirmen und ihrer einzelnen Produkte ist zu groß, als daß eine konsequente Aufzählung erfolgen könnte.

Das Zugelement kann aus einem Stab oder, was seltener der Fall ist, aus einem Seil bzw. einem Drahtbündel bestehen. Wenn es sich um einen Stab handelt, kann das Verankerungsende in viererlei verschiedener Form gestaltet sein:

a) Mit einem Gewinde und einem meist aufgestauchten Ring oder Wulst, der als Anschlagstelle des auf dem Gewinde sich bewegenden Spreizmechanismus dient. Damit der Spreizmechanismus für das Setzen oder Lösen betätigt werden kann, ist die Rotation der Ankerstange um ihre Längsachse erforderlich. Hierzu ist der Ankerkopf ähnlich einem Mutterkopf in Vierkant- oder Sechskantform aufgestaucht.

Dort können Schlüssel oder Schlagschrauber angreifen. Manchmal fehlt die Anschlagstelle zwischen Gewinde und glatter Länge des Ankerstabes, doch wird ihre Funktion dann von einem Bügel übernommen, der an den Außenkeilen befestigt ist und von der Stirnfront des Verankerungsendes des Stabes axial verschoben wird.

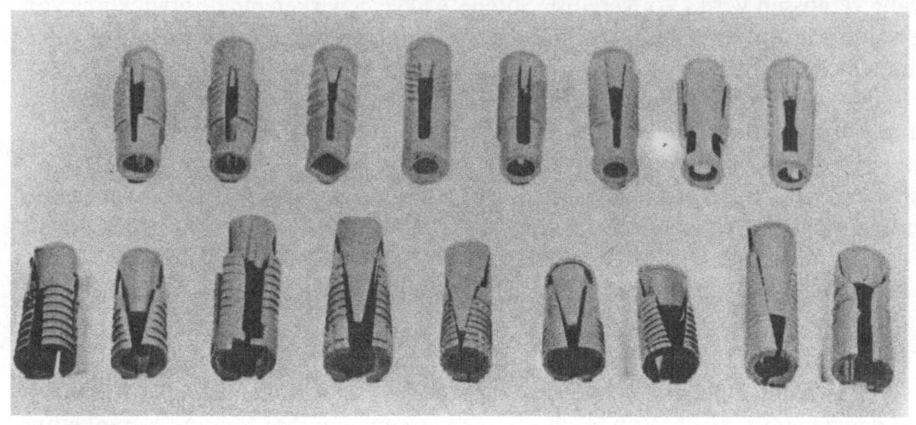

a)

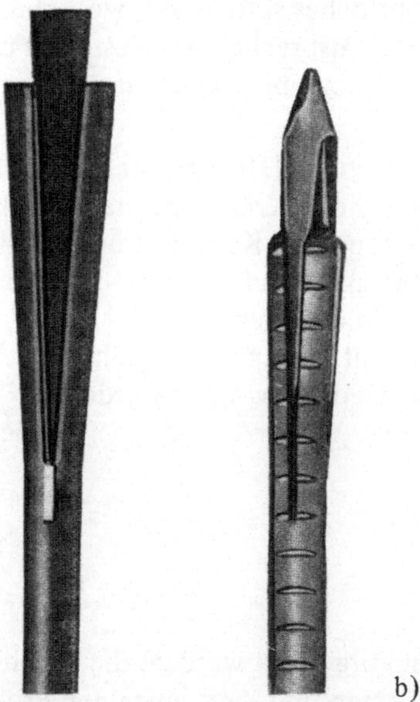

b)

Abb. II.2. Ausführungsformen von Verankerungsmechanismen. a) Spreizhülsenanker (oben) und Gleitkeilanker (unten) nach Muster aus den USA [1], b) Schlitzkeilanker in einfacher Ausführung (links) und mit Kreuzkeil der Firma AB Nyhammars Bruk, Schweden (rechts)

Zwei Ankermechanismen dieser Bauart, nämlich die Spreizhülsenanker und die Gleitkeilanker (auch Spreizkeilanker) sind in Abb. II.2 durch mehrere Ausführungsformen illustriert. Allein ihre Vielfalt soll hier als ausreichender Hinweis dafür dienen, in welch breiter Weise man bestrebt ist, den verschiedenen Gebirgsqualitäten gerecht zu werden.

b) In Form eines Keils oder Konusses, dessen Verjüngung vom Verankerungsende wegläuft, so daß daran entsprechende Keile gleiten können, die beim Einschieben ins Bohrloch mit dem Gebirge durch Reibung in Kontakt sind. Durch kurzen Zug an der Ankerstange können sie am Konus aufgleiten und sich verspannen. Die Ankerstangen tragen am Kopfende ein Gewinde, auf das die Tragplatte aufgeschoben und eine Mutter aufgeschraubt werden kann, so daß ein Festschrauben und Vorspannen möglich ist.

c) Durch Anbringen eines achsenparallelen Schlitzes in der Ebene eines Durchmessers auf eine Länge von ca. 15 bis 20 cm. In den Schlitz wird vom Verankerungsende her ein Keil eingesteckt und die Stange mit diesem bis an die Bohrlochsohle geschoben. Die Stange wird durch Schläge gegen den an der Bohrlochsohle anstehenden Keil getrieben, so daß sich die beiden Lappen am Keil gegen die Bohrlochwand verspannen. Am Kopfende trägt die Stange ein Gewinde zum Befestigen der Tragplatte bzw. zum Vorspannen.

d) Durch Anbringen einer Metallhülse nach verschiedenen Methoden, welche mit einem Sprengsatz gefüllt ist, dessen Reaktion die Hülse im Bohrlochtiefsten so deformiert, daß sie sich im Bohrloch verspannt.

Einige Merkmale von Spreizankern sind aus Tab. II.2 ersichtlich.

Besteht das Zugelement aus einem Seil oder Drahtbündel, so ist dessen Verankerungsende meist mechanisch mit einem der Ankermechanismen des Typs b) oder d) verbunden. Die Verbindung kann durch Vergußmetalle, Schweißen, Pressen oder Schrumpfen hergestellt werden. Gebirgsanker dieser Bauart sind selten und dienen im allgemeinen Sonderzwecken.

Der Schlitzkeilanker. Am Verankerungsende ist die Ankerstange durch einen Längsschlitz in zwei Lappen aufgespalten, so daß von vorne her ein Keil in den Schlitz geschoben werden kann. Dadurch werden die zwei Lappen auseinandergepreßt (Abb. II.2). Beim Setzen des Ankers muß der Keil an der Bohrlochsohle aufsitzen, so daß diese als Auflager dient, während die Ankerstange vom Bohrlochmund her angetrieben wird und sich die beiden Lappen an der Bohrlochwand verspreizen. Der Ankerkopf ist mit einem Gewinde versehen, damit die Tragplatte mittels einer Mutter angeschraubt und der Anker auch vorgespannt werden kann.

Diese Ausführungsform ist sehr einfach und billig und kann im Betrieb oder an der Baustelle selbst hergestellt werden. Ihr Nachteil ist eine stark streuende Ankerkraft, sowie daß sie manchmal nicht mehr nachgespannt werden können, daß sie nicht ausgebaut werden können und daß der Verankerungsvorgang in entgegengesetzter Richtung zur nachher aufzunehmenden Ankerlast vor sich geht. Die Bohrlochlänge muß genau auf Ankerlänge und Keilweg abgestimmt sein. Diese Anker werden deshalb auch nur selten verwendet.

Das Antreiben kann von Hand oder mit Druckluftgerät geschehen. Die Vorspannung kann ebenfalls von Hand, mit Drehmomentschlüssel oder mit Schlagschrauber aufgebracht werden.

Der Doppelkeilanker. Das Verankerungsende ist, wie Abb. II.3 zeigt [3], mit einem Gewinde versehen. Auf ihm sitzt der aus zwei Keilen bestehende Ankermechanismus. Einer der Keile besitzt eine axiale Bohrung mit Gewinde, durch welches er entlang der Ankerstange bewegt werden kann. Der andere Keil ragt mit einem Fort-

Tabelle II.2. Ausführungsformen von Spreizankern und ihre wesentlichen Merkmale

Ausführungs-form	Zugelement	Bruchlasten (t)	Verankerungsende	Ankermechanismus Typ	Bestandteile	Setzen durch	Vorspannen durch	Ankerkopf
Schlitzkeil-anker	Rundstab oder Vielkantstab aus Stahl	<15	Längsschlitz in Symmetrieebene	Schlitz-keil	Keil (Metall)	Antreiben	Schraubmutter	Schraubgewinde
	Rundstab oder Vielkantstab aus Holz	<1	Längsschlitz in Symmetrieebene	Schlitz-keil	Keil (Holz)	Antreiben	Zug und Ver-keilung	glatt oder keilförmig
Doppelkeil-anker	Rundstab	<20	Gewinde	Zwei Keile	Gewindekeil und Hakenkeil	Schrauben	Schrauben	Vielkantkopf (manchmal Gewinde)
Spreizhülsen-anker	Rundstab	<20	Gewinde	Spreiz-hülse	Keilmutter u. Spreizhülse	Schrauben	Schrauben	Vielkantkopf (manchmal Gewinde)
Gleitkeilanker (Spreizkeil-anker)	Rundstab	<20	Gewinde	Zwei Keile	Zwei Außen-keile an Bügel und Keilmutter	Schrauben	Schrauben	Vielkantkopf (manchmal Gewinde)
Keilhülsen-anker	Rundstab	<40	Konus	Spreiz-hülse	Keilhülse (Metall oder Kunststoff)	Zug	Schrauben	Schraubgewinde
Seilanker	Seil	<15	konische Seilflasche (Bersthülse)	Spreiz-hülse (Explo-sions-anker)	Seilflasche und Keilhülse (Sprengsatz in Kapsel)	Zug (Detonieren)	unter Umständen durch Zug und Treibkeile	Schleife oder Seil-flasche mit Keilhülse
Explosions-anker	Stab Seil Draht	—	Bersthülse	Explo-sions-anker	Sprengsatz in Metallkapsel	Zünden	verschieden	verschieden

satz über das Verankerungsende hinaus, wobei der Fortsatz so abgewinkelt ist, daß
er an die Stirnfläche der Ankerstange zu liegen kommt. Beim Rotieren der Ankerstange bewegt sich der Gewindekeil gegen den durch den Fortsatz gehaltenen Hakenkeil, so daß sich die beiden im Bohrloch verspreizen. Der Anschlag wird hier durch
den Fortsatz bewirkt. Die Außenfläche der beiden Keile bildet eine Zylinderform
ähnlich der Bohrlochinnenwand und ist meist quer gerippt, um ein besseres Eingrei-
fen der Keile ins Gestein zu bewirken. Der Ankerkopf ist meist als aufgestauchter
Vierkant ausgebildet. Durch ihn wird die Ankerplatte am Anker gehalten. Der Vierkant dient auch zum Ansetzen des Schlüssels,mit dessen Hilfe der Anker gesetzt

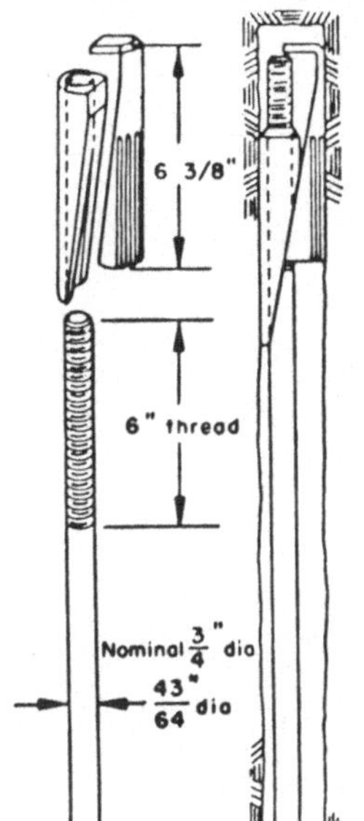

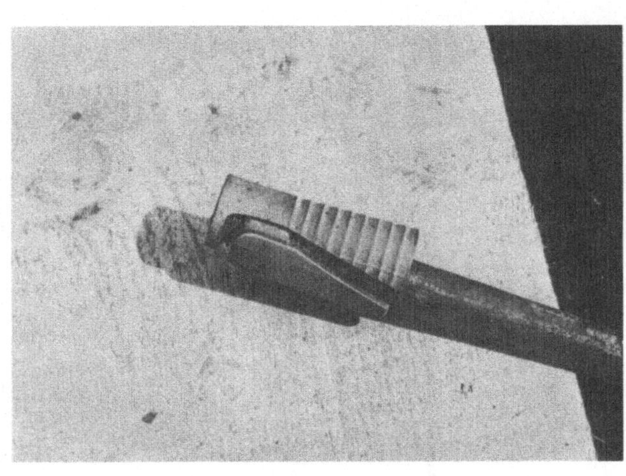

Abb. II.3. Doppelkeilanker.Links:Prinzipskizze, rechts: Ausführungsbeispiel

wird. Der Ankerkopf kann jedoch auch als Gewinde ausgeführt sein, auf welches
die Tragplatte gesteckt und mittels einer Mutter festgeschraubt wird.

Vorteile dieser Bauform sind das schnelle Setzen, einfache Arbeitsvorgänge, die
Wiedergewinnbarkeit und der geringe Raumbedarf des Ankerkopfes (kein vorstehen-
der Gewindestutzen). Nachteilig wirkt der etwas höhere Preis und daß die zwei
Keile verhältnismäßig starr wirken und sich nicht allzu gut an die Bohrlochwandung
anlegen. Auch kann der Hakenkeil bei allzugroßer Nachgiebigkeit des Gebirges über
den Gewindekeil hinweggleiten, so daß der Anker sich löst. Ein Wiedergewinnen des
gesamten Ankers ist möglich.

Der Spreizhülsenanker. Auch hier ist das Verankerungsende mit einem Gewinde
versehen. Auf diesem sitzt eine mit vier bis sechs Keilflächen versehene Mutter,
welche sich bei Drehung des Ankers in eine Hülse hineinschiebt. Die Hülse ist durch
Längsschlitze derart in Blätter aufgegliedert, daß diese durch die eindringende
Keilmutter auseinandergespreizt werden können (Abb. II.2). Eine Aufstauchung
der Ankerstange am kopfseitigen Ende des Gewindes dient als Anschlag und verhindert dabei das Davongleiten der Hülse. Der Ankerkopf ist ebenfalls in Form eines
Vielkantes aufgestaucht oder trägt ein Gewinde.

Als günstig erweist sich die Zahl von vier Blättern der Spreizhülse, welche ein besseres Anlegen an die Bohrlochwand erlaubt, und die Tatsache, daß die Spreizhülse nicht über die Keilmutter hinwegrutschen kann, weil sie am kopfseitigen Ende ringartig geschlossen ist. Dagegen ermöglicht diese Ausführung nur eine Verankerung entlang einer kurzen Bohrlochstrecke, weil die Blätter der Spreizhülse nicht parallel nach außen verschoben, sondern durch Auseinanderbiegen nur an den freien Enden

Abb. II.4. Gleitkeilanker mit ineinandergreifenden Außenkeilen (Typ 36 UM von Lenoir und Mernier, Frankreich)

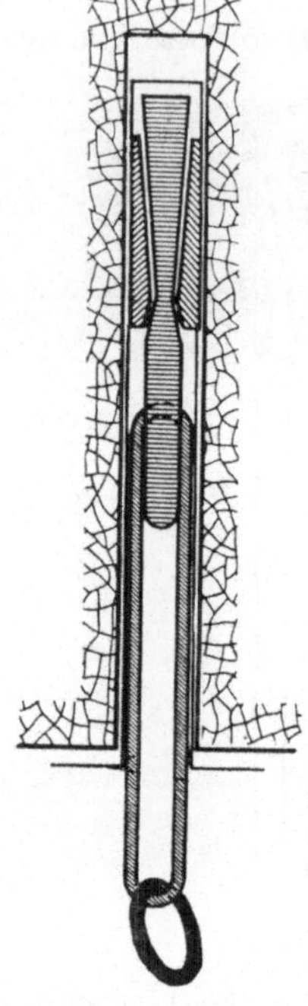

Abb. II.5. Wiedergewinnbarer Gleitkeilanker für Aufhängezwecke (Typ BRA von Lenoir und Mernier, Frankreich)

an die Bohrlochwand gedrückt werden. Der gesamte Anker ist jedoch wiedergewinnbar. Im übrigen gelten auch hier die allgemeinen Vor- und Nachteile der Spreizanker.

Der Gleitkeilankeilanker (auch Spreizkeilanker). Das Verankerungsende trägt ein Gewinde mit einer Mutter, deren Außenfläche zwei symmetrisch gegenüberliegende Keilflächen besitzt. An diese sind zwei Keile gelegt, die durch einen über das Stangenende laufenden Stahlbügel zusammengehalten werden. Durch ein Drehen der Ankerstange schraubt sich die Keilmutter zwischen die beiden Außenkeile, welche durch den Stahlbügel als Anschlag gegen die Ankerstange am Davongleiten gehindert werden (Abb. II.2). Somit werden die Außenkeile an die Bohrlochwand gespreizt. Der Ankerkopf ist zu einem Vierkant aufgestaucht, kann aber auch ein Gewinde tragen.

Ein Vorteil dieses Ankers liegt darin, daß durch die echte Keilwirkung die beiden Außenkeile parallel zur Achse an die Bohrlochwand geschoben werden, so daß ein Kontakt über ihre ganze Länge entsteht. Allerdings sind es nur zwei Keile, so daß nicht der ganze Bohrlochumfang belegt wird. Auch, können bei nachgiebigem Gebirge die beiden Außenkeile über die Keilmutter schlüpfen, wodurch sich der Anker löst. Eine Ausnahme bildet die in Abb. II.4 gezeigte Form der Außenkeile, welche

Abb. II.6. Keilhülsenanker

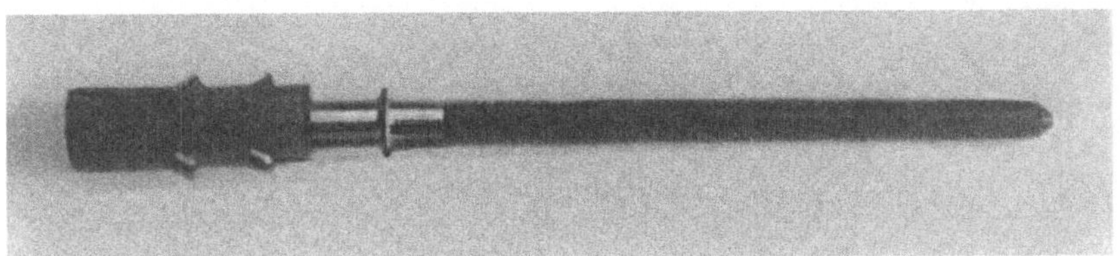

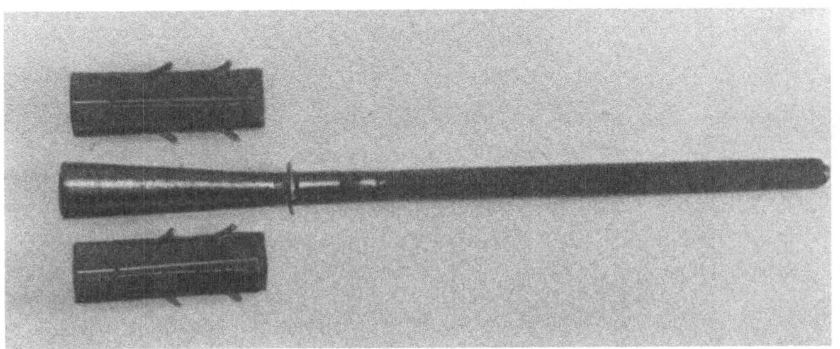

Abb. II.7. GD-Anker einsatzbereit (oben) und mit auseinandergelegter Keilhülse (unten)

an ihrem kopfseitigen Ende so ineinander verzahnt sind, daß sie nicht über die Keilmutter hinweggleiten können. Wiedergewinnen läßt sich manchmal nur die Ankerstange, weil sich diese aus der Keilmutter schrauben läßt.

Eine besondere Form des Gleitkeilankers wurde für das kurzfristige Befestigen von Geräten, wie etwa Seilrollen, entwickelt. Diese in Abb. II.5 dargestellte Form läßt sich mit Hilfe eines Stabes in das Bohrloch einschieben. Durch Schub auf die aus dem Bohrloch ragenden Haken bei gleichzeitigem Zug an der Seilschlinge werden die Außenkeile gegen den Innenkeil und das Gebirge verspannt. Das Lösen geschieht durch Stoß auf den Innenkeil mittels einer Stange mit gleichzeitigem Ziehen an den herausragenden Haken. Der Anker kann öfters wiederverwendet werden.

Der Keilhülsenanker. Bei diesem trägt das Verankerungsende kein Gewinde, sondern besteht, wie in Abb. II.6 ersichtlich, aus einem aufgestauchten Konus. Daran sitzt noch eine axial bewegliche Hülse, die vom Bohrlochtiefsten her in zwei oder mehrere Blätter aufgeschlitzt ist. Das Setzen des Ankers erfolgt nicht durch Drehen, sondern durch eine Zugbewegung zum Bohrlochmund, wodurch der Konus in die Keilhülse gleitet und die Blätter an die Bohrlochwand spreizt.

Der Ankerkopf ist als Gewinde ausgeführt, an dem die Tragplatte durch eine Mutter gehalten wird. Durch Anziehen der Mutter wird auch ein weiteres Spannen des Ankers ermöglicht.

Der Anker kann etwas schneller gesetzt und auch nachgespannt werden, kann aber nicht wiedergewonnen werden. Er ermöglicht nur eine sehr kurze Haftstrecke entlang des Bohrloches, weil die Blätter der Hülse schräg auseinandergebogen werden. Auch läßt er sich nicht immer an jeder beliebigen Stelle setzen, weil der Anker-

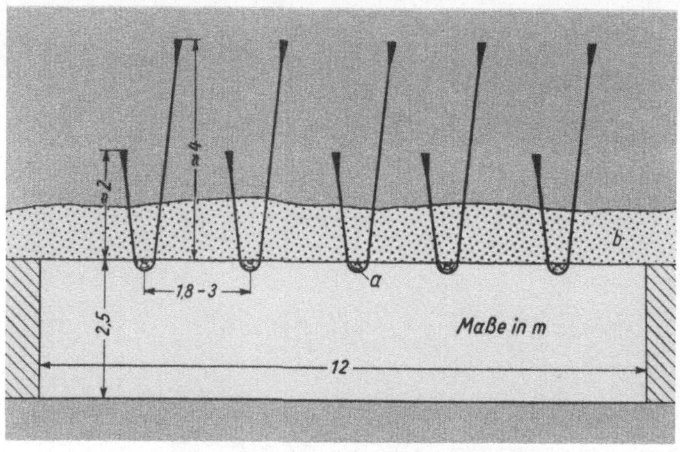

a)

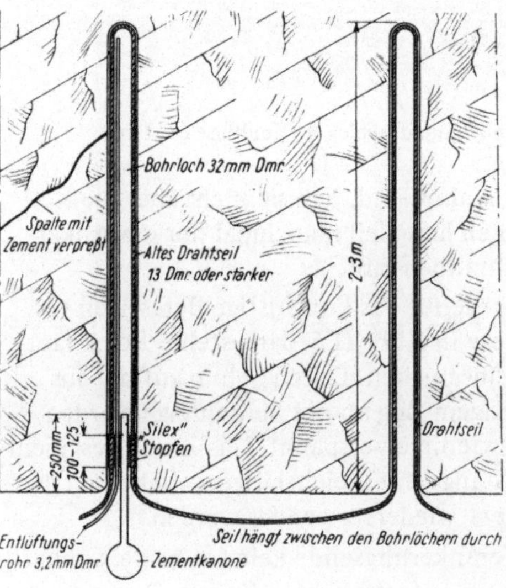

b)

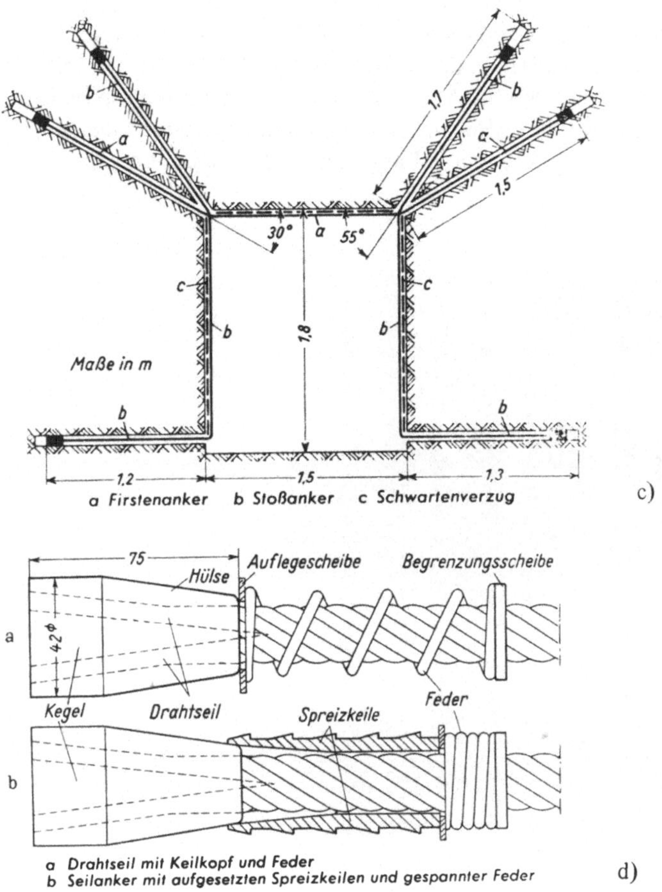

Abb. II.8. Seilanker. a) als Schleife mit zwei Verankerungsenden, b) als kontinuierliches Seil, c) zur Aufhängung von Verzug, d) Seilflasche mit Verankerungsmechanismus

mechanismus nur an solchen Bohrlochstellen wirkt, wo die Rauhigkeit ausreicht, um die Hülse festzuhalten.

Der GD-Anker. Seine Bauart entspricht annähernd dem Keilhülsenanker, doch besteht seine Keilhülse nicht aus Gußeisen oder Stahl, sondern aus hochfestem Kunststoff. Der Konus besitzt einen kreisförmigen Querschnitt und die Hülse weist mehr als zwei Blätter auf, so daß sie in jeder Lage den Konus ganz umhüllt (Abb. II.7). Dadurch wird eine bessere Haftung an der Bohrlochwand erzielt. Auch ermöglicht der Kunststoff die Übertragung größerer Kräfte auf das Gestein, weil er einen Elastizitätsmodul besitzt, der nur um geringes höher liegt als der der meisten Gesteine. Damit wirkt er geschmeidiger als Stahl oder Gußeisen und paßt sich besser der Oberflächenform an. Es kommt zu einem besseren Formschluß zwischen Kunststoff und Gestein, wodurch das frühe Zermalmen und Abscheren der Mineralkörner vermieden wird. Hierdurch hat er sich in vielen Fällen den Ankern mit metallenen Außenkeilen überlegen erwiesen.

Das Setzen geschieht durch Einführen in das Bohrloch und einen kurzen Zug in Richtung Bohrlochmund. Die gewünschte Stelle der Verankerung läßt sich dabei genau einhalten, weil die Keilhülse außen stellenweise gefiedert ist, so daß allezeit ein Kontakt mit der Bohrlochwand besteht. Auch in der gespreizten Stellung bietet die Hülse eine große Haftfläche, weil ihre Blätter eine dem Konus entsprechende Keilform besitzen, durch die sie über ihre ganze Länge parallel nach außen gepreßt werden.

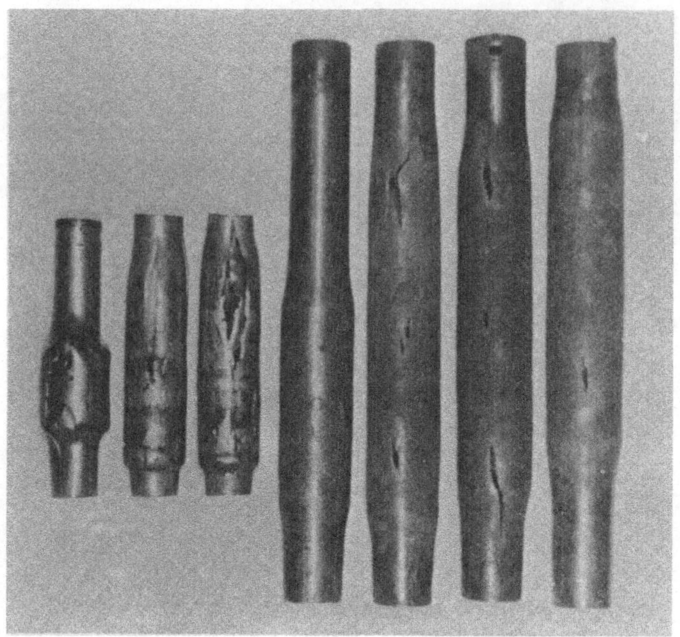

Abb. II.9. Verformungserscheinungen an Bersthülsen nach Parsons [2]

Der Ankerkopf trägt ein Gewinde, so daß das Vorspannen durch das Anziehen der Mutter geschieht.

Dieser Anker läßt sich schnell setzen, erzielt gute Haftung und geringe Gleitwege. Er ist nur mit Unsicherheit wiedergewinnbar. Auch sonst gelten für ihn die allgemeinen Vor- und Nachteile der Spreizanker.

Der Seilanker. Eine besondere Art bildet der Seilanker, weil bei ihm das Zugelement nicht aus einem Stab, sondern aus einem Seil besteht. Häufig werden hierzu auch alte abgediente Seile verwendet. Meist werden beide Seilenden zur Verankerung herangezogen, wobei das Seil eine Schleife bildet und die beiden Enden in zwei nebeneinanderliegenden Bohrlöchern verspreizt werden (Abb. II.8). Die Seilschlinge umfängt dabei meist ein Tragelement wie einen Balken oder eine Kappe, welche die Gebirgslast auf das Seil überleitet. Zur Herstellung des Verankerungsmechanismus steckt man das Seilende in eine sowohl innen als auch außen konische Hülse. Das Seilende wird dann von der Querschnittsmitte her aufgespalten und mit

Blei verstemmt. Vorher wird über das Seil jedoch noch eine Keilhülse geschoben, die der konischen Hülse entsprechend bemessen ist. Die Verspannung geschieht, indem die Keilhülse durch ein gespaltenes Rohr vom Bohrlochmund her beaufschlagt wird, so daß sie sich auf die konische Hülse schiebt und damit seitlich verspreizt [102].

Im allgemeinen ermöglichen Seilanker keine hohen Vorspannungen. Sie sind auch nicht wiedergewinnbar. Sie bieten jedoch eine billige Ausbaumöglichkeit, wenn alte Seile zur Verfügung stehen und keine größeren Ausbaukräfte erforderlich sind.

Der Explosionsanker. Der Ankermechanismus besteht aus einer Metallhülse, die in ihrem Inneren eine Sprengladung birgt. Wird die Sprengladung im Bohrloch gezündet (elektrisch), so baucht sich die Hülse aus und verspannt sich dadurch gegen die Bohrlochwand (Abb. II.9). Dieser Anker läßt sich schnell setzen, ist jedoch nicht wiedergewinnbar und auch teuer. Er wird auch nicht serienmäßig hergestellt, sondern war bisher nur Gegenstand von Versuchen. Die Ankerungserfolge sind in einzelnen Gebirgsarten sehr verschieden. Besondere Vorteile scheint er in den weicheren Gebirgsarten zu haben [2, 115].

2.2 Das Einbauen der Spreizanker

In der Regel wird den Spreizankern beim Einbauen eine Vorspannung aufgegeben. Überlegungen zur Ermittlung der Größe dieser Vorspannung werden in nachfolgenden Kapiteln gegeben. Die Vorspannung wird meist als ein Bruchteil der Ankerkapazität angegeben. Die Ankerkapazität dient als grundlegender Kennwert des Gebirges. Sie stellt jene maximale Zugkraft dar, die vom verspannten Ankermechanismus auf das Gebirge übertragen werden kann und wird durch Zugversuche bestimmt.

Das Einbauen selbst gestaltet sich recht einfach und verlangt geringen Zeitaufwand. Es bedarf dazu meist nur eines einzigen Werkzeuges. Dadurch sind auch hohe Leistungen möglich. Abgesehen vom Bohren und Reinigen der Löcher können z. B. bei Ankern unter 3 m Länge Einbauleistungen von 8 bis 25 Stk/Mh erreicht werden, was die Sicherung von Flächen im Größenbereich von 6 bis 45 m²/Mh bedeutet.

Anker, die durch Schrauben gesetzt oder vorgespannt werden, zieht man in der Routinearbeit mit einfachen Schraubschlüsseln oder besser mit Drehmomentschlüsseln an (Abb. II.10). Die Einbauleistung kann auch durch die Verwendung von mechanischen Geräten wie Handdrehbohrmaschinen oder Schlagschraubern gesteigert werden. Solche Geräte lassen sich auf ein maximales Drehmoment einstellen.

Die Bergbauzulieferindustrie hat auch fahrbare Geräte entwickelt, die als Bohrwagen dienen und gleichzeitig das Einbauen und Vorspannen der Anker durchführen (Abb. II.11). Solche Geräte können mehrarmig ausgeführt sein.

In mehreren Ländern, so auch in Südafrika, wurden kombinierte mechanisch-hydraulisch wirkende Spanngeräte entwickelt [4], die dazu eingesetzt werden, allen Ankern die gleiche Vorspannung zu erteilen. Kompakte Bauformen solcher Geräte bestehen, wie Abb. II.12 zeigt, aus einer Schraubspindel mit Handrad, die das

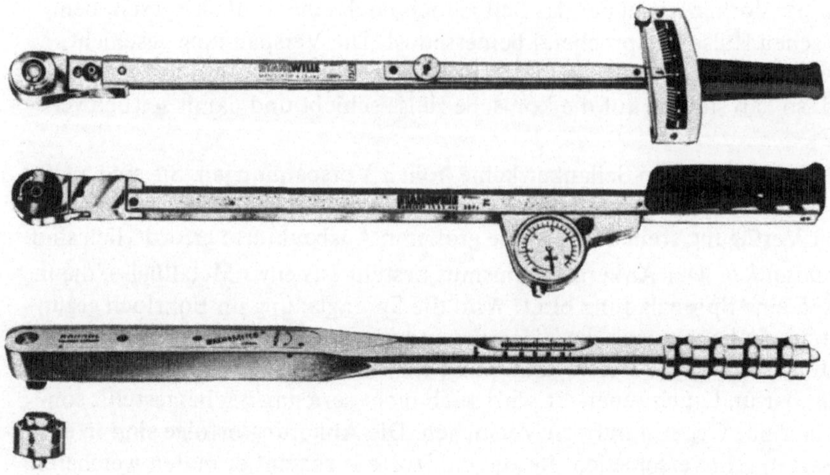

Abb. II.10. Drehmomentschlüssel für Vorspannen von Hand

a)   b)

Abb. II.11. Ankerbohrwagen. a) Gleisloser Jumbo mit einem Bohrarm und Drehbohrmaschine
auf Lafette, b) Gleisloser Jumbo mit zwei Bohrarmen und Drehbohrmaschinen auf Lafette

spezielle Setzen und Straffen des Ankers ermöglichen, und aus einem eingebauten geschlossenen Hydrauliksystem mit Handpumpe und Hydraulikzylinder, dessen Arbeitskolben auf der Schraubspindel sitzt und somit die gewollte Vorspannung

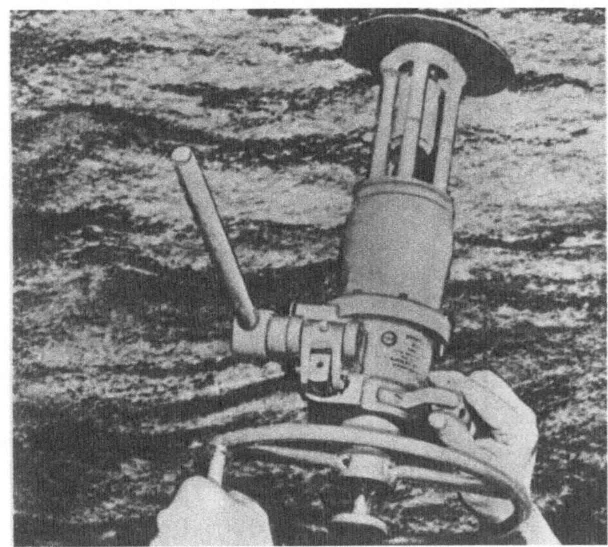

Abb. II.12. Mechanisch-hydraulisch wirkendes Vorspanngerät der Bauart Elbroc (Südafrika)

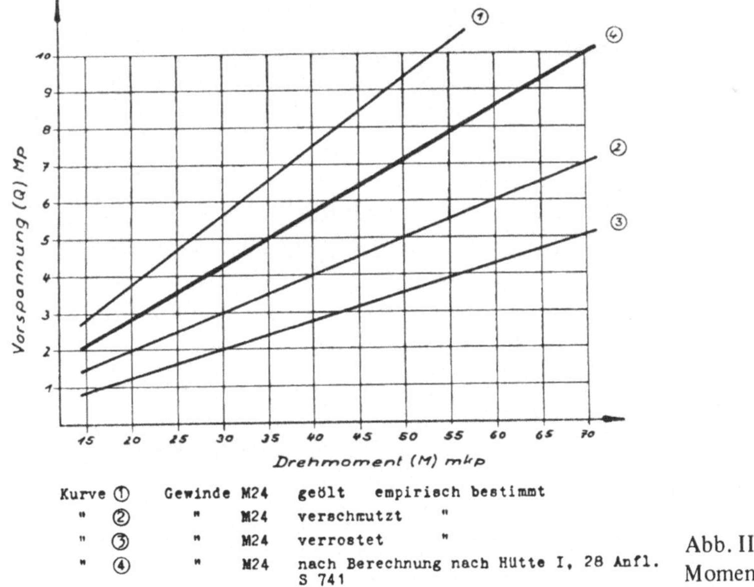

Kurve ①   Gewinde M24   geölt   empirisch bestimmt
  "   ②   "   M24   verschmutzt   "
  "   ③   "   M24   verrostet   "
  "   ④   "   M24   nach Berechnung nach Hütte I, 28 Anfl. S 741

Abb. II.13. Zugkraft-Moment-Kennlinien

auf den Anker überträgt, wenn die Pumpe betätigt wird. Ist die Vorspannung erreicht, so wird die Ankermutter bis zum Anschlag angezogen und das Vorspanngerät kann abgenommen werden.

Da die Höhe der Vorspannung nur durch das aufgebrachte Drehmoment geregelt werden kann, ist die Beziehung zwischen diesen beiden Größen als Kennlinie von großer Wichtigkeit. Ihre Erstellung soll nur durch Versuche in jenem Gebirge erfolgen, in dem der Einsatz vorgesehen ist, weil die Verformbarkeit desselben bedeutenden Einfluß hat. Ein Beispiel solcher Kennlinien ist in Abb. II.13 gegeben.

Diese Kennlinien wurden vom US-Bureau of Mines [5] an Ankerstäben von 5/8″ Durchmesser bestimmt. Auffallend ist daher ihre starke Streuung, welche die Messung von Ankerkräften durch Drehmomentbeobachtung ungenau erscheinen läßt, und die sehr vom Zustand der Gewinde abhängt. Die aus der Mechanik des Ankers allein abgeleitete Proportionalität zwischen Zugkraft und Moment, welche in diesem Fall einen Wert von 50 lb Zugkraft je ft lb des Moments (ca. 170 kg je kpm) bedeuten würde, ist besonders im höheren Lastenbereich stark verringert. Diese Verringerung wird dadurch erklärt, daß der Rotationswiderstand des Verankerungsendes im Gewinde des Ankermechanismus durch Einfressen stark ansteigt.

Die Kennlinie verändert sich jedoch im Laufe der Einsatzzeit der Anker besonders durch Korrosion, Verunreinigung und bleibende Verformungen. Die dafür notwendigen Korrekturen sind erst mit fortschreitender Einsatzzeit ermittelbar und müssen beim Nachziehen berücksichtigt werden, wenn die Vorspannung durch Schlupf oder Gebirgsbewegungen nachgelassen hat.

2.3 Haftanker

2.3.1 Anker mit Zement- oder Zementmörtel- Verguß

Diese bestehen vorwiegend aus Stahlstäben mit Gewinden am Verankerungsende und am Kopf oder aus Rippentorstahl mit Gewinde am Kopfende, doch werden statt diesen auch perforierte Stahlrohre kleinerer Querschnitte verwendet. Einige Beispiele sind in Abb. II.14 dargestellt.

Als Vergußmittel dient Zement oder Zementmörtel, aber auch Beton, der sich durch Beigabe von Abbindebeschleunigern schneller verfestigt.

Einfacher Betonhaftanker. Die einfachste Form des Haftankers mit Zementmörtel ist die einer Ankerstange. Sie kann in ein im voraus mit Mörtel gefülltes Bohrloch getrieben werden, wenn dieses flach oder abwärts geneigt ist, oder aber ins Bohrloch eingeführt und nachfolgend mit Mörtel verpreßt werden.

Eine besondere Rolle beim Einbringen der Vergußmasse spielt das Entlüften, ohne welches ein kompaktes Verfüllen nicht möglich ist.

Auf diese Weise wird der Betonhaftanker entweder als schlaffer Anker eingebaut, wenn er mit Vollverguß ausgeführt wird, oder als vorspannbarer Haftanker, wenn nur ein Endverguß ausgeführt wird. Im Fall eines Endgusses mit gewöhnlichem Zementmörtel ist jedoch das Aufbringen der Vorspannung erst nach der beträchtlich langen Abbindedauer von ca. 8 Stunden möglich.

Diese Verzögerung läßt sich beträchtlich verringern durch die patentierte GD-TOPAC-Patrone, die in verschiedenen Längen erhältlich ist. Sie enthält einen Abbindebeschleuniger für Zementmörtel, durch den das Vorspannen je nach der Höhe der gewünschten Vorspannung schon nach 1 bis 3 Stunden möglich wird. Beim Einsatz der GD-TOPAC-Patrone wird die Haftsrecke zuerst mit Zementmörtel gefüllt, danach die Patrone in diesen Mörtel eingeschoben, und das Bohrloch auch im restlichen Teil völlig mit Zementmörtel gefüllt. Erst in diesem Zustand wird die Ankerstange eingerammt. Dabei zerbricht die Spitze der Ankerstange die Patrone und ermöglicht den Austritt des Beschleunigers in den Mörtel. Je nach der Größe der Verankerungsdistanz können verschieden viele Patronen eingelegt werden. Auf diese Weise ermöglicht diese Patrone ein Vorspannen bei Vollverguß bei gestaffelter Abbindedauer oder, wenn sie in der ganzen Länge des Bohrlochs eingesetzt wird, auch eine einfache Beschleunigung für die Bedingungen eines schlaffen Haftankers.

Abb. II.14. Stabformen für Haftanker. a) Rippentorstahl, b) Rundstab mit Protrusionen

Bei aufwärtsgerichteten Bohrlöchern braucht die Einpreßleitung nur bis an die unterste Grenze der vorgesehenen Vergußzone zu reichen, doch muß eine Entlüftungsleitung von der Bohrlochsohle zum Bohrlochmund führen, die gleichzeitig auch als Kontrollelement für die Vollendung des Vergußvorganges dienen kann, wenn aus ihr das Vergußmittel austritt.

Wegen der geringen Durchmesser der Einpreßleitung können keine großen Korndurchmesser in der Vergußmasse verwendet werden. Meist werden Zementmilch bzw. Wasser-Zement-Sand-Schlämmen eingepumpt, die wegen ihrer Fließeigenschaften guten Kontakt mit dem Anker und der Bohrlochwand herstellen, teilweise aber auch in Klüfte eindringen, wodurch ungewünschte Verluste entstehen können. Wegen dieser Verluste und des höheren Zementanteiles gestalten sich diese Vergußmassen meist teurer als der gröbere Mörtel oder Beton.

Als Entlüftungs- und Einpreßleitungen werden Röhrchen aus Messing, Polyäthylen oder anderen Kunststoffen mit Innendurchmessern von 2 bis 5 mm und Außendurchmessern von 3 bis 6 mm verwendet, die eine mäßige Flexibilität und Festigkeit besitzen [6]. Sie sind meist preislich so günstig, daß sie im Bohrloch belassen werden können.

Eine Beendigung des Vergußvorganges auf Grund einer einfachen Volumskontrolle der verpumpten Mengen von außerhalb des Bohrloches ist nicht zu empfehlen.

Bei Endverguß oder Teilverguß in aufwärts gerichteten Bohrlöchern muß das Bohrloch an der unteren Grenze der Vergußstrecke abgeschlossen werden. Hierzu dienen Manschetten oder Packer, die auf die Ankerstange aufgesteckt werden.

An Geräten für das Vergießen im Routinebetrieb ist erforderlich:

a) eine Rühr- oder Mischanlage (Beton-Mischmaschine) mit entsprechender Meßeinrichtung zur Dosierung der Komponenten, und

b) ein Verpreßgerät mit Motor und Leitungen, welches in einfachster Form z. B. aus einem Druckkessel von 10 bis 50 l Inhalt für Druckluftbeaufschlagung von 4 bis 8 atü mit Manometer bestehen kann.

Die entsprechende Versorgung mit elektrischer Energie, Druckluft und Wasser mag gegenüber den Spreizankern ein Mehraufwand sein, der den Einbauvorgang etwas kompliziert gestaltet, doch sind diese Einrichtungen an den meisten Baustellen verfügbar.

Auch der Personalaufwand ist höher, weil mindestens zwei Mann wegen der Betreuung der Geräte erforderlich sind. Dies bedeutet auch geringere Einbauleistungen, die bei 50 bis 75% derjenigen für Spreizanker liegen.

Der SN-Anker. Eine besondere Form des einfachen Beton- oder Zementhaftankers stellt der SN-Anker dar, der im Zuge der Kraftwerksbauten in Store-Norfors erstmalig verwendet wurde. Er besteht aus einem entsprechend rauh profilierten Ankerstab beliebig wählbarer Art, dessen Kopfende ein Gewinde trägt. Die Besonderheit besteht im Vergußvorgang, der kein Entlüftungsröhrchen braucht, weil der Zementmörtel mittels eines Schlauches bis an die Bohrlochsohle geführt wird und dieses kontinuierlich füllt, während der Schlauch mit entsprechender Geschwindigkeit herausgezogen wird [6]. Es ist dabei möglich, die Konsistenz des Mörtels so einzustellen, daß er auch aus aufwärtsgerichteten Bohrlöchern nicht herausfällt. Sowohl Endverguß als auch Vollverguß und sogar verzögerter Vollverguß ist dadurch möglich Der Verguß kann aber auch bereits vor Einschieben der Ankerstange erfolgen.

Als Einpreßgerät kann neben anderem ein pneumatisch beaufschlagter Druckkessel mit angebauter Förderschnecke für Handbetätigung dienen. Häufiges und gründliches Reinigen des Gerätes ist jedoch erforderlich.

Wegen der Einfachheit und Zuverlässigkeit hat dieses Verfahren weite Verbreitung gefunden.

Der Perfo-Anker. Für diesen verwendet man als Hilfselement ein perforiertes Blechrohr, welches entlang der Längsachse in zwei Hälften getrennt ist. Die Hälften werden auseinandergelegt, mit Zementmörtel gefüllt, wieder aneinandergefügt und mittels Drähten zusammengebunden. Das so gebildete und mit Zementmörtel gefüllte Rohr wird sodann ins Bohrloch eingeschoben und dient dazu, den Mörtel in diesem festzuhalten (Abb. II.15). Die Ankerstange wird dann koaxial zum Bohrloch in den Mörtel getrieben, wobei der hierdurch verdrängte Mörtel durch die Perfora-

tion in den Ringraum austritt und diesen füllend mit dem Gebirge abbindet. Für
Ankerstangen hat sich neuerdings Rippentorstahl weitgehend durchgesetzt. Die
Länge der Perfo-Rohre kann dabei so gewählt werden, daß sie gleich der Bohrlochlänge wird oder auch kürzer, je nachdem, ob eine Haftung entlang der ganzen Länge
oder eines Teiles davon gewünscht wird [7, 112].

Auch für aufwärts gerichtete Bohrlöcher eignet sich der Perfo-Anker sehr gut, weil
das Perfo-Rohr beim Einschieben den Austritt des Mörtels erlaubt, wenn mit der
Ladestange oder dem Ankerstab nachgestoßen wird. Dadurch wird ein Herausgleiten
des Rohres vermieden.

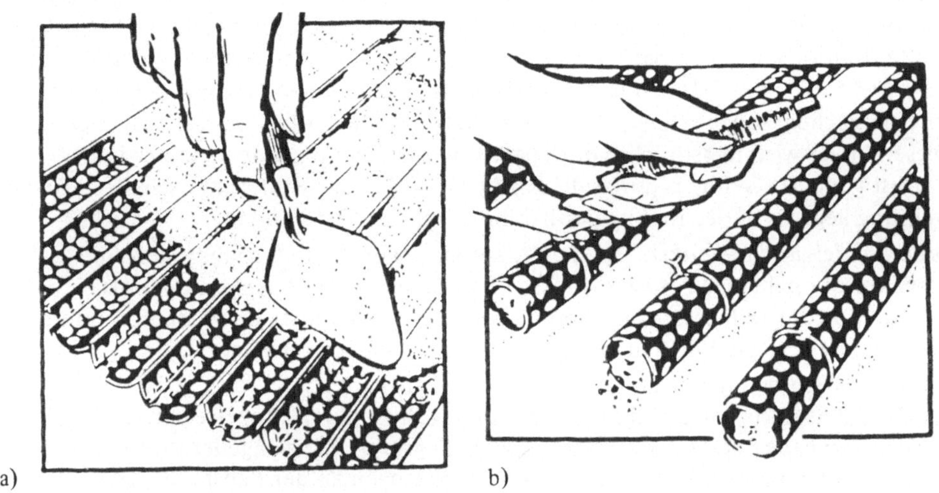

a)   b)

Abb. II.15. Perfo-Anker. a) Einfüllen von Mörtel in die Rohrhälften, b) Zusammenheften der
Rohrhälften

Besonders der Füllvorgang des Perfo-Rohres gestaltet das Einbauen langwierig bzw.
arbeitsintensiv, so daß immer mehr jene Ankertypen bevorzugt werden, bei denen
der Füllvorgang mechanisierbar ist, auch wenn dies mehr Geräte erfordert.

Einige Unsicherheiten bestehen hinsichtlich der Vollständigkeit des Kontaktes
zwischen Mörtel (Beton) und Bohrlochwandung, wenn einerseits die Grobkörnig-
keit den punktweisen Kontakt fördert und andererseits die Distanz der Perforatio-
nen den Austritt des Mörtels in den Ringraum örtlich beschränkt.

Der zähplastische Mörtel bzw. Beton hat jedoch den Vorteil, daß er nicht leicht in
Klüfte abwandert, durch das Perfo-Rohr gut an Ort und Stelle gehalten wird und
wegen des höheren Anteiles an Zuschlagstoffen etwas billiger kommt.

Der In-Situ-Anker. Ein teilweise zum Patent angemeldeter Anker der Hagconsult [31]
besteht im Bohrgestänge selbst, welches nach dem Bohren des Loches samt Bohrkrone sofort im Bohrloch verbleibt. Das Bohrloch wird durch eine Zentralbohrung
mit Zementmilch verfüllt. Die Bohrkrone besteht aus einem Kreuzmeißel von 51 mm
Durchmesser mit einer nur dünnen Schicht von Metallkarbid. Die Gestängedurch-
messer betragen innen 16 mm und außen 32 mm. Die Elastizitätsgrenze liegt bei 42 t
und die Bruchlast bei 52 t. Durch Verbindungsmuffen können einzelne Gestänge

mittels ihres Rundgewindes zu größeren Ankerlängen verbunden werden. Am Kopfende wird eine Muffe mit einem feinen Gewindebolzen aufgebracht, woran der Absetzmechanismus angeschlossen wird.

Das Verbleiben des Bohrgestänges hat den großen Vorteil, daß Verschlüsse des Bohrloches durch Nachfall, insbesondere bei geringfestem lockerem Gebirge nicht mehr auftreten können. Deshalb wird dieses Verfahren von den Erfindern „in situ anchoring" genannt.

Der Rohr-Anker (Alluvialanker). Vor allem bei Ankerung im Lockergebirge wird häufig ein perforiertes Stahlrohr von größerer Wandstärke verwendet, welches — an einem Ende zugespitzt bzw. mit einem konischen Einsatz versehen — mechanisch ins Gebirge getrieben wird. Die Funktion des Rohres ist es, sowohl das so hergestellte Bohrloch offen zu halten, als auch den Zementmörtel, welcher nachfolgend eingepreßt wird, am Platz zu halten und gleichzeitig den Kontakt mit dem Gebirge zu ermöglichen, sowie schließlich die Zugkraft infolge der Gebirgslast aufzunehmen. Dieser Anker wird meist nicht vorgespannt, weil seine Funktion vielmehr in der Verfestigung des Gebirges durch die Injektion und in der Rolle einer schlaffen Bewehrung liegt als in der Reibungszunahme durch die Vorspannung.

Drahtbündel- und Seilanker. Für die Stabilisierung größerer Gebirgszonen sind größere Bohrlochlängen etwa über 10 m hinaus und größere Ankerkräfte als ca. 30 t erforderlich, für welche die herkömmlichen Stabquerschnitte der Walzprodukte mit normaler oder vergüteter Baustahlqualität nicht mehr ausreichen.

Für solche Bedingungen werden Drähte oder Seile eingesetzt (Abb. II.16), deren Zugfestigkeit infolge der Stahlqualität und des Herstellungsprozesses bis zu 180 kp/m reichen. Sie haben auch den Vorteil, daß sie in großen Längen geliefert werden können und ein Aneinanderkuppeln von Einzellängen an der Baustelle erspart bleibt.

Solche Anker werden auch in Lockergebirge eingesetzt, selbst wenn der Verfestigungsgrad des Gebirges so gering ist, daß ein Offenhalten von Bohrlöchern ohne Verrohrung nicht möglich ist. Ein besonderer Einbauvorgang erlaubt jedoch auch in diesem Fall die Anwendung [8]. Hierzu wird das Bohrgestänge als Rohr ausgebildet und die Bohrkrone oder Rammspitze nach dem Herstellen des Bohrlochs als verlorenes Element im Bohrloch vom Gestänge gelöst. Danach erfolgt das Einschieben des Zugelements durch die Zentralbohrung des Gestänges. Nachdem das Zugelement die Bohrlochsohle erreicht hat, wird die Verrohrung um den Betrag der Verankerungsdistanz zurückgezogen und die Haftstrecke durch die Zentralbohrung mit Zementmörtel verpreßt. Durch schrittweises Abwechseln zwischen Ziehen des Gestänges und Vergießen der freien Bohrlochstrecke kann ein vollständiges Verfüllen des Bohrlochs erreicht werden.

Wegen der großen Dehnfähigkeit von Seilen werden sie meist vorgespannt, damit die Gebirgsverformung gering gehalten werden kann. Hierzu ist grundsätzlich ein Endverguß erforderlich, der erst nach dem Einführen des Seils bzw. des Draht- oder Seilbündels erfolgen kann [9]. Das Einbringen der Vergußmasse kann wie beim einfachen Beton-Haftanker mit entsprechendem Verschluß der Haftstrecke durch Manschetten oder Packer und entsprechender Zuleitung und Entlüftung durchgeführt werden, oder aber auch wie beim SN-Anker durch langsames Ziehen des Ein-

preßschlauches. Nach dem Abbinden und Vorspannen kann der verzögerte Vollverguß stattfinden.

Eine Möglichkeit des Vollvergusses mit nachfolgendem Vorspannen kann dadurch
gesichert werden, daß über das Seilbündel über die ganze Länge der Vorspannstrecke
ein verformbares Kunststoffrohr (Polyäthylen) geschoben wird, so daß das Seilbündel nur an der Haftstrecke davon unbedeckt bleibt. Diese Kunststoffhülle
schützt das Seilbündel vor dem Kontakt mit der Vergußmasse und erlaubt die
Relativbewegung beim Vorspannen, selbst wenn das gesamte Bohrloch vergossen ist.

Zum Aufbringen der Vorspannkraft werden dem Seilbündel am Bohrlochmund
Seilflaschen oder Klemmvorrichtungen aufgebracht, die nach dem Spannen meist

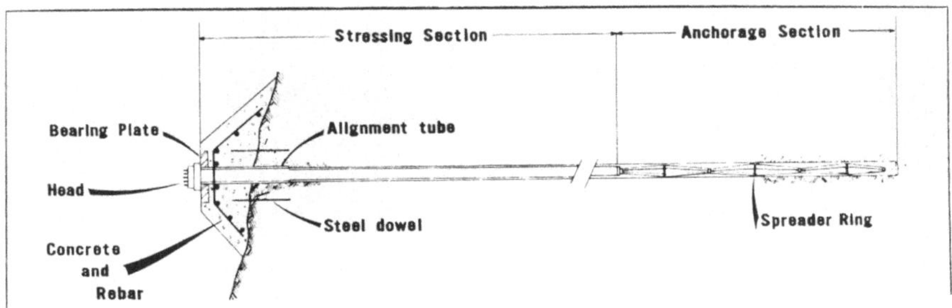

Abb. II.16. Prinzipskizze eines Seilankers stärkerer Ausführung

nicht gegen das Gebirge selbst, sondern vorgeformte Betonsockel abgesetzt werden.
Die Vorspannkräfte werden durch entsprechend dimensionierte hydraulische Zylinder erzeugt, die nach dem Absetzen wieder abgenommen werden. Zum Einbau
dieser Anker ist meist geschultes Personal mit entsprechender technischer Betreuung erforderlich, weshalb dazu vorwiegend spezialisierte Unternehmen herangezogen
werden.

2.3.2 Anker mit Kunststoff- oder Kunststoffmörtel-Verguß

Weil Kunststoffe, insbesondere Polyester- und Epoxidharze, wesentlich bessere
Materialeigenschaften besitzen als Zement, Zementmörtel oder Beton, werden sie
trotz ihres beudetend höheren Preises als Vergußmasse immer häufiger eingesetzt.
Obwohl es auch dabei nicht zu einem eigentlichen Klebe-Effekt kommt, weil der
Anteil der Oberflächenbindung bei den Kunststoffen gegenüber dem erzielbaren
Formschluß weit in den Hintergrund tritt, wird in diesem Zusammenhang häufig
der Ausdruck Verkleben oder Klebanker gebraucht.

Die Vorteile der Kunststoffe auf seiten der Werkstoffeigenschaften sind vielartig.
Sehr hohe Festigkeit wie etwa Druckfestigkeit bis zu 1000 kp/cm^2, Zugfestigkeit
bis zu 700 kp/cm^2 und Scherfestigkeit bis zu 600 kp/cm^2 erlaubt eine rationelle
Mengenbemessung. Besonders ins Gewicht fallen jedoch die Möglichkeiten der Einstellbarkeit von Eigenschaften wie etwa der Abbindedauer, die auf wenige Minuten
begrenzt werden kann, der Viskosität, mit der Pumpwiderstände, Anschmiegung

an die Kontaktflächen und das Eindringen bzw. Weglaufen bei Klüften gesteuert
werden kann, sowie der Verformbarkeit, durch welche eine gute Anpassung an die
Dehnungen des Gebirges und des Ankerstabs erfolgen kann. Der E-Modul kann z. B.
so gut zwischen jenem des Gebirges und des Ankerstabs angesetzt werden, daß er

Abb. II.17. Ausführungsform von
Ankerstangen für die Verwendung
mit Kunststoff-Patronen der Bauart
Nilos

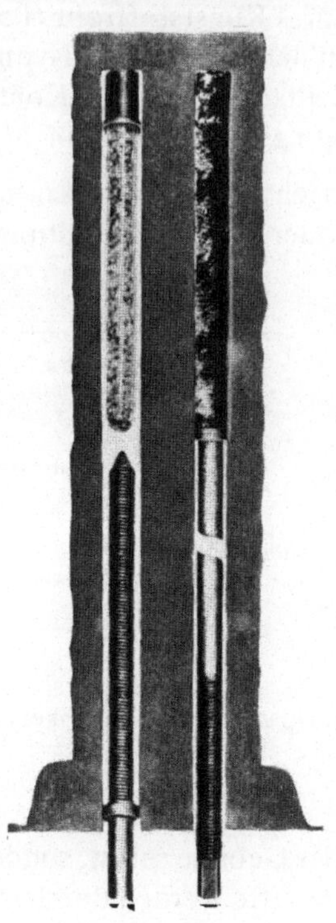

Abb. II.18. Ankerstange und Kunststoff-Patrone der Bauart Becorit

Abb. II.19. Ankerstange und Kunststoff-Patrone des Systems Fasloc (eingetragene Handelsmarke)

einen gleichmäßigen Übergang der Dehnung und damit des Kraftflusses vom Ankerstab ins Gebirge sichert. Die meisten der Rezepturen sind auch nur schwer mit
Wasser vermengbar, so daß sie dieses im allgemeinen verdrängen, keine Einschlüsse
bilden und sich durch dieses auch nur schwer ausspülen lassen. Ebenso sind sie
wasserdicht und in abgebundenem Zustand korrosionssicher, weshalb sie besonders
als Korrosionsschutz geschätzt werden. Sie ermöglichen ein hermetisches Abschließen
der Ankerstangen, wie es z. B. bei Zement, Zementmörtel oder Beton nicht möglich
ist, wodurch dort die durchdringende Feuchtigkeit im Laufe der Zeit den Stahl zer-

setzt. Zerstörungen von Ankerstangen bei Zementbasisverfüllung sind schon im
Ablauf von 2 bis 3 Jahren häufig, weshalb die Lebensdauer von solchen Ankern
einen großen Unsicherheitsfaktor darstellt.

Eine bei den Kunststoffen jedoch nicht geklärte Frage ist die ihres Verformungs-
verhaltens auf lange Zeit (Viskosität), sowie die ihrer chemischen Stabilität auf
lange Zeit und die Aushärtung bei extremen Temperaturen.

Auf der Seite der Verarbeitungseigenschaften gelten als Vorteile die leichte Verar-
beitbarkeit und Verpumpbarkeit sowie die Dosierbarkeit der Vergußmassen und
die Schnelligkeit des Arbeitsablaufes. Dagegen ist jedoch auf eine gewisse Reinlichkeit und Genauigkeit zu achten sowie auf eine dementsprechende Organisation und
Vorbereitung. Manche Rezepturen enthalten leicht toxische Komponenten, die als
Dampf oder im Kontakt mit der Haut unter Umständen auch über Allergien, Be-
schwerden verursachen können. Im allgemeinen sind jedoch die gesundheitlichen
Schwierigkeiten begrenzbar. In manchen Fällen ist geeigneter Arbeitsschutz wie
Brillen, Gesichts- oder Atemmasken und stärkere Belüftung des Arbeitsortes ein-
zusetzen.

Die Ankerstangen bestehen meist aus Rippentorstahl oder Rundstäben mit Gewinde
am Verankerungsende, welches für ausreichende Einbettung sorgen soll. Der Ankerkopf trägt in der Regel auch ein Gewinde, über das die Tragplatte mittels Mutter
aufgeschraubt wird und die Vorspannung hergestellt werden kann. Die Ausführungsformen der Stangen unterscheiden sich nicht von jenen, die mit Zement oder Zementmörtel verfüllt werden.

Einige Beispiele von Ankerstangen für die Verwendung mit Kunststoffen sind in
Abb. II.17, II.18 und II.19 enthalten.

Die Ankerstangen können im Endverguß, Vollverguß oder verzögerten Vollverguß
eingebaut werden, wobei die Vorspannung meist bei gutem bis mittelmäßigem Gebirge vorgesehen ist.

Die Ausführungsformen kann man in zwei Gruppen gliedern, je nachdem, ob das
Vergußmittel in verpackten Einheiten (Patronen) oder im kontrollierten Fluß (Einpumpen) gehandhabt wird.

Anker mit Patronen. Um die Einfachheit, Reinlichkeit, Genauigkeit, Schnelligkeit
und Einheitlichkeit vorweg zu garantieren, verwendet man Patronen in Röhren-
oder Wurstform, die jeweils die Komponenten des Kunststoffs (Grundmasse und
Härter) in getrennten Zellen enthalten. Einer der Komponenten kann als Füllstoff
Mineralsand wie etwa Quarzsand beigemengt sein, wodurch Kunststoff und somit
Kosten gespart werden. In solcher Verpackung sind die Komponenten über einige
Zeit lagerfähig und einsatzbereit. Die Patronenhülle wird aus Glas oder Kunststoff-
folien hergestellt. Zum Einbau der Anker wird die Patrone ins Bohrlochtiefste geschoben und dort mit dem nachdringenden Verankerungsende zerbrochen. Der
dabei in den Kunststoff eindringende Stab muß einige Zeit um seine Achse rotiert
werden, damit die Kunststoffkomponenten ausreichend vermischt und auch gut an
die Bohrlochwand herangebracht werden. Um ausreichend Umdrehungen in der
zur Verfügung stehenden Zeit zu erzeugen, werden manchmal mechanische, pneu-
matische oder hydraulische Geräte verwendet. Danach erfolgt das Aushärten, welches
Zeiten von 3 bis 10 Minuten erfordert. In einigen Fällen reicht die Wartezeit auch
bis 45 Minuten. Das Vorspannen erfolgt in der bereits beschriebenen Weise.

Die Längen der Patronen können verschieden ausgeführt sein und sind entsprechend der Gebirgsart zu wählen. Sie können in einem Stück für die gesamte Haftstrecke vorgesehen werden, oder in mehreren Stücken aneinandergereiht werden. Dabei ist es auch üblich, die gesamte Bohrlochlänge zu erfüllen. Zusätzliche Vorteile der Patronen sind, daß sie durch Wasser nicht leicht ausgespült werden können und sie die Vergußmasse auf den vorgewählten Raum begrenzt halten.

Neben den schnell reagierenden Patronen werden auch solche mit anderen Dosierungen hergestellt, deren Aushärtevorgang von 12 bis 36 Stunden dauert, so daß solche Patronen nach dem Prinzip des verzögerten Vollvergusses gleichzeitig mit schnell reagierenden ins Bohrloch eingeschoben werden können (Abb. II.20b). Das Vorspannen erfolgt hierbei sofort nach dem Abbinden der schnell eingestellten Setzpatrone [10, 18].

Als Mangel gilt, daß die Durchmischung der Komponenten unzureichend sein kann. Hierfür ist besonders die Oberfläche des Verankerungsendes ausschlaggebend, dessen Profilierung dabei immer nur einen Kompromiß erzielen läßt, weil bei zu geringer Profilierung ebensowenig durchmischt wird wie bei übermäßiger (Drehkolbeneffekt). Auch die Patronenhülle kann, wenn sie aus Kunststoffolie besteht, Teile des Ankerstabs oder Bohrlochs so belegen, daß ein Kontakt mit der Vergußmasse verhindert wird. Das Miteinmischen von Luftblasen oder Wasser kann ebenfalls nicht ausgeschaltet werden, wodurch eine poröse Struktur entstehen kann. Diese Mängel spielen jedoch insoferne keine überragende Rolle, als sich die Wirkung und Zuverlässigkeit zumindest gegenüber jener von Spreizankern bedeutend erhöht erwiesen hat. Die Ankerkapazitäten haben bei vielzahligen Ziehversuchen je nach Qualität des Gebirges bis zu 200 % von jenen der Spreizanker betragen.

Untersuchungen in Beton und Sandstein [10] haben z. B. bei Ankerstangen von 22 mm Durchmesser und Bohrlöchern von 32 mm Durchmesser Zugkräfte ergeben, die umgelegt auf die Haftlänge 2,3 bis 2,6 Mp/cm betrugen und bezogen auf die Oberfläche des Bohrlochs in der Haftstrecke 225 bis 250 kp/cm^2 bedeuten. Tab. II.4 enthält weitere Angaben über solche Versuche, wobei das Verankerungsende nur durch ein Gewinde profiliert war [10].

Abb. II.20 zeigt einige der üblichen Patronen. Die Roc-Loc-Patrone der American Cyanamid Company besteht aus einem Plastiksäckchen, das zwei flüssige Komponenten ohne Mineralstoffe enthält, die durch eine aufgesteckte Klemme voneinander getrennt gehalten werden. Vor dem Einschieben ins Bohrloch wird die Klemme abgenommen und die beiden Komponenten durch Kneten von Hand aus vermischt. Hierdurch kann eine eingehende Durchmischung erreicht werden [110].
Die Nilos-Patrone besteht aus einem Glasröhrchen, welches Polyesterharz mit Quarzsand enthält und in einem darin eingebetteten zentralen Innenröhrchen einen pulverförmigen Härter. Bei Drehzahlen bis zu 200 UpM wird die Gesamtmasse der zerschlagenen Patrone im Bohrloch 20 bis 30 sec. gemischt, doch ist danach eine Wartezeit bis zu 30 Min. erforderlich, ehe die Belastung aufgebracht werden kann. Diese Wartezeit ist dann kein Hindernis, wenn während ihr mehrere Anker eingebaut werden können und das Vorspannen erst danach erfolgen braucht.
Die Becorit-Patrone ähnelt dem Prinzip der Nilos-Patrone.
Unter den Celtite-Patronen dagegen besteht eine aus einer weichen Kunststoffolie, die Polyesterharz enthält und erst im Bohrloch aufgerissen und gemischt wird. Damit

sie leichter ins Bohrloch eingeschoben werden kann, steckt sie in einem leichten Käfig aus einem Kunststoffgitter.

Dieser Käfig kann jedoch durch entsprechend pralles Füllen der Plastikhülle erspart werden [10]. Für das Zerreißen der Hülle beim Eindringen des Ankerstabes sorgt dann das Zentralröhrchen mit dem Härter, welches aus entsprechend dimensioniertem Glas besteht. Das Zentralröhrchen wird bei einigen Bauformen auch eingespart, weil der Füllvorgang der Patrone so gestaltet werden kann, daß Härter und Grundmasse gleichzeitig eingefüllt werden, aber einen separaten Platz einnehmen. An ihrem

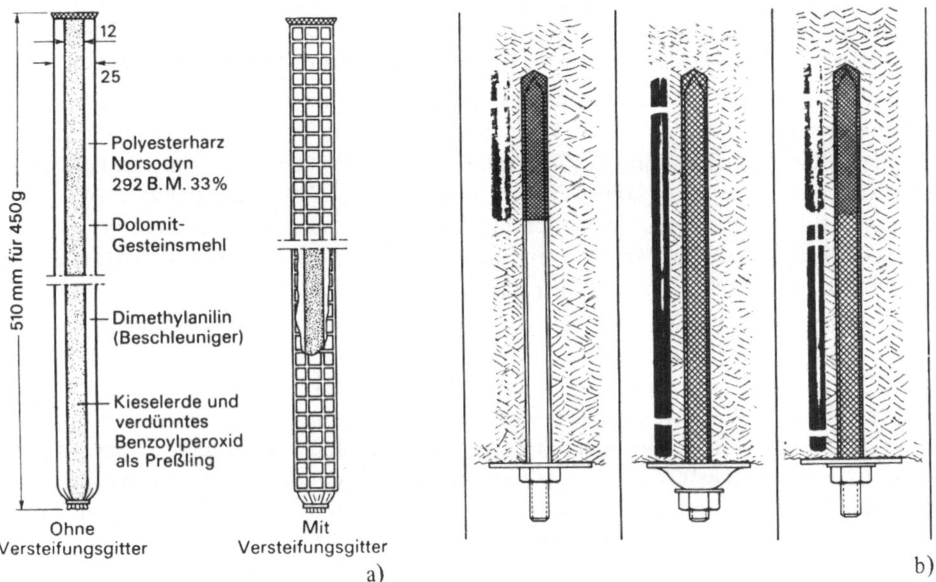

Abb. II.20. Kunststoff-Patronen. a) Einzelstücke, b) für Endverguß, Vollverguß und verzögerter Verguß nach Berg- und Industrietechnik GmbH, Recklinghausen

Kontakt bildet sich dann eine ausgehärtete zylindrische Zone, die Härter von Grundmasse trennt und auch als mechanische Stütze wirken kann. Solche Patronen haben jedoch eine weniger lange Lagerfähigkeit.

Die FASLOC-Patrone, welche von der Firma Du Pont zusammen mit einem besonders profilierten Stahlstab empfohlen wird [92], besteht aus einer Plastikhülle, die gleichzeitig ein mineralgefülltes Polyester-Harz und einen Härter enthält (Abb. II.19). Sie erlaubt das Aufbringen der vollen Ankerkraft bereits 5 Minuten nach der Durchmischung.

Als besondere Entwicklungsform von Zugelementen werden auch anstelle von Stahlstäben in Verbindung mit den Kunststoffpatronen Glasfaser-Kunststoff-Stäbe eingesetzt [11]. Ihr wichtigster Vorteil ist die Korrosionsbeständigkeit, hohe Festigkeit von bis zu 180 kp/mm^2 und gute mechanische Bearbeitbarkeit, was insbesondere in Gebirgszonen von Bedeutung ist, die im nachhinein gefräst oder gebohrt werden müssen. Die Stäbe können ebenfalls in verschiedenen Profilen hergestellt werden, müssen aber Metallaufsätze zum Eindringen in die Kunststoffpatrone und zum Übertragen der Last von der Ankerplatte auf den Stab erhalten. Ihr Elastizitätsmodul, der niedriger ist als jener von Stahl, kommt mehr jenem der Vergußmasse und auch jenem des Gebirges nahe, was bei gewissen Gebirgsarten günstige Auswirkungen hat. Ein Beispiel dieser Art ist der GD-Glas-Harz-Anker, der auch in Verbindung mit Zementmörtel eingesetzt wird und die Verwendung der GD-TOPAC-Patrone erlaubt.

Anker mit Verguß durch Einpumpen. Grundsätzlich gelten für diese Ankerformen alle in Abschnitt 2.3.1 über die Verfüllung mit Zementmassen enthaltenen Feststellungen hinsichtlich der Bauarten und Einbauvorgänge, doch wird die Vergußmasse durch flüssig eingebrachten Kunststoff ersetzt. Hierdurch ergeben sich die mit den Kunststoffen verbundenen und bereits erwähnten Vor- und Nachteile. Es werden meist Epoxyd- oder Polyester-Harze eingesetzt. Der Vorgang des Einpumpens selbst ermöglicht jedoch darüber hinaus noch wesentliche Verbesserungen.

Als bedeutendste ist der Korrosionsschutz der Stahlanker zu nennen, welcher auch bei den Patronen nicht zuverlässig gegeben ist. Die Wasserundurchlässigkeit und die völlige Einschließung des Ankerstabes durch den anfangs flüssigen Kunststoff wird durch diese Vorgangsweise am besten erzielt. Wo aggressive Wasser voraussichtlich oder erwiesenermaßen die Lebenszeit der Anker deutlich beschränken, wird daher trotz der Mehrkosten durch den beträchtlichen Kunststoffpreis der Verguß mit Kunststoff durch Einpumpen angewendet.

Eine weitere Verbesserung stellt der gute Formschluß zum Ankerstab und zur Bohrlochwand dar, der besonders durch das Fehlen von Mineralkorn der mittleren und größeren Durchmesser noch gefördert wird. Hierdurch ist auch das Eindringen in Poren, Risse und Klüfte möglich, was den Verbund mit dem Gebirge erhöht und sogar auch derart gezielt herbeigeführt werden kann, daß eine größere Umgebung des Bohrloches mitverfestigt wird. Hingegen kann dies aber auch zu ungewollten Verlusten an Vergußmitteln führen. Dies wird jedoch meist durch Zugabe von Thixotropiermitteln und die Einstellung einer kurzfristigen Abbindereaktion beschränkt.

Die Kosten des Vergußmittels werden häufig durch mineralische Füllstoffe wie etwa Quarzmehl der Korngröße zwischen 0,01 und 0,1 mm herabgesetzt. Solche Füllstoffe können bis zu 75 Gewichtsprozent zugesetzt werden, ohne die Fließ- und Pumpwiderstände unüberwindbar zu gestalten. Eventuell muß in Verbindung damit das Gemenge erhitzt werden um dünnflüssig zu bleiben, was wiederum von Vorteil ist, da im Kontakt mit dem Gebirge eine Abkühlung eintritt, die das Weglaufen in Klüfte einschränkt. Die mineralischen Füllstoffe haben auch die Eigenschaft, auf Grund ihres spezifischen Gewichtes von ca. 2,0 bis 2,5 g/cm^3 dasjenige der Vergußmasse auf 1,2 bis 2,2 g/cm^3 zu erhöhen, da die Kunstharze häufig ein solches von ca. 1,0 g/cm^3 und darunter aufweisen. Hierdurch ergibt sich jedoch auch gleichzeitig mit der Verdrängung der Luft im Bohrloch eine solche des Wassers, so daß der Verguß auch mit Sicherheit am untersten Ende der Haftstrecke ansetzt.

Die weiteren Vorteile hinsichtlich der Festigkeit und Verformbarkeit sowie der Verarbeitungseigenschaften gelten auch hier.

Um die Verformungseigenschaften noch mehr an die Erfordernisse der verschiedenen Gebirgsqualitäten anzupassen, geht man dazu über, auch hier die verhältnismäßig steifen und wenig dehnfähigen Stahlstangen durch Glasfaser-Kunststoff-Stäbe zu ersetzen [12–14]. Dies schließt ebenfalls die Korrosion aus. Bestrebungen ähnlicher Art sind auch in den USA im Gange [15].

Ein Vergußvorgang wie jener beim SN-Anker, bei dem das Füllen der Haftstrecke unabhängig von der Bohrlochneigung von deren entferntem Ende gegen den Bohrlochmund fortschreitet, während der Zufuhrschlauch gleichzeitig gezogen wird, konnte für Kunststoffe noch nicht verwirklicht werden.

2.4 Das Einbauen der Haftanker

In allen Fällen ist vor dem Einbauen auf gute Reinigung des Bohrlochs von Bohrklein oder eventuellem Nachfall zu sorgen. Hierfür eignet sich Wasser besser als Luft, es sei denn, daß quellfähige oder lösliche Gebirgskomponenten anstehen.

Für den Einsatz von Vergußmassen auf Zementbasis ist der Vorgang und erforderliche Aufwand bereits bei den in Abschnitt 2.3.1 beschriebenen Ankerarten angegeben.

Bei den Haftankern mit Patronen gestaltet sich der Vorgang fast so einfach wie bei Spreizankern, doch wesentlich einfacher als bei Verguß durch Einpumpen. Die Einbauleistungen sind um einen geringen Betrag (ca. 20%) niedriger als bei den Spreizankern und oft von einem einzelnen Mann erbringbar. Das Einschieben von Patronen und Ankerstangen geschieht von Hand, manchmal auch das Zerstoßen und Durchmischen der Patrone. Größere Schnelligkeit und Vereinfachung bringt jedoch die Verwendung maschineller Hilfsmittel, besonders fürs Durchmischen. Hier werden im allgemeinen Drehbohrmaschinen, wenn sie vor Ort verfügbar sind, vorgezogen, wenn nicht überhaupt Ankerbohrwagen Verwendung finden. Durch ihre hohe Drehzahl brauchen sie nur kurz eingesetzt werden. Man gibt allgemein 20 bis 40 Sec. als erforderlich für das Durchmischen an. Zeitaufwendig ist manchmal das Festhalten von Hand der Ankerstange bis zum Abbinden der Vergußmasse, doch kann man sich durch vorübergehendes Verkeilen im Bohrloch behelfen. Die Aushärtezeiten schwanken von 30 Sec. bis 45 Min. In einigen Fällen erreichen sie auch 8 Std. Wenn das Aufbringen der Vorspannung verzögert durch die Aushärtezeit erfolgen muß, kann zuerst das Setzen aller vor Ort vorgesehenen Anker vorgenommen werden und danach deren Vorspannen. Das Vorspannen unterscheidet sich nicht von den Vorgängen und Mitteln, die bei den Spreizankern beschrieben sind.

Das Vergießen durch Einpumpen bedarf besonderer Vorrats- und Mischbehälter, weil die Kunststoffkomponenten in dosierter Weise vermischt werden müssen, sowie der Pumpe und den entsprechenden Leitungen. Eine Prinzipskizze hierzu ist in Abb. II.21 wiedergegeben [16]. Die Geräte können aus handelsüblichen Bautypen ausgewählt werden, wobei jedoch die Vorteile leichter und schneller Zerlegbarkeit, geringer Reinigungserfordernisse und bei mineralischen Füllmitteln die Abriebfestigkeit besonders zu beachten sind.

Die reinen Kunststoffanker, welche auch als Zugelemente Glasfasern oder Glasfaser-Kunststoff-Stäbe enthalten, werden meist durch Spezialmaschinen vergossen, deren Ausführungsform und Prozeßtechnik noch in Entwicklung steht. Dazu bedarf es auch besonders ausgebildeten Personals. Angesichts des Raumbedarfes solcher Maschinen und des Kosten-Leistungsverhältnisses zeichnet sich ab, daß sie besonders für Großeinsätze mit umfangreicheren Tagesprogrammen je Einsatzpunkt nutzvoll sein können.

Im Lockergebirge herrscht die Gefahr des Verfalls der Bohrlöcher vor, weshalb man
dort danach trachtet, die Ankerstangen entweder gleichzeitig als Bohrgestänge zu
verwenden, oder das Bohrgestänge als Rohr von solchem Innendurchmesser auszuführen, daß das Zugelement durch dieses eingeführt und der Vergußvorgang vorgenommen werden kann. Bei Endverguß kann das Rohr nach dem Einschieben des
Zugelements über die Distanz der Haftstrecke herausgezogen werden, so daß die
Haftstrecke einen ungestörten Kontakt mit dem Gebirge erhält. Unter Umständen
kann das Rohr, unabhängig davon, ob ein verzögerter Vollverguß oder ein Endver-

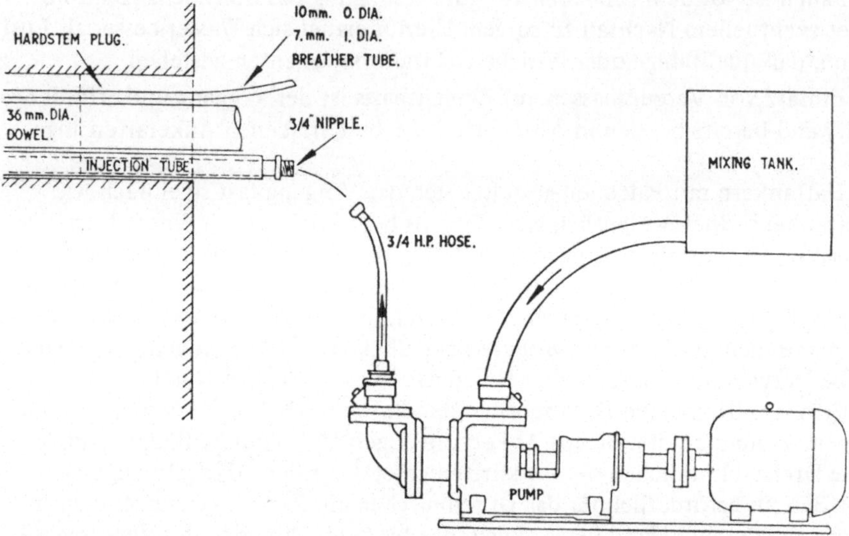

Abb. II.21. Geräteaufwand für das Einpumpen von Kunststoff-Vergußmassen

guß stattfindet, vor diesem oder auch nach diesem völlig gezogen und wiederverwendet werden.

Die exakte Auswahl der Konsistenz und Fließeigenschaften der Vergußmasse kann
am besten durch direkte Einpreßversuche ins Gebirge oder auch durch Wasserein-
preßversuche bei verschlossenem Bohrloch vorbestimmt werden.

2.5 Kombinationen zwischen Spreiz- und Haftankern

Die Verfüllung von Spreizankern nach deren Vorspannen wird besonders aus Grün-
den des Korrosionsschutzes vorgenommen. Manchmal strebt man damit auch die
Konservierung der dem Gebirge aufgebrachten Verspannung an oder die Verhinde-
rungen von Relativbewegungen des Gebirges im Bereich des Ankers.
Die Kombination mit den Spreizankern wird dann gewählt, wenn schnelles Setzen
und Vorspannen erforderlich ist und ein Abbindevorgang zu lange dauern würde.
Das Verfüllen kann auch erst nach längerem Zeitablauf erfolgen, so daß ein größerer
Arbeitsvorrat an der Baustelle vorliegt und eine rationelle Organisation des Ablau-
fes hohe Leistungen bringen kann.

Obwohl Vergußmassen auf Zementbasis wegen ihrer Durchlässigkeit die Korrosion
nicht sicher unterbinden können, werden sie sehr häufig verwendet. Kunststoffe
in patronierter Form spielen fast keine Rolle und solche, die eingepumpt werden,
finden durch ihren Preis trotz ihrer technischen Vorzüge nur wenig Verwendung.

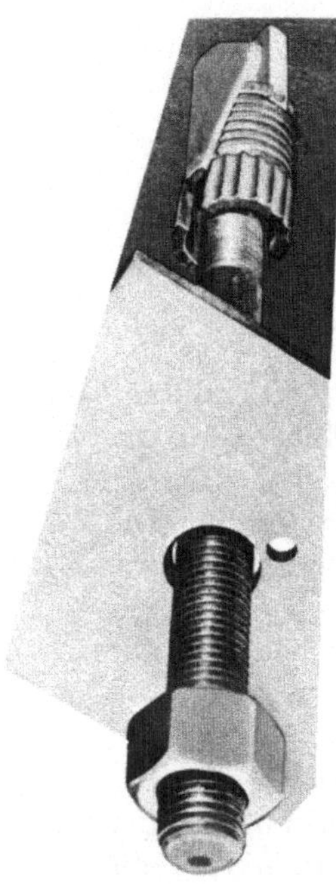

Abb. II.22. Spreizanker mit Zentralbohrung für Verguß oder Entlüftung
nach Colorado Fuel and Iron Steel Corporation

Ein Vertreter dieser Art ist der im Bergbau von Kiruna entwickelte Kreuzkeilkopf-
Anker (auch Kiruna-Anker), dessen Verankerungsende in Abb. II.2 gezeigt wird.
Er wird in das bereits mit Zementmörtel gefüllte Bohrloch eingeschoben und durch
das Anstoßen des Keils am Bohrlochtiefsten gesetzt. Das Vorspannen erfolgt sofort [6].
Einen Gleitkeilanker mit zentraler Bohrung von 3/16''-Durchmesser in der Ankerstange enthält Abb. II.22. Je nach Bohrlochneigung dient die Bohrung zur Entlüftung oder zur Zufuhr der Vergußmasse. Er wird in Längen bis zu ca. 6 m und bei
1'' Außendurchmesser für Lasten bis ca. 15 t hergestellt [17]. Die zweite erforderliche Öffnung für die Zufuhr des Vergußmittels ist in der Ankerplatte vorgesehen.

3. Zur Konstruktion von Ankern

3.1 Allgemeines

Die allgemeine Literatur bietet heute noch keine Anleitung zur Konstruktion oder
Berechnung, wenn auch an vielen Stellen einzelne Hinweise und Problemstellungen
gegeben sind. Die Berechnungen enthalten keine eventuell für Anker spezifische
Maßnahme und gehen in ihrem Inhalt nicht über die allgemeinen Methoden des
Entwurfs von Maschinenelementen bzw. der Baustatik hinaus. Viele Einzelfragen
der Konstruktion werden jedoch erst durch entsprechende Versuchsarbeit gelöst.
Deshalb wird es nicht für erforderlich erachtet, eine konsequente Abfolge eines
Berechnungsganges hier wiederzugeben. Es soll vielmehr auf die beachtenswerten
eigentümlichen Einflüsse und Überlegungen eingegangen werden.

Verschiedene Autoren und Institutionen haben sich mit der Frage der Prüfung von
Ankern befaßt, doch ist es auch dafür noch zu keiner einheitlichen und bindenden
Fassung gekommen. Die vielartigen in Verwendung stehenden Produkte werden
von den Herstellern nach eigenen Konzepten und Erfahrungen berechnet und
manchmal öffentlichen Stellen zu einer begutachtenden Prüfung vorgelegt.

Die wichtigsten Teile der Anker sind das Zugelement, der Verankerungsmechanismus und der Absetzmechanismus (Abb. II.1). Obwohl es sich für diese im großen
gesehen um einfache Funktionen handelt, sind die Wirkungen im Detail sehr kompliziert. Dies trifft besonders für den Verankerungsmechanismus zu, bei dem die
unregelmäßige Gestalt der Bauteile, des Bohrlochs und das im einzelnen unvorher-
sehbare Verhalten des Gebirges die Verläßlichkeit von Normvorstellungen aus-
schließen.

3.2 Das Zugelement

Der tragende Querschnitt. Die Bemessung des Zugelementes erfolgt auf Grund der
zulässigen Zugspannung in der Höhe der Bruchspannung und der angestrebten
Zugkraft. Dementsprechend werden für die Ankerstangen und Seile auch die Kräfte
als Bruchlast angegeben. Ein Aufschlag für die Sicherheit zur Vermeidung der Bruchspannung erfolgt dabei nicht. Sicherheiten werden jedoch bei der Anwendung der
Anker insoferne berücksichtigt, als diese nach Bruchlasten ausgewählt werden, die
über ihrer erwarteten Belastung liegen und auch die Vorspannung auf einen Bruchteil dieses Wertes eingestellt wird.

Bei Ankerstangen, die durch Aufbringen eines Drehmomentes gesetzt und vorgespannt werden, ist die daraus entstehende Schubspannung ausschlaggebend für die Auswahl des Stabquerschnittes. Die Schubspannung kann die resultierende Hauptnormalspannung wesentlich über den Betrag der einfachen Zugspannung erhöhen, wie eine einschlägige Rechnung leicht nachweisen kann. Wenn auch die aufgebrachte Vorspannung im allgemeinen bei 25 bis 50% der Bruchlast liegt, so kann durch die dabei überlagerte Schubspannung die Hauptnormalspannung bereits die Bruchspannung erreichen, weil der Einfluß der Schubspannung auf die Hauptnormalspannung bis zu 100% der einfachen Zugspannung ausmachen kann. Selbst wenn die Vorspannung nur einen kleinen Teil der Bruchlast beträgt, kann durch die Schubspannung die Bruchspannung im Stab schon bei einer Wirklast von ca. 80% der Bruchlast erreicht werden. Dies ergibt sich daraus, daß die Bruchlast in reinem Zug geprüft wird. Trotz dieser Unvollständigkeit des Prüfvorganges ist dieser wegen seiner Einfachheit vorzuziehen und es empfiehlt sich, den Einfluß der Torsion bei der Auswahl der Querschnitte in Form eines Reduktionsfaktors auf die Bruchlast zu berücksichtigen.

Dieser starke Einfluß der Torsion ergibt sich weitgehend unabhängig davon, ob das Kopfende als Vielkant ausgeführt ist oder als Gewinde. Nur ca. 10 bis 25% des angewendeten Drehmomentes gehen in der Reibung zwischen Vielkant oder Mutter und Tragplatte verloren.

Bei Mehrfachseil- oder Drahtbündelankern ist ein Ungleichförmigkeitsfaktor für die Auslastung der einzelnen Seile oder Drähte zu empfehlen, der die Summe ihrer Bruchlasten auf das 0,6 bis 0.8fache herabsetzt. Nur wenn die Einzelseile oder Drähte auch einzeln und auf einen einheitlichen Betrag vorgespannt werden, kann diese Reduktion unterbleiben.

Bei Haftankern wird die Vergußmasse in der Regel nicht mit berücksichtigt, obwohl dieser im Fall von Kunststoffen wegen deren hoher Festigkeit bis zu 20% der Bruchlast zugerechnet werden könnte. Weil sie aber wesentlich weniger Steifigkeit aufweist als die Zugelemente, ist nicht zu erwarten, daß sie auch entsprechende Lastanteile übernimmt. Nur bei jenen Kunststoff-Haftankern, bei denen die Bewehrung in Form von Glasfasern gleichmäßig über den Bohrlochquerschnitt verteilt ist, geht man fallweise davon ab, den Glasquerschnitt allein zu berücksichtigen, sondern rechnet   mit einer Durchschnittsfestigkeit des Glasfaser-Kunststoff-Gemenges. Dieser Wert wird jedoch prüftechnisch und nicht rechnerisch ermittelt, wie dies auch bei den Bewehrungsstäben aus Glasfaser-Kunststoff der Fall ist.

Eine Berücksichtigung von Biege- oder Querkräften bei der Dimensionierung erfolgt in der Regel nicht, weil sie nicht Teil der konzeptmäßigen Wirkungsweise der Anker sind. Da sie jedoch häufige Ursache der Zerstörung von Ankern sind, müssen sie bei der Auslegung von Ankerungen so weit wie möglich ausgeschaltet werden.

Das Verankerungsende. Damit die Übertragung der Zugkraft auf die Teile des Ankermechanismus vollständig und ohne Bruchgefahr ermöglicht wird, soll das Verankerungsende keine Verjüngungen oder Kerben aufweisen. Besitzt es ein Gewinde, so sollte dieses auf einem erweiterten Durchmesser aufgebracht sein. Doch da dies unverhältnismäßig größere Kosten verursachen würde, wird es meist auf dem glatten Stab angebracht. Die Wahl dementsprechender Querschnitte könnte den damit verbundenen Mangel ausgleichen, doch haben sich in der Praxis die Brüche eher am Kopfende und in der Spannstrecke ergeben, als am Verankerungsende. Das Gewinde wird vorwiegend aufgerollt, wodurch Kerbwirkungen gering gehalten werden und die Oberflächengüte in mancher Hinsicht auch verbessert wird. Für die Keilhülsenanker wird der Konus durch Aufstauchen des Stabendes und nachträgliches Vergüten hergestellt. Die Schlitzkeilanker weisen zwar am Verankerungsende einen geschwächten Querschnitt auf, doch ist für sie die Ankerkapazität meist so gering, daß weder die Querschnitte des Stabs, noch der Lappen zur Auslastung kommen.

Ankerstäbe für Haftanker sollen möglichst rauhe Enden aufweisen. Für die Kraftübertragung reichen im allgemeinen Gewinde oder die Profile des Rippentorstahls oder auch gewalzter Gewindestäbe. Für das Durchmischen von Kunststoff-Patronen erscheinen Vorsprünge und Nocken größerer Ausbildung günstiger, wie sie z. B. in Abb. II.19 dargestellt sind. Wenn die Anker durch Verguß mittels Einpumpen gesetzt werden, können auch aufgeschweißte Ringe oder Metallplatten vorgesehen sein, die es vor allem erlauben, die Haftsrecke bedeutend zu verkürzen. Die konischen Enden der Keilhülsenanker einzugießen, erscheint nicht erfolgversprechend, weil die entwickelten Radialkräfte den Verguß sprengen und damit den Anker lockern können.

Seil-, Seilbündel- oder Drahtbündel-Anker werden zur Herstellung eines guten Formschlusses an der Haftstrecke in gewellte Form versetzt. Dies kann durch Auflösen der Litzen oder abwechselndes Auseinanderspreizen mittels eingelegter Käfige und Zusammenbündeln an mehreren Stellen der Haftstrecke erreicht werden (Abb. II.18).

Das Kopfende. An ihm tritt eine sehr komplizierte Überlagerung von folgenden Spannungen auf:

> Zugspannungen aus der Ankerlast,
> Schubspannungen aus dem Torsionsmoment,
> Biegespannung aus exzentrischem Lastangriff,
> Scherspannungen aus eventuellen Querkräften.

Aus diesem Grund bildet es den am meisten gefährdeten Teil des Zugelements und ist auch Ausgangspunkt der meisten Brüche. Trotzdem wird es in keiner Weise verstärkt ausgeführt. Wenn es mit Gewinde versehen wird, erfolgt das Aufrollen auf die sonst unveränderte glatte Stange oder im Fall von Profilstäben (Rippentorstahl) auf das glatt gedrehte Ende. Bei Ausführung in Vielkantform ist von großer Bedeutung, daß der Übergang von diesem zum Stabquerschnitt ausreichend allmählich gestaltet wird, damit die Spannungskonzentrationen gering bleiben. Die Entscheidung, ob ein Kopfende mit Gewinde oder Vielkant versehen sein soll, ist grundsätzlich bestimmt durch die Bewegungsart beim Setzen des Ankers: Rotation bei Gewinde am Verankerungsende, axiale Translation bei Schlitzkeil- und Keilhülsentypen, Ruhelage bei nachfolgendem Verguß, Einrammen bei Patronen oder vorausgegangenem Verguß. Ein Gewinde am Verankerungsende bedingt meist, aber nicht immer, einen Vielkantkopf, obwohl dieser den Vorteil kompakter Bauart, geringen Raumbedarfs und geringer Verletzbarkeit hat. Ausschlaggebend sind manchmal auch die verfügbaren Maschinen und der gewünschte Spielraum für die mögliche Gleitstrecke des Ankermechanismus beim Setzen [19]. Diese Gleitsrecke ist vom Gebirgsaufbau abhängig und kann manchmal länger sein als die am Verankerungsende anbringbare Gewindelänge. Der Ausgleich hierfür kann am Kopfende als dementsprechend langes Gewinde vorgesehen werden. Manchmal erfordert auch ein nachträglicher Befestigungsvorgang einen hervorragenden Gewindestutzen (Abb. II.2.

Seil- und Drahtbündel werden am Kopfende aufgelöst, wenn sie in die Absetzvorrichtung eingegossen werden. Bei Drähten oder Drahtbündeln ist es jedoch häufig üblich, die Drähte in konischen Klemmkörpern einzeln einzubetten. In beiden Fällen ist außer entsprechender Reinigung keine Bearbeitung des Kopfendes erforderlich.

Kupplungen. Zur Aneinanderreihung von Einzellängen im Fall langer Bohrlöcher und begrenzter Herstellungslängen der Ankerstangen oder Seile dienen Kupplungen verschiedener Ausführungsformen. Im allgemeinen können hierzu alle Lösungen herangezogen werden, die für die Gestaltung der Übertrittstellen vom Verankerungsende in den Verankerungsmechanismus oder vom Kopfende in den Absetzmechanismus in Betracht kommen. Ihr tragender Querschnitt muß jedenfalls der Bruchlast des Ankers entsprechen.

Bei Stangen mit Gewinde können einfache Gewindemuffen verwendet werden. Seile können gespleißt oder in Muffen eingegossen werden. Bei Drahtbündeln, die nur mit Klemmechanismen verbunden wurden, empfiehlt es sich, die Gehäuse mit einer Schutzhülle zu umgeben und zur Vermeidung von Lockerungen und Korrosion auszugießen.

Die Gestaltung der Kupplungen soll besonders deshalb einfach sein, weil sie unter den Bedingungen der Baustelle möglichst schnell, problemlos und sicher angebracht werden müssen.

3.3 Der Verankerungsmechanismus

Der Verankerungsmechanismus hat die Aufgabe, die Kräfte vom Zugelement zu übernehmen und zuverlässig ins Gebirge zu übertragen. Abschnitt 2 zeigt, welch sehr verschiedene Formen er annehmen kann, doch immer bildet er ein eigenes Element, das zwischen Zugelement und Gebirge angeordnet ist. Es treten meist drei mechanisch wichtige Bereiche in ihm auf, die den Kraftfluß bestimmen:

>   die Übertrittsstelle vom Verankerungsende,
>   die Übertragungszone innerhalb des Verankerungsmechanismus,
>   die Übertrittstelle ins Gebirge.

Für die ersten zwei Bereiche stehen dem Konstrukteur weitgehende Freiheiten innerhalb der Technik und damit auch eine Vielfalt von Lösungsmöglichkeiten offen, die künstlich mehr oder weniger nach Wunsch modifiziert werden können. Es bedarf dabei im wesentlichen einer rationellen Abstimmung der Bauelemente durch geeignete Wahl der Form, Größe und des Materials. Wohl sind dafür wichtige räumliche Beschränkungen gegeben. Unter ihnen ragt diejenige durch den Bohrlochquerschnitt und diejenige des Kraftflusses besonders hervor. Während der Bohrlochquerschnitt durch entsprechende Annahme der Größe und festigkeitsgerechter Werkstoffe verhältnismäßig leicht Berücksichtigung findet, bieten sich seitens des Kraftflusses größere Schwierigkeiten. Auf Grund der Neigung zu Spannungskonzentrationen entsprechend der Steifigkeit des Materials wird die für die Kraftübertragung nutzbare Zone an der Übertrittstelle von den Verhältnissen des abgebenden Querschnittes und des aufnehmenden Querschnittes sowie den in diesen auftretenden E-Moduln bestimmt. Je flexibler z. B. das Verankerungsende gegenüber dem Verankerungsmechanismus ist, desto stärker konzentriert sich der Kraftfluß auf den Eintrittsquerschnitt des Verankerungsendes. Bei gleichen Steifigkeiten oder bei geringerer Steifigkeit des Verankerungsmechanismus gegenüber dem Verankerungsende gestaltet sich der Kraftfluß günstiger, erstreckt sich jedoch auch nicht über eine gewisse Zone hinaus. Dieses Problem ist zumindest bei den Spreizankern mit Schraubgewinde in ausreichend befriedigendem Maß lösbar, weil aus der Erfahrung der Gewindeschrauben geschöpft werden kann. Schwieriger ist es bei Haftankern, nicht zuletzt wegen der vorgegebenen Werkstoffunterschiede. Doch auch hier bedeutet es zumindest kein wesentliches Erfolgsrisiko. Noch weniger geklärt sind die Verhältnisse bei den schlaffen Haftankern, wo auch die Gebirgslast erst durch die Vergußmasse auf das Zugelement übertragen werden muß.

Für den drittgenannten Bereich sind die Freiheiten des Konstrukteurs dagegen sehr eingeschränkt, weil die Qualität des Gebirges von Natur vorgegeben, schwer erfaßbar und stark schwankend ist. Sie diktiert jedoch in starkem Maße die Gestaltung der Übertrittsstelle. Je nach der Gesteinsfestigkeit kann die Übertragung an ihr auf Kraftschluß oder Formschluß aufgebaut werden. In jedem Fall ist dabei die Nutzung des gesamten Bohrlochumfanges anzustreben, weil nur dadurch die Flächenpressung niedrig gehalten und somit die Höhe der übertragbaren Kraft gesteigert werden kann. Die Länge der Übertragungsstelle aus Gründen der Verringerung der Flächenpressung oder der Erhöhung der übertragenen Kraft zu vergrößern, ist nur in jenem beschränkten Maße nutzvoll, als der Kraftfluß sich ähnlich wie bei Bewehrungen oder Schraubengewinden auf eine begrenzte Zone konzentriert.

Der Kraftschluß wird nur bei den Spreizankern genutzt. Seine Wirksamkeit beruht auf der Reibung und ist somit abhängig von der Normalkraft, die auf die Bohrlochwand ausgeübt wird, und von dem Reibungskoeffizienten.

Die Normalkraft ist grundsätzlich begrenzt durch die Druckfestigkeit des Gesteins, die aber in technisch wichtiger Hinsicht in der Konfiguration des Bohrlochs sehr hohe Werte erreicht. Erst wenn die zur Übertragung der Ankerkraft erforderliche Spreizkraft des Ankers die Gesteinsfestigkeit übersteigt, ist es angebracht, aber auch notwendig, zum Formschluß überzugehen. Damit soll noch nicht gesagt werden, daß auf jeden Fall Haftanker als Lösung herangezogen werden müssen. Bei den mittelfesten Gesteinen kann dieser Formschluß noch unter Überlagerung eines Kraftschlusses erstellt werden, wenn Spreizanker eingesetzt werden. Erst bei den geringfesten Gesteinen ist vom Kraftschluß abzusehen und der reine Formschluß anzustreben, wie dies bei den Haftankern zutrifft, die in radialer Richtung keine Kräfte ausüben.

Der alleinige Kraftschluß, welcher nur bei sehr festen Gesteinen und geringen Spreizkräften vorkommt, wird im allgemeinen als alleinige Grundlage des Entwurfes von Spreizankern abgelehnt. Wegen seines begrenzten Beitrages zur Übertragung der Ankerkraft wird danach gestrebt, den Formschluß auch bei sehr harten Gesteinen zumindest nicht auszuschließen. Deshalb werden die Außenflächen der Außenkeile meist entsprechend rauh gestaltet.

Im allgemeinen lassen sich die wirksamsten Übertragungen der Ankerkraft ins Gebirge erreichen, wenn folgende Effekte so gut wie möglich genutzt werden:

> Überlagerung von Form- und Kraftschluß,
> Kontakt am gesamten Bohrlochumfang,

Axialsymmetrische Ausbildung zur Vermeidung von Biegekräften,
Einfache, kompakte Bauform,
Geringe Zahl an Einzelteilen.

Spreizanker. Für Spreizanker ist es erforderlich, daß sie, um die Übertragung der
Ankerkraft zu ermöglichen, aus sich heraus zusätzliche Radialkräfte entwickeln,
die sich im Gebirge der übertragenen Axialkraft überlagern und daher einen höheren
Grad der Beanspruchung für dieses bedeuten. Um frühzeitig Überlastungen zu vermeiden, sollen die Radialkräfte möglichst gering gehalten werden. Mittels der
durchwegs vorgesehenen Keilsysteme ist diese Erfordernis weitgehend berücksich-
tigbar, so daß dabei auch die Radialkräfte nur entsprechend der wirkenden Ankerkraft zunehmen.

Das Problem der Konzentration des Kraftflusses an der Übertrittstelle vom Verankerungsende, wie es bei den schraubbaren Ankern auftritt, erfährt beim Schlitzkeilanker und den Keilhülsenankern eine Abschwächung, weil die Umlenkung des
Kraftflusses mehr allmählich stattfindet.

Die Teile des Verankerungsmechanismus sollen tunlichst aus dem Werkstoff des
Zugelements hergestellt sein oder zumindest mit diesem verträgliche Elastizitäts-
eigenschaften haben. Es ist nicht förderlich, die Zahl der Teile gering zu halten,
indem weniger Außenkeile oder Blätter der Keilhülse vorgesehen werden, weil
dadurch wie beim Doppelkeilanker und Gleitkeilanker Teile des Umfangs kontakt-
frei bleiben und außerdem die Krümmung der Kontaktfläche sich nicht immer
voll in die Bohrlochwand einpaßt. Auch vom Standpunkt des Kraftflusses aus dem
Verankerungsende, der zentral und axialsymmetrisch vor sich geht, ist eine Ablei-
tung desselben im Vollkreis günstiger. Die Außenkeile oder Blätter sollen zu diesem
Zweck so fest verbunden sein, daß sie simultan aufgleiten und bei der Entwicklung
der Spreizkraft axialsymmetrische Positionen einnehmen. Die Steigungen der Keilflächen werden im Bereich von 1 : 3 bis 1 : 5 gewählt.

Die Übertrittstelle ins Gebirge, also die Außenflächen der Außenkeile und Blätter,
sollen einen möglichst vollständigen Kontakt herstellen. Dies wird am besten garan-
tiert durch bohrlochgerechte Krümmung, durch Geradlinigkeit der Erzeugenden,
achsenparalllele Richtung der Erzeugenden und Mehrzahligkeit der Außenkeile
bzw. Blätter. Vorteilhaft erweist sich für diese Anforderungen ein zentraler Innen-
konus, wie er beim Keilhülsenanker vorliegt. An ihn können beliebig viele Segmente
angelegt werden. Sehr gut vereinigt sind die Merkmale im GD-Anker, dessen Keilhülse aus vier und mehr Kunststoffblättern besteht, welche selbst Keilform haben,
so daß die Außenfläche achsenparallel an die Bohrlochwand trifft und dort über
die gesamte Länge anliegt. Die Keilhülse des GD-Ankers hat darüberhinaus auch
bei hoher Festigkeit eine etwas bessere Verformbarkeit als die von Stahl, so daß
sie sich nicht nur in die Bohrlochkrümmung gut einpaßt, sondern auch an der
kornbedingten Rauhigkeit des Gesteins durch geringe Deformationen einen Formschluß herbeiführt. Dieser Formschluß ist insofern wichtig, als er das Brechen der
Körner vermeidet, welches im Fall von Metallkeilen zu kleinen Rutschbewegungen
und Kraftverlusten des Ankers führt [11, 4]. Aber auch Assymmetrien des Bohrlochumfanges werden durch die Verformbarkeit des Kunststoffes besser ausgeglichen.
Es besteht dabei allerdings der Nachteil, daß die Blätter keine feste Verbindung
miteinander haben. Sie sind lose ineinandergefügt und werden vor dem Setzen nur
durch elastische Bänder zusammengehalten.

Die Außenfläche der Außenkeile oder Blätter wird im einzelnen verschiedentlich gezahnt oder gerippt gestaltet (Abb. II.2, II.3, II.4, II.6, II.7). Die Höhe dieser Rauhigkeiten, ihr Abstand und ihre Orientierung werden der Gesteinsqualität angepaßt. Höhe und Abstand nehmen mit der Weichheit des Gesteins zu. Die günstigsten Konfigurationen hierfür werden am wirkungsvollsten durch praktische Versuche bestimmt. Scharfe Spitzen und Kanten sollen dabei vermieden werden. Die Kontur der Rauhigkeiten soll so gestaltet sein, daß sie möglichst gut den Bruchkratern im Gestein folgt, damit auch der Formschluß frühzeitig verwirklicht werden kann. Auch die Berandungen der Außenflächen sollen nicht scharfkantig, sondern entsprechend einer Kurve abgerundet sein, die möglichst der Ausbauchungslinie des Gesteins folgt.

Tabelle II.3. Rechnerische Spreizdrücke von Gleitkeilankern nach *Lenoir* und *Mernier*

Länge des Außenkeils (cm)	Druckfläche (cm^2)	Rechnerischer Druck auf das Gestein (kp/cm^2) bei der Zugkraft von	
		18 t	22 t
6	75	240	293
8	100	180	220
10	125	144	172
12	150	120	146
14	175	103	125
16	200	90	110
18	225	80	97

Als konkrete Beispiele sind in Tab. II.3 einige Kennwerte von Gleitkeilankern angeführt, die für die Verwendung in mittelfesten Gesteinsarten (ca. 80 bis 300 kp/cm^2 Druckfestigkeit) entworfen wurden. Sie werden für Anker mit 18 bzw. 22 t Bruchlast verwendet und besitzen einen Innenkeil mit der Steigung 2 : 7. Die Berechnung der Druckspannungen als Durchschnittswerte erfolgte auf Grund der Annahme eines Bohrlochdurchmessers von 40 mm und einem allseitig gleichmäßigen Anliegen der Außenkeile an der Bohrlochwand. Die Auswahl dieser Ankermechanismen für die einzelnen Gebirgsqualitäten kann in erster Annäherung auf Grund der nachstehenden Zuordnungen von Gesteinsfestigkeiten eingeleitet werden [21]:

Druckfestigkeit kp/cm^2	Gesteinsart
30	verschiedene Tonschiefer
80	feuchte Mergel
120	Tonschiefer mit Neigung zum Aufblättern
200	Sandstein mit kristalliner Kornbindung
200	Minette-Erze von Lothringen
500	amorphe Kalksteine

Vorgespannte Haftanker. Die Übertrittstelle vom Verankerungsende ist nach den Konzepten eines Formschlusses zu gestalten, da Haftfestigkeiten, die nur in Form von Schubfestigkeiten wirksam werden können, wegen der geringen Oberflächenkräfte der Vergußmittel vernachlässigbar gering sind und ein Kraftschluß nicht in Frage kommt. Bezüglich des Verankerungsendes wurde die erforderliche Profilierung bereits hervorgehoben, wobei Gewinde allein manchmal ausreichen können. Untersuchungen [10] untermauern die Nachteile von glatten Verankerungsenden gegenüber profilierten. Entsprechend Abb. II.29 liegt ihre maximale Übertragungsfähigkeit bei ca. 70% von derjenigen eines profilierten Stabes gleichen Durchmessers, wobei hier die Unterschiede in der Haftstrecke nicht berücksichtigt werden sollen, weil Beobachtungen darüber fehlen, wieweit die Einschnürung des glatten Verankerungsendes die wirksame Haftstrecke beim Zugversuch selbsttätig beschränkt. Der profilierte Stab konnte jedenfalls bei einer Haftstrecke von 500 mm nicht zum Gleiten gebracht werden, sondern er brach. Auch sichern Profilierungen mit mehr axialgerichtetem Verlauf einerseits den Mischeffekt für Patronen, andererseits den Torsionswiderstand beim Vorspannen. Trotz des eigentlichen Formschlusses benützt man im Zuge von Berechnungen den Ausdruck der Haftspannung oder Haftfestigkeit, wobei dies mehr im Sinne einer pauschalen Rechengröße geschieht, die den Gesamteffekt ausdrücken soll. Einige Werte dieser Art wurden in Tab. II. 4 angeführt.

Weitere Werte für die Haftfestigkeit, allerdings am Kontakt zwischen Vergußmasse in Form von Zementmörtel und Gebirge, sind in Tab. II.5 für einige Qualitäten des Festgebirges angegeben [46].

Da die meist geringen Werte der Haftfestigkeit große Haftstrecken bedingen würden, strebt man an, die Bohrlöcher an der Haftstrecke aufzuweiten. Die dadurch erhöh-

Tabelle II.4. Prüfwerte für Haftanker mit Kunststoffpatronen

Ankerstange: 16 mm Durchmesser
Bohrloch: 20 mm Durchmesser in Beton
Verklebungslänge: 125 mm
Vergußmittel: Upat-Patrone M 16
Lastgrenzen: untere 1000 kp
              obere   2000 kp
Frequenz: 500/min
Zahl der übertragenen Lastspiele: 28 110 700

Tabelle II.5. Schubfestigkeiten τ am Kontakt von Vergußmörtel und Gebirge

Gebirge	τ (kp/cm^2)
Mergeliger, leicht angewitterter Molassesandstein	6,5
Feinkörniger, leicht angewitterter Molassesandstein	11,5
Feinkörniger Molassesandstein	41,9
Molassekalkstein	28,3
Kalksandstein	28,9
Biotit-Granitgneis	24,8

te Kontaktfläche je Längeneinheit des Ankers und manchmal auch die besondere Form des daraus entstehenden Vergußkörpers tragen wesentlich zur Erhöhung der Ankerkapazität bei.

In nichtbindigen Böden, welche allgemein bemerkenswerte Permeabilität aufweisen, liegt einerseits die Beständigkeit der Bohrlöcher nicht vor, um ohne Verrohrung das Bohren zu ermöglichen, und andererseits ist der Zusammenhalt der Einzelkörner zu gering, um eine nennenswerte Schubfestigkeit in Rechnung zu stellen. Hier hilft jedoch die Permeabilität, so daß der Gebirgskörper entlang der Haftstrecke injiziert wird und danach eher auf Grund seines Formschlusses und seines Einspannungszustandes innerhalb des gesamten Gebirges die Ankerkräfte in dieses einleiten kann. Rechnet man in diesem Fall mit der Mantelreibung der Kontaktfläche allein [46], so sind der Reibungswinkel und der Einpreßdruck p_i ausschlaggebend für die Haftung Es ergibt sich

$$\tau = p_i \tan \varphi. \tag{II.2}$$

Der Reibungswinkel φ ist hierzu aus Versuchen zu bestimmen. Für eine erste Schätzung kann bei Kies- und Sandmassen der Wert von φ in folgender Weise ermittelt werden [49]:

$$\varphi = 36° + \varphi_1 + \varphi_2 + \varphi_3 + \varphi_4, \tag{II.3}$$

wozu

$$\varphi_1 = \begin{cases} + 1° & \text{scharfe Körner} \\ \pm 0° & \text{mittlere Körner} \\ -5° & \text{sehr runde Körner} \end{cases} \qquad \varphi_3 = \begin{cases} -3° & \text{gutsortierte Sande} \\ \pm 0° & \text{mittlere Kornverteilung} \\ + 3° & \text{gutverteilte Sandsorten} \end{cases}$$

$$\varphi_2 = \begin{cases} \pm 0° & \text{Sand} \\ + 1° & \text{feiner Kies} \\ + 2° & \text{mittlerer und grober Kies} \end{cases} \qquad \varphi_4 = \begin{cases} -6° & \text{sehr lockere Lagerung} \\ \pm 0° & \text{mittelfeste Lagerung} \\ + 6° & \text{sehr feste Lagerung.} \end{cases}$$

Der Übertragungsbereich innerhalb des Verankerungsmechanismus, der hier durch die Vergußmasse als mehr oder weniger einheitlicher Körper dargestellt wird, weist generell eine axialsymmetrische Spannungsverteilung auf, deren Intensität nach außen hin linear mit wachsendem Abstand abnimmt. Damit ist auch die Übertrittstelle vom Verankerungsende als kritische Zone zu betrachten.

Die Übertrittstelle ins Gebirge weist im allgemeinen gute Wirksamkeit auf, wozu die Bohrlochrauhigkeit und der Reinlichkeitsgrad des Bohrlochs wesentlich beitragen. Die übertragbare Ankerkraft durch Verlängerung der Haftstrecke zu erhöhen, ist nur bedingt möglich, weil auch hier die Konzentration des Kraftflusses für die nutz bare Haftstrecke ausschlaggebend ist. Die Abstimmung der Werkstoffeigenschaften erhält also auch hier besondere Bedeutung. Wieweit aus dem Formschluß eine Aufgliederung in Druck-, Zug- und Scherspannungen hervorgeht, ist noch ungeklärt. Bis auf die Ausübung eines Kraftschlusses sind die eingangs erwähnten fünf Anforderungen hier jedoch weitestgehend erfüllt.

Tab. II.5 enthält einige Beispiele für die Haftfestigkeit zwischen Zementmörtel als Vergußmasse und verschiedenen Gebirgsarten [46].

Eine Konstruktion auf Grund von feststehenden Rechengrößen erfolgt im allgemeinen nicht. Vielmehr sind praktische Versuche der Ausgang für die Gestaltung und Dimensionierung. Die daraus ermittelten Werte dienen zur Bestimmung der Haftlänge. Dabei kann wohl die Wahl des Bohrlochdurchmessers eine kritische Rolle spielen, wenn er für eine ausreichende Reduktion der Haftspannung zu gering bemessen ist und somit ein Versagen der Verankerung an der Übertrittstelle ins Gestein bedingt wird.

Die Erscheinungsformen des Kraftflusses im Bereich der Haftstrecke wurden mehrfach untersucht [10, 22, 23] und haben einheitlich ergeben, daß der Kraftfluß sich

Abb. II.23. Spreizanker in Gewindeausführung
an Verankerungs- und Kopfende nach Roc-Elb (Pty) Ltd.

in der Nähe des Eintrittsquerschnitts zur Haftstrecke konzentriert, so daß nur geringe Anteile entfernt vom Eintrittsquerschnitt übertragen werden. Abb. II.24 illustriert diesen Verlauf [22] durch die Verteilung der Haftspannung τ entlang der Haftstrecke für vier verschiedene Längen der Haftstrecke bei gleichbleibendem Stabquerschnitt und gleicher Zugkraft. Daraus ist erkenntlich, daß es eine optimale Haftstrecke gibt, welche die beste und gleichmäßige Auslastung anbietet (Kurve 1). Wird die Haftstrecke größer, treten unausgenützte Querschnitte auf, unter Umständen auch ein Schlupf am Eintrittsquerschnitt, wenn er überlastet ist. Wird sie dagegen kleiner, so verringert sich dadurch die Ankerkapazität.

Dieselbe Erscheinung wurde entsprechend Abb. II.25 nicht nur in der Form einer Zugbelastung (Lastfall II), sondern auch einer Druckbelastung (Lastfall I) festgestellt [23]. Hierbei ist der Vorteil für den Lastfall I zu erkennen, daß ein Schlupf am Eintrittsquerschnitt nicht bei derselben Größe der Kraft auftreten kann wie beim Zug, da keine Verjüngung des Querschnitts auftritt, die das Ablösen vom Verguß ermöglichen kann.

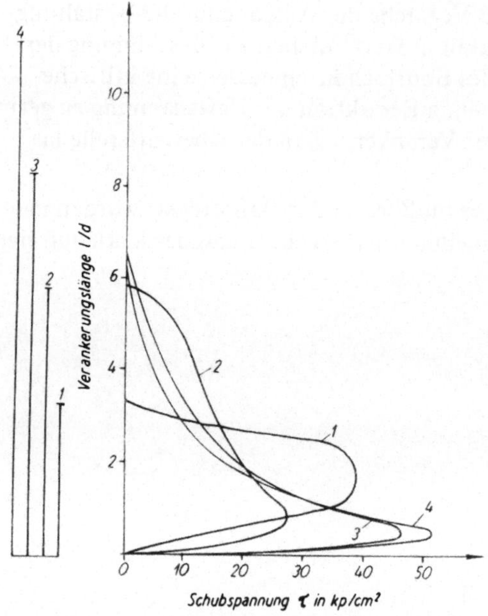

Abb. II.24. Verteilung der Haftspannung [22] bei konstanter Zugkraft und veränderlicher Haftstrecke (Nummern 1–4)

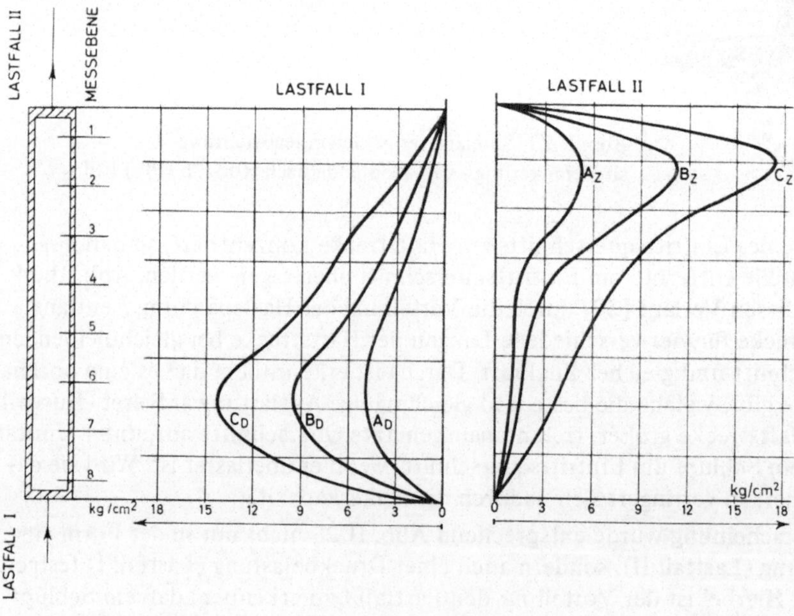

Abb. II.25. Verteilung der Haftspannung bei konstanter Haftstrecke und drei verschiedenen Kräften (A, B, C) für den Lastfall des Zugs (II) und des Drucks (I) nach [23]

Aus diesem Unterschied wurde für die Praxis auch die Konsequenz gezogen, daß die Übertragung der Ankerkraft durch axialen Druck gestaltet wurde. Zwei Beispiele in den Abb. II.26 und II.27 erläutern diese Möglichkeit. Hierzu wird das Verankerungsende beim Duplexanker in ein starkwandiges Rohr so eingefügt, daß die Verbindung mit ihm am Ende des Zugelements liegt. Der Verguß füllt im

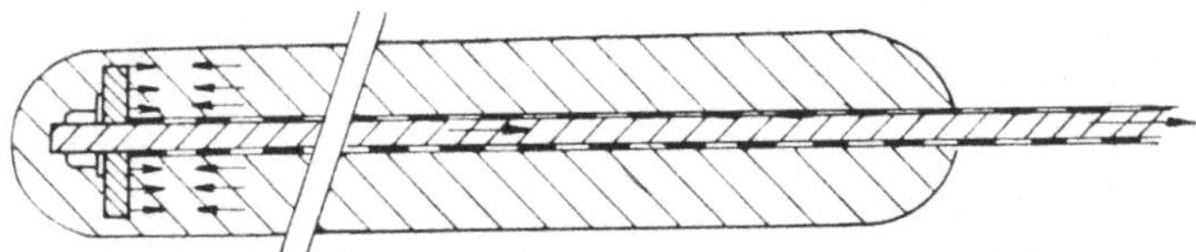

Abb. II.26. Schematische Darstellung der Ankerkrafteinleitung ins Gebirge durch axialen Druck mittels einer aufgeschraubten Scheibe nach Zaijc [24]

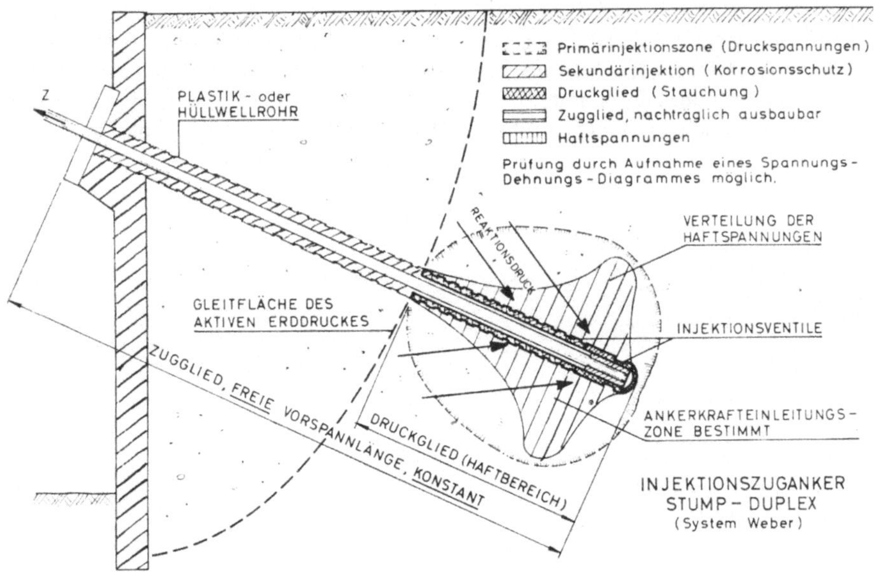

Abb. II.27. Schematische Darstellung einer Ankerkrafteinleitung ins Gebirge durch axialen Druck beim Duplex Anker der Stump Bohr AG

Bohrloch nur den Ringraum zwischen Rohr und Gebirge, so daß das Rohr unter axialem Druck vom tiefgelegenen Ende der Haftstrecke her belastet wird.

Schlaffe Haftanker. Würden schlaffe Haftanker lediglich durch äußere am Kopfende angreifende Kräfte belastet werden, so könnte ihre Auslegung entsprechend der Gestaltung des Kraftflusses aus diesem alleinigen Phänomen vorgenommen werden, wie für die vorgespannten Haftanker. Die äußeren Kräfte sind jedoch vielfach unbedeutend, wo schlaffe Anker eingesetzt werden, oder sie bilden nicht den wesentlichen Teil der Wirklast.

Schlaffe Haftanker werden vorwiegend eingesetzt, um als Bewehrung den Verformungen des Gebirges einen Widerstand entgegenzusetzen. Dementsprechend erfolgt der Lastangriff auch entlang der gesamten Haftstrecke oder zumindest an nicht vorhersehbaren Punkten der Konzentration, so daß die Vergußmasse gleichzeitig als Verankerungsmechanismus und als Lastenleitungsmechanismus wirkt. Verschiedene Querschnitte können daher sehr verschieden beansprucht sein. Sollte eine äußere

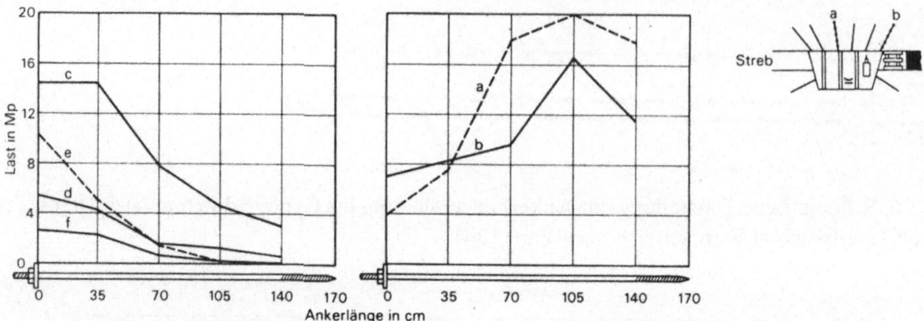

Abb. II.28. Verteilung der Ankerkraft entlang der Haftstrecke bei äußerer Zugkraft (links) und bei Gebirgsdruck (rechts). Kraftmessung durch Dehnungsmeßstreifen in Abständen von 35 cm. Kurven a und b für Positionen der Haftanker in der Streckenfirste, Kurven c, d, e, f jeweils für Zugkraft von 15 t (hydraulisch), 6 t (hydraulisch), 11 t (hydraulisch) und bei 35 kpm (mit Schlüssel

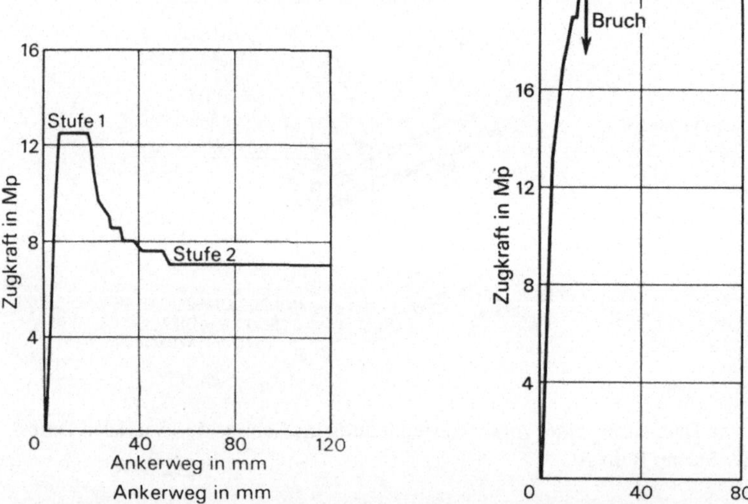

Abb. II.29. Unterschiede in der Übertragungsfähigkeit am Verankerungsende bei glattem und bei profiliertem Stab. Links: Glatter Stab, 20 mm Durchmesser, Haftstrecke 740 mm, Rechts: Profilierter Betonstahl, 20 mm Durchmesser, Haftstrecke 500 mm, Bruch bei 20 MP

Kraft noch am Kopfende angreifen, so überlagert sich ihre Auswirkung mit der aus dem Gebirge stammenden. Die Ermittlung dieser Kräfte ist noch weitaus ungeklärt. Einiges hierzu soll im Abschnitt 4 besprochen werden. Ähnliche Verhältnisse gelten auch für die vorgespannten Haftanker mit verzögertem Vollverguß.

Die Wahl der Formen und Dimensionen der Ankerstangen erfolgt weitgehend nach empirischen Gesichtspunkten, wonach besonders profilierte Stäbe wie Rippentorstahl oder gewalzte Gewindestäbe herangezogen werden.

Da die konkrete Wahl als Konsequenz der zu erwartenden Gebirgskräfte von den individuellen Umständen des Einsatzfalls abhängt, soll Näheres darüber in Abschnitt 7 behandelt werden. An dieser Stelle erscheint es jedoch nochmals wichtig, auf die von den Anwendungsbedingungen abhängige Konfiguration des Kraftflusses hinzuweisen.

Einige Autoren [10] stellen diesem Kraftfluß, der beim Angriff von äußeren Kräften auftritt, wie etwa bei einem einfachen Ankerzugversuch, die Verteilung der Ankerkraft bei Wirksamwerden des Gebirgsdrucks gegenüber (Abb. II.28). Daraus ergibt sich deutlich, daß die unter Gebirgsdruck stehenden Haftanker erst im Inneren des Gebirges größere Kräfte aufnehmen, was auch mit der Vorstellung aus der klassischen Mechanik übereinstimmt, nach welcher in der Nähe freier Oberflächen die Kraftwirkungen normal zur Oberfläche abnehmen und an der Oberfläche selbst gleich Null sind. Besonders Fall b der Abb. II.28 kann dies bekräftigen. Fall a stellt einen beinahe vertikal in der Firstenmitte eingebauten Anker dar, bei dem schon die steigende Höhe der Gebirgssäule, die er zu tragen hat, allein für eine proportionale Kraftzunahme spricht. Diese Gegenüberstellung unterstreicht besonders die Belastungsunterschiede und damit aber auch die möglichen Fehlschlüsse, wenn man die Funktionstüchtigkeit von Ankern nur auf Grund von Ziehversuchen beurteilen würde.

Der Einfluß der Gestaltung der Oberfläche des Verankerungsendes ist in Abb. II.29 durch ein Beispiel aufgezeigt [10].

3.4 Der Absetzmechanismus

Die Funktion des Absetzmechanismus ist es, die Wirklast vom Gebirge auf das Kopfende zu übertragen bzw. die Vorspannkraft vom Kopfende auf das Gebirge zu leiten. Damit dabei unnotwendige Beanspruchungen der einbezogenen Bauteile vermieden werden, soll die Auslegung möglichst axialsymmetrisch erfolgen und die Entwicklungsmöglichkeit von Torsions- und Biegekräften sowie von Querkräften unterbunden werden.

Auch hier lassen sich drei wesentliche Zonen unterscheiden, nämlich die

> Übertrittstelle vom Kopfende in den Absetzmechanismus,
> Übertragungszone innerhalb des Absetzmechanismus,
> Übertrittstelle vom Absetzmechanismus ins Gebirge.

Spreiz- und Haftanker mit Einzelstangen. Am einfachsten ist der Absetzmechanismus ausführbar, wenn die Zugelemente in Form einzelner Stangen vorliegen. Dann kann die Wirklast vom Kopfende über den Vielkant oder die Mutter auf eine einfache Tragplatte und von dieser in die freie Gebirgsoberfläche geleitet werden. Im Fall eines Vielkants ist dieser nach der zulässigen Flächenpressung an der Kontaktfläche zur Tragplatte, nach der Schubspannung in achsenparalleler Richtung am Radius der Ankerstange und nach der Flächenpressung des angreifenden Schlüssels beim Vorspannen auszulegen. Bei Schraubmuttern gelten die entsprechenden Gesichtspunkte, für die jedoch meist genormte Ausführungen vorliegen. Zur Herabsetzung des Reibungsmoments zwischen Mutter bzw. Vielkant und Ankerplatte werden häufig Beilagscheiben geringer Reibungskoeffizienten aufgesteckt.

Die Gestaltung des Übertritts von Vielkant bzw. Mutter auf die Ankerplatte wird dadurch bestimmt, daß eine exakte Anordnung der Ankerplatte in einer Ebene normal zur Stangenachse in der Praxis durchwegs unmöglich ist, außer daß die Gebirgsoberfläche am Bohrlochmund künstlich eingeebnet wird oder einen Betonsockel erhält. Für schnell zu montierende Anker in Vortriebs- oder Abbauorten kommen solche Vorbereitungen nicht in Frage, weshalb die Schräglage der Anker-

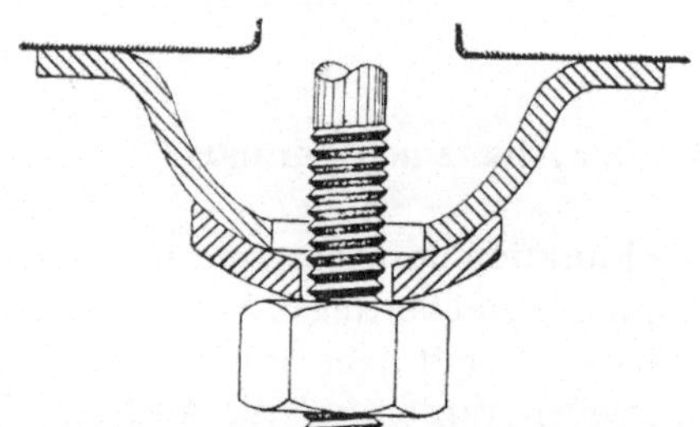

Abb. II.30. Exzentrischer Lastangriff bei Schieflage der Ankerplatte (links) und Vermeidung desselben durch hemisphärische Scheibe (rechts)

platte einen exzentrischen und oft nur punktweisen Kraftangriff am Vielkant hervorrufen würde. Abb. II.30 illustriert diesen Zustand und eine Lösungsmöglichkeit durch Einsetzen einer hemisphärischen Scheibe. Allerdings ergibt sich hierbei der Kontakt zwischen Scheibe und Ankerplatte in Gestalt einer Linie, was Spannungskonzentrationen verursacht. Von der Linie läßt sich jedoch ein Übergang zu flächigem Kontakt erzielen, wenn die Ankerplatte im Bereich des Lochs mit dem Krümmungsradius der Scheibe eingebuchtet ist (Abb. II.31). Will man sich die Scheibe ersparen, kann auch die Mutter bzw. der Vielkant an der Kontaktseite eine Kugelform erhalten. Eine weitere Vereinfachung, die jedoch wieder einen Linienkontakt beinhaltet, ist die konventionelle Ausführung des Vielkants bzw. der Mutter in Verbindung mit einer Ankerplatte, deren Einbuchtung in der Draufsicht nicht konkav, sondern konvex gestaltet ist, wobei die Durchtrittsöffnung für das Kopfende als Schlitz ausgebildet ist. Hierdurch können Schieflagen bis zu 30° ermöglicht werden.

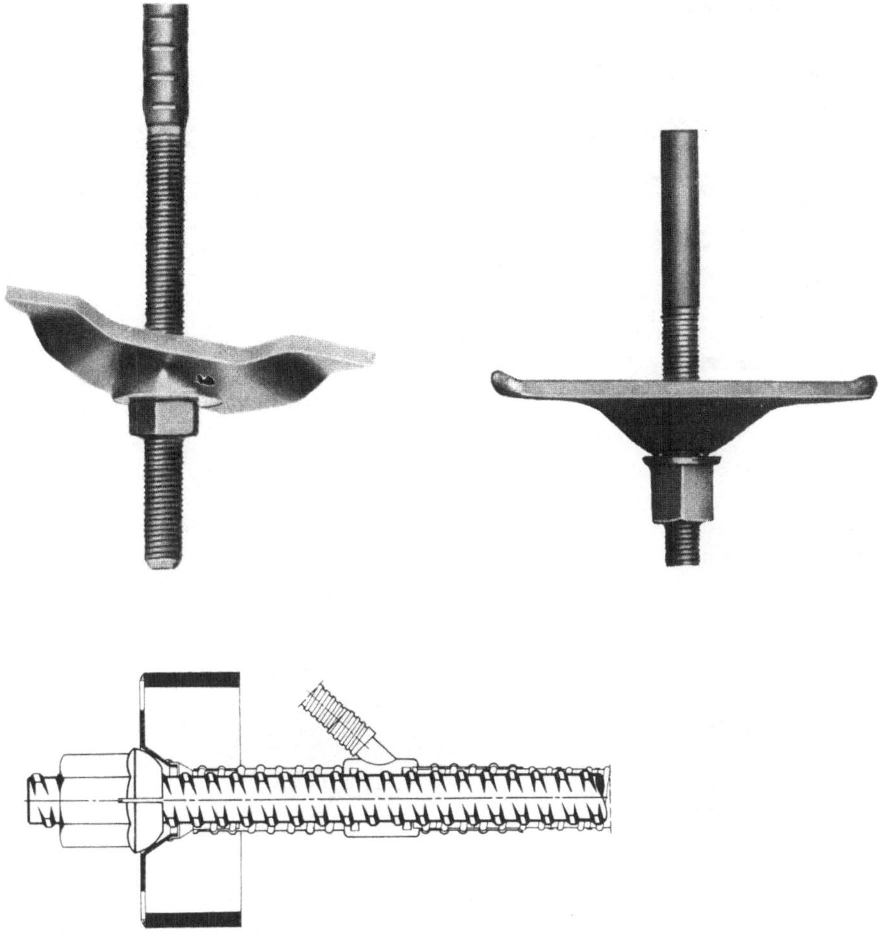

Abb. II.31. Möglichkeiten der Vermeidung von Biegekräften am Kopfende

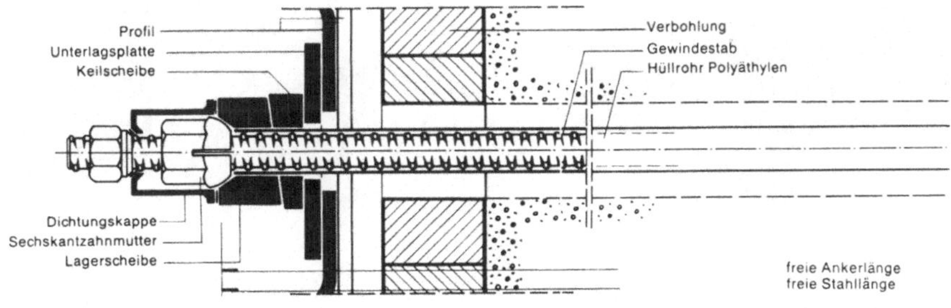

Abb. II.32. Starre Ankerplatte mit Keilsystem zur Kompensation der Schieflage für hohe Ankerkräfte in der Bauart Dywidag der Firma Allspann, Salzburg

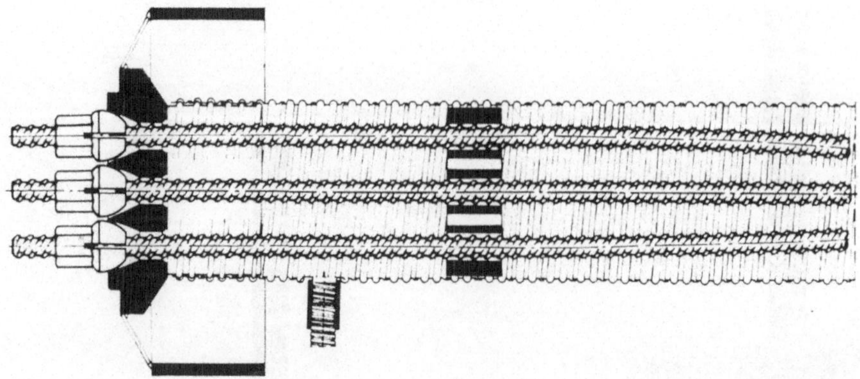

Abb. II.33. Dywidag Bündelspannglied für mehrere Ankerstangen der Firma Allspann, Salzburg

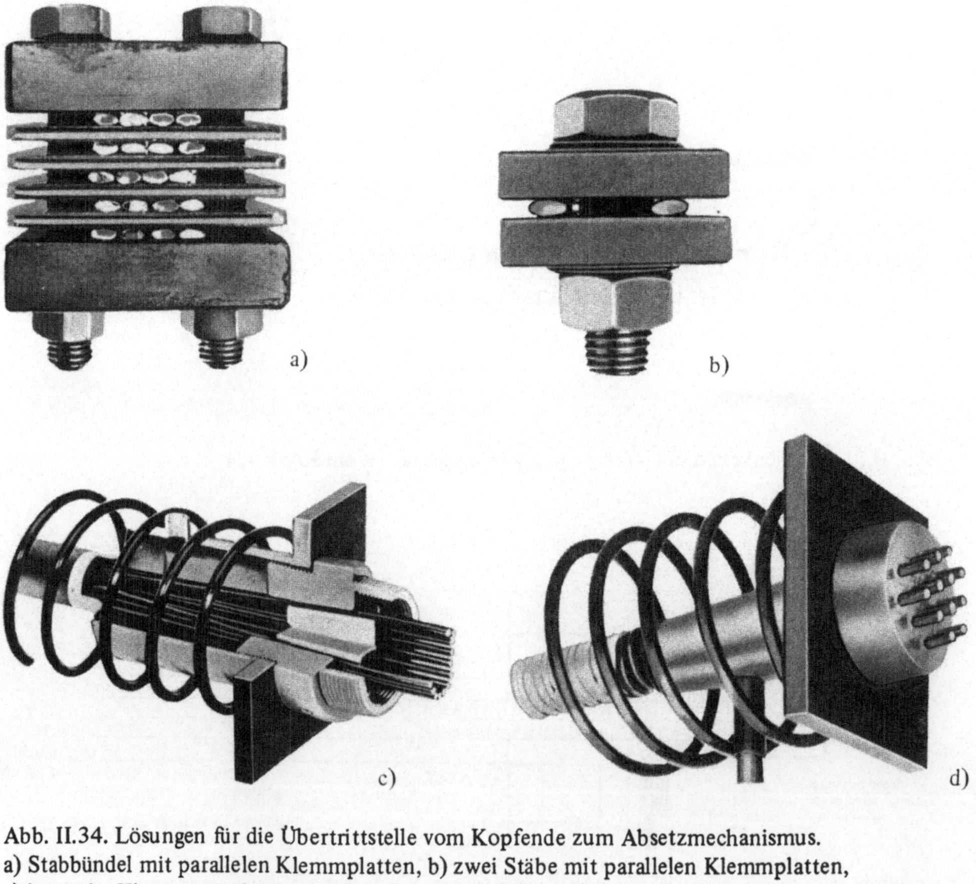

Abb. II.34. Lösungen für die Übertrittstelle vom Kopfende zum Absetzmechanismus.
a) Stabbündel mit parallelen Klemmplatten, b) zwei Stäbe mit parallelen Klemmplatten,
c) konische Klemmvorrichtung für Drahtbündel der Bauart VSL der Sonderbau Ges.m.b.H. Wien
d) konische Klemmvorrichtung für Seilbündel der Bauart VSL

Die Ankerplatte selbst soll entsprechend der Ankerbruchlast auf Abscherung am
Radius des Vielkants oder der Mutter berechnet sein. Ihre Stärke soll jedoch auch
unter einfachen Belastungsannahmen so auf Biegung ausgelegt werden, daß die
Bruchlast des Ankers auch bei außenliegendem Kraftangriff ertragen werden kann.

a)

b)

Abb. II.35. Ankerköpfe im Zustand nach dem Absetzen. a) Beispiele aus Arbeiten der Firma
Stump Bohr AG, Zürich, b) Seilbündelanker in den Mönchsberg-Garagen, Salzburg

Eine leichte Deformierbarkeit im elastischen Bereich soll hierdurch jedoch gesichert
bleiben. Demnach ergeben sich zweckmäßigerweise die Größen der Ankerplatten
im Bereich 12 × 12 bis 20 × 20 cm, wobei die Wahl der Größe auch wesentlich von
der Gebirgsqualität abhängt. Wenn die Ankerplatte steif ausgeführt sein kann, wie

im Fall von großen Ankerkräften und bei Absetzen auf vorbereitete Flächen, wählt man sie auch stärker oder sieht keilartige Einsätze vor ähnlich den in Abb. II.32 gezeigten. Eine besondere Form hierzu stellt die in Abb. II.33 wiedergegebene Platte dar, welche das gleichzeitige Absetzen mehrerer Ankerstangen ermöglicht. In Fällen dagegen, wo man dem Gebirge mehr Bewegung erlauben will, als dies durch die Elastizität des Zugelements möglich ist, gibt man der Ankerplatte eine flach gewölbte Form, so daß sie ähnlich einer Tellerfeder wirken kann. Eine solche Form hat auch den Vorteil, daß der Angriffspunkt der Kräfte für die Berechnung von vornherein festgelegt ist und daher ihre Wirkungsweise besser gesteuert werden kann.

Spreiz- und Haftanker mit Seil- oder Drahtelementen. Der Absetzmechanismus unterscheidet sich nur insoferne von dem der Stabanker, als die Übertrittstelle vom Kopfende in diesen

a) durch Formschluß gestaltet wird, wenn ein Verguß nach dem Prinzip von Seilflaschen gewählt wird, oder

b) durch Kraftschluß mittels Klemmvorrichtungen.

Wegen der für diese Ankertypen meist vorliegenden hohen Ankerkräfte werden diese Übertrittstellen und auch die Absetzmechanismen selbst mit den Übertrittstellen zum Gebirge sorgfältig und mit größerer Genauigkeit ausgeführt. Die Außenhülsen der Seilflasche bzw. des Keilsystems werden entweder auf eine entsprechende Ankerplatte aufgesetzt, so wie dies dem Vielkant bzw. der Schraubmutter entspricht, oder sie können auch selbst schon in Form einer Ankerplatte ausgeführt sein und direkt auf das Gebirge bzw. den Betonsockel abgesetzt werden. Abb. II.34 enthält einige der angewendeten Formen. Da die Herstellung dieser Verbindungen beim Einbau einigen Raum erfordert, werden die Kopfenden durch die Zugvorrichtung meist mit etwas überhöhter Vorspannung gezogen und erst nach der Herstellung mit der gewählten Vorspannung abgesetzt. Für die Höhe der erzielten Vorspannung ist daher die genaue Anbringung der Verbindung von großer Bedeutung. Nach dem Absetzen werden die überragenden Draht- oder Seilenden gekappt oder aufgerollt. Einige Ankerköpfe in diesem Zustand enthält Abb. II.35. Zum Schutz gegen Witterung und mechanische Verletzungen werden auf die Ankerköpfe meist Metallkappen aufgesteckt, die auch mit Korrosionsschutzmitteln gefüllt werden können.

4. Die Wechselwirkung mit dem Gebirge

4.1 Allgemeines

Die gegenseitige Beeinflussung zwischen Anker und Gebirge ist noch in fast allen
Belangen so weit unerforscht, daß eine exakte Formulierung oder Vorausberech-
nung der mechanischen Wirkungen nicht möglich ist, wenn diese ausschließlich auf
der Basis vorgegebener Materialkennwerte und geometrischer Abmessungen erfolgen
müßte. Eine Berechnung von gewissen technisch markanten Größen ist im allgemeinen nur in der Folge von praktischen Versuchen möglich, wobei deren Zuverlässigkeit meist bei der zweiten Stelle der erhaltenen Zahlen endet. Von größtem
Ausschlag ist dabei die bestehende Ungewißheit über die vom Gebirge authentisch
entwickelten Kräfte, die sich aus dem geologischen Bau, der Tektonik (Klüfte und
Spannungsfeld), den Gesteinsqualitäten und der Natur des Hohlraumes entwickeln
müssen, und deren Kenntnis grundsätzlich erforderlich ist, um die daraus resultierende Einwirkung auf die Anker zu erarbeiten. Über die Entwicklung der Gebirgskräfte oder des aktiven Gebirgsdrucks soll noch in Kapitel III Näheres besprochen
werden. Hier soll vor allem die Frage der Übertragbarkeit der Kräfte vom und in den
Anker behandelt werden, sowie auch die aus den Kräften des Ankers im Gebirge
bewirkten Spannungen.

Die einfachste, aber nicht ganz einschlägige Erscheinung hierfür, ist die Einleitung
der Ankerkraft ins Gebirge, wenn der Anker ausschließlich von einer äußeren Kraft
belastet wird, wie etwa im Fall einer Aufhängung oder Abspannung von Maschinen.
Solche Kräfte wirken sich nicht nur auf die vom Anker durchdrungene Gebirgszone
aus, es sei denn, das Verankerungsende haftet in einem deutlichen Gewölbe, das
sich vom Hintergrund gelöst hat, sondern auch auf die dahinterliegende Zone, in
welches sie als Zug- und Scherspannungen eingeleitet werden (Abb. II.36). Sie beinhalten aber nicht die Problematik der Gebirgsstabilisierung, sondern stellen nur eine
Belastungsweise dar und sollen deshalb hier nicht weiter berücksichtigt werden.

Die eigentlichen Kraftwirkungen im Zuge der Stabilisierung sollen zur besseren
Übersichtlichkeit getrennt für vorgespannte Anker und für schlaffe Anker besprochen werden.

4.2 Vorgespannte Anker

Aus dem Mechanismus der Vorspannung wird dem Gebirge eine Kraft eingeleitet,
welche ein mehr oder weniger axialsymmetrisches Spannungsfeld entlang des Ankers
erzeugt. Dieses geht von den Konzentrationspunkten des Verankerungsmechanis-

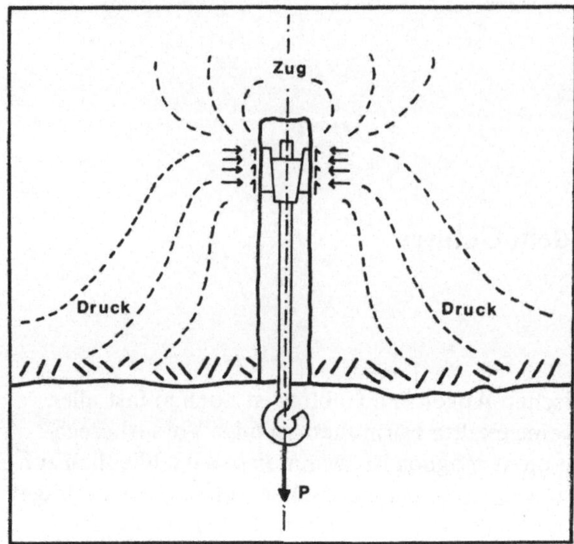

Abb. II.36. Idealisiertes Schema der Krafteinleitung ins Gebirge durch ein von außen belasteten Anker

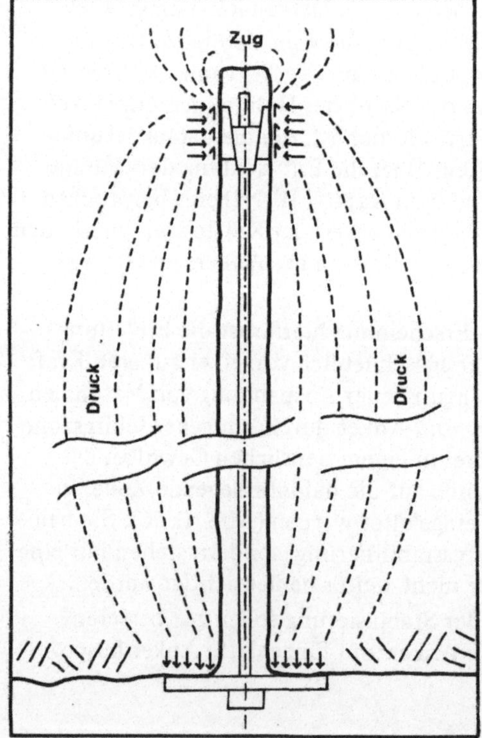

Abb. II.37. Idealisiertes Schema des Kraftlinienverlaufs bei vorgespanntem Anker ohne aktive Gebirgskräfte

mus und des Absetzmechanismus aus und erreicht bei ideal kontinuierlichem und homogenem Gebirge in halber Ankerlänge seine größte laterale Ausdehnung, also auch den Minimalwert der Druckspannung (Abb. II.37). In die gebirgsseitige Zone hinter dem Verankerungsmechanismus erstreckt sich dieses Spannungsfeld nicht, weil das Kräftepolygon entsprechend dem Anker und dem Gebirge seitlich davon geschlossen und im Gleichgewicht ist. Nur wenn zusätzliche Kräfte von außen am Ankerkopf angreifen, werden sie in die tieferliegende Gebirgszone weitergeleitet, oder auch in der verspannten Gebirgszone seitlich des Ankers mitgetragen. Im Fall eines Firstankers kann das Gewicht der vorgespannten Zone in der Rolle einer von außen angreifenden Kraft wirksam werden, wenn ein Ablösen entweder von den seitlichen Gebirgszonen oder vom Hintergrund möglich ist, aber auch wenn beides gleichzeitig erfolgt, denn dann würde dem Gewicht kein Widerstand mehr geboten sein.

Die Höhe der errechenbaren induzierten Druckspannung querab vom Anker ist bei den üblichen Vorspannkräften erstaunlich gering. So ergibt sich z. B. bei einem Anker mit 10 t Ankerkraft und einer einbezogenen Gebirgsfläche quer zum Anker in der Größe von 1 m^2 nur die Druckspannung von 1 kp/cm^2. In der Umgebung des Verankerungsmechanismus ergeben sich Druckspannungen in der Größenordnung von ca. 100 kp/cm^2, wenn die geschätzte einbezogene Querschnittsfläche des Gebirges dort ca. 100 cm^2 erreicht. An der Ankerplatte, die bei einer Abmessung von 20 × 20 cm eine Querschnittsfläche des Gebirges von ca. 400 cm^2 erfaßt, beträgt die Druckspannung ca. 25 kp/cm^2. Da eine erfolgreiche Stabilisierung nur dann eintreten kann, wenn die derart induzierte Spannungszone mit der gefährdeten Gebirgszone identisch ist oder sie diese überragt, müssen in der gefährdeten Gebirgszone so viele Anker angeordnet werden, daß diese voll erfaßt wird. In der Praxis ist der Abstand der Anker jedoch so groß, daß die vorgespannten Zonen einander nur berühren oder zumindest nur im mittleren Bereich der Ankerlänge geringfügig überlagern. In diesem Bereich ist die induzierte Spannung jedoch sehr gering, was vielleicht durch die Überlagerung der Nachbarzonen teilweise verbessert wird, doch im allgemeinen als äußerst wirksamer Effekt angesehen werden muß, wenn dies allein zu den praktisch beobachteten großen Erfolgen der Stabilisierung führt. Entsprechend der demnach sehr geringen Erhöhung der Reibungskräfte kann angenommen werden, daß der mit der Vorspannung ausgeschalteten Auflockerungsmöglichkeit eine vorrangige Rolle für die Frage der Stabilität zukommt[1].

In weiterer Folge scheint der bewirkte Form- bzw. Kraftschluß im Gebirge der Druckzone eine bessere Verkeilung der Kluftkörper zu bewirken. Hierdurch scheint im Falle eines druckfesten Gebirges dieser Zone eine erhöhte Tragfähigkeit (Gebirgsfestigkeit) zuteil zu werden, die so lange imstande ist, auch die zusätzlich aus dem aktiven Gebirgsdruck stammenden Spannungen zu ertragen, bis eine deutliche Verformung und damit entweder eine bessere Verkeilung der Kluftkörper oder zumindest an kritischen Punkten Brüche eintreten. Darauf kann die so ausgelöste Bewegungsfreiheit (Mobilität) dem Anker weitere Lastanteile zuleiten. Diese weiteren Lastenanteile müßten nicht aus der Ankerungszone selbst stammen, sondern können auch aus der tieferliegenden Zone des aktiven Gebirgsdrucks kommen, deren Kräfte zunehmen, weil durch die Mobilität eine verringerte Unterstützung aus der Ankerungszone geboten wird. Je geringer die Gebirgsfestigkeit und je höher der aktive Gebirgsdruck, desto früher und stärker werden die Zusatzlasten auf den Anker ausgeübt.

---

[1] Die Vorstellung, daß ein Hohlraum in seiner gesamten freigelegten Gebirgsoberfläche gleichmäßig geankert ist, kann die folgenden Überlegungen behelfsweise erleichtern.

Wie weit diese zusätzliche aus dem aktiven Gebirgsdruck verursachte Ankerkraft in der Ankerungszone selbst zu einer Spannungserhöhung und somit Festigkeitssteigerung führt oder in das dahinterliegende Gebirge ähnlich einer äußeren Kraft abgeleitet wird ist noch nicht geklärt.

Nach gewissen Anzeichen scheint ein zyklischer Effekt möglich, der eine Abfolge von Gebirgsdrucksteigerung – Spannungserhöhung mit Brucherscheinungen – Mobilitätssteigerung der Ankerungszone – Laststeigerung im Anker – Spannungserhöhung und Festigkeitssteigerung infolge Ankerkraft enthält. Sollte die aus dem aktiven Gebirgsdruck eingeleitete Spannungserhöhung nur zu Bewegungen führen, die keine Brucherscheinung sondern nur eine bessere Verkeilung der Kluftkörper bewirken, so kann sich das Gebirge bereits stabilisieren, ohne besonders bedeutende Mehrbelastung der Anker. Dieser zyklische Effekt scheint jedoch nur unter der Bedingung auftreten zu können, daß die aus dem Gebirgsdruck eingeleitete Spannungserhöhung anderer Natur (Wirkungsrichtung und Verteilung) ist, als die in der Folge ausgelöste Spannungserhöhung aus der Ankerkraft, weil sich sonst die Brucherscheinungen lawinenartig steigern würden und es zum progressiven Versagen der Ankerung kommen müßte. Es gibt Anzeichen dafür, daß der aktive Gebirgsdruck eher eine Erhöhung der Umfangsspannungen parallel zur Gebirgsoberfläche verursacht, wogegen die gesteigerte Ankerkraft wie auch die Vorspannkraft vorwiegend zum Anker achsenparallele Druckspannungen bewirkt.

Viele praktische Erfahrungen besonders aus dem Bergbau und dem modernen Tunnelbau deuten an, daß dieser zyklische Effekt in vielen Gebirgsarten nicht bei der bruchfreien Verkeilung der Kluftkörper der Ankerungszone stehen bleibt. Häufig ergibt sich die Stabilisierung erst nach bedeutend weit fortgeschrittenen Bewegungen, aus deren Größe wohl auf ein bedeutendes Ausmaß von Brucherscheinungen oder Klemmkraftübertretungen zwischen den Kluftkörpern geschlossen werden muß.

Es bestehen hierzu noch die unbearbeiteten Fragen, welchen Anteil am Gesamtversagen die beiden Arten der Bruchvorgänge haben, wie weit dieser Anteil vom Gebirge abhängt, wie weit er durch eine Verformbarkeit des Ankers bzw. durch Ankerkraftbegrenzung gesteuert werden kann und wie weit durch einschlägige andere Maßnahmen der Stabilisierungseffekt gesteigert werden kann.

Reicht die Gebirgsfestigkeit und der Verspannungszustand im vorgespannten Zustand aus, um den aktiven Gebirgsdruck bruchfrei und ohne bedeutende Bewegung zu tragen, so ist die Stabilität vorweg gesichert. Ist sie jedoch zu gering, so muß sich ein Gleichgewicht im Zuge des beschriebenen Effekts einstellen, andernfalls versagt die Ankerung. Dieses Versagen tritt bei manchen mittel- und mäßigfesten Gebirgsqualitäten erst bei erfolgter und gelungener Ankerung auf, wenn der Gebirgsdruck unvorhergesehene Größen erreicht, bei den geringfesten Gebirgsqualitäten und im Lockergebirge läßt sich jedoch meist schon die Vorspannung nicht verwirklichen.

Die Höhe der Vorspannung soll nach klassischen Gesichtspunkten größer sein als alle zu erwartenden Kraftwirkungen aus dem Gebirge. Dies wird auch bei den hohen Ankerkräften, durch welche große Gebirgszonen je Anker erfaßt werden und bei denen Gebirgsdruckwirkungen aus der Zone hinter dem Verankerungsende nicht erwartet werden, meist eingehalten (Felsankerungen). Im Bergbau und Tunnelbau jedoch, wo insbesondere bei mittleren und schlechten Gebirgsqualitäten aus den tieferliegenden Gebirgszonen Druckwirkungen ausgeübt werden, wurde die Erfahrung gemacht, daß die Vorspannung auch im Betrag von Bruchteilen der maximalen Ankerkraft (Wirklast, Bruchlast) ausreichen kann. Dort ist es nicht üblich, die Vorspannung größer als die maximale Wirklast einzustellen, weil der Anker erst im Zuge der Deformation die erforderliche Wirklast aufnimmt, so daß sich hier auch nach einem Ansteigen über die Vorspannkraft hinaus gewissermaßen selbsttätig ein naturbedingtes Gleichgewicht einstellt, dessen Kriterien und Zustandsgrößen zu erfassen noch nicht gelungen ist. Jedenfalls erzielt man auf diese Weise eine Stabilität, ohne die Vorspannung unnotwendig hoch aufbringen zu müssen, was einerseits für die Übertrittstellen der Ankerkraft und andererseits für den Einbauvorgang ebenfalls vorteilhaft erscheint. Eine Extremerscheinung hinsichtlich der Vermeidung hoher Vorspannkräfte liegt schließlich beim schlaffen Anker, der überhaupt nur Reaktionskräfte als Antwort auf die Gebirgsbewegung entwickelt.

4.3 Schlaffe Anker

Da sich die Wirkungsweise von nicht vorgespannten Spreizankern, die keinen Vollverguß aufweisen, aus dem vorausgegangenen Abschnitt 4.2 ergibt, soll hier nur über schlaffe Haftanker mit Vollverguß gesprochen werden.
Wie bereits in Abschnitt 3.2 erwähnt, übernehmen schlaffe Anker Kräfte nur, wenn sie gedehnt werden. Da sie an ihrer vollen Länge mit dem Gebirge verbunden sind, kann dieses an allen Stellen einer eventuellen Bewegung Kräfte in den Anker einleiten, die dieser meist gebirgsseitig von der Einleitungsstelle, aber grundsätzlich auch kopfseitig davon wiederum in das Gebirge übertragen kann. Die Reaktion von schlaffen Ankern mit Vollverguß kann also an allen Stellen hervorgerufen werden, an denen das Gebirge in sich eine Dehnung oder Stauchung durchmacht und somit eine Relativbewegung gegenüber dem Verguß vornimmt. Die Verteilung dieser Stellen über die Ankerlänge hängt vom Aufbau des Gebirges ab und von dem in ihm herrschenden Spannungs- und Bewegungsfeld. Somit ist eine präzise Formulierung genereller Gültigkeit hierfür nicht möglich, außer es wird die Annahme idealer Materialeigenschaften gemacht, die jedoch nur prinzipielle Schemen ergeben kann.
Besondere Stellen dieser möglichen Relativbewegung sind die Klüfte, an denen durch ihre Öffnung einzelne Querschnitte des Ankers abrupt durch höchste Kräfte belastet werden können.
Der Einzugsbereich, d. h. die vom Anker beeinflußbare Gebirgszone hängt in starkem Maße also von der Übertragungsfähigkeit von Kräften und Spannungen oder Bewegungen innerhalb des Gebirges ab. Bei starren Gesteinen und großer Klüftigkeit ist die Kluftkörpergröße von Einfluß. Bei mehr plastischen oder viskosen Gesteinen und druckhaftem Gebirge bedeutet die innere Reibung mehr, weil das Gebirge am Anker entlang fließen kann und nur die unmittelbare Kontaktfläche vom Anker gehalten wird.
Aus dem Anker allein ergibt sich kein Verspannungszustand, auch bei Bewegungen, der so stabilisierend wirken könnte, daß die Bewegungen an einem sich aufbauenden Widerstand zur Ruhe kommen. Eine Stabilisierung kann nur dadurch erreicht werden, daß der Anker zusammen mit dem umliegenden Gebirge (Ankerungszone mit tieferliegenden Zonen) und bei Gegenwart mehrerer Anker in seiner Umgebung der-

art bewegt wird, daß das umliegende Gebirge als Gesamtkörper in einen geänderten Spannungszustand eintritt, an dem der durch den entwickelten Widerstand der Anker aufgebaute Effekt einen mehr oder weniger großen Anteil hat, und der je nach Gebirgsqualität früher oder später eintritt, unter Umständen auch ausbleibt. Aus diesem Grund werden schlaffe Anker mit Vollverguß nur in systematischer Anordnung in Gruppen so eingesetzt, daß sie zusammen den gesamten gefährdeten Gebirgskörper beeinflussen. Für ihre Wirksamkeit sind immer beträchtliche Bewegungen (Konvergenzen) erforderlich. Deshalb entscheidet man sich für sie nur in solchen Gebirgsarten, die eine Vorspannung nicht befriedigend ermöglichen, also in druckhaftem Gebirge und Lockergebirge. Wegen ihrer eigenartigen Wirkungsweise werden sie auch häufig Gebirgsdübel genannt.

Es ist grundsätzlich auch möglich, schlaffe Anker durch die gefährdete Gebirgszone hindurch bis in den stabilen Hintergrund zu führen, aus dem keine aktiven Kräfte wirksam werden. Hier dient das in den stabilen Hintergrund eingebettete Ende als echtes Verankerungsende und kann alle jene Ankerkräfte auf den Hintergrund übertragen, die nicht entlang seiner Haftstrecke in der gefährdeten Gebirgszone ausgeglichen werden. Weil jedoch für die Entscheidung zwischen Vorspannung und schlaffer Ausführung meist nur die Frage ausschlaggebend ist, ob eine stabile Gebirgszone gefunden werden kann, die als Haftstrecke für den Verankerungsmechanismus ausreicht, wird es bei Vorliegen eines stabilen Hintergrunds auch meist möglich sein, eine Vorspannung herzustellen.

Da die Wechselwirkung mit dem Gebirge für schlaffe Haftanker mit Vollverguß in hervorragendem Maße von der Leitfähigkeit des Gebirges für Kraftlinien bzw. von seiner Mobilität bestimmt wird, sind folgende Eigenschaften als nutzvolle Kenngrößen für die Beurteilung von Ankerungsmöglichkeiten anzusehen:

    Gebirgssteifigkeit
    Höhe des aktiven Gebirgsdrucks
    Ausmaß der Gebirgsbewegung
    Wirkungskurve des aktiven Gebirgsdrucks in bezug auf den Zustand
    der Gesamtstruktur
    Bruchspannung (Scherfestigkeit)
    Innere Reibung nach dem Bruch
    Viskosität des Gebirges

Diese Eigenschaften bestimmen, welcher Anteil der aktiven Gebirgskräfte auf den Anker übertragen werden kann, also welcher Anteil aus der Reaktion des Ankers in stabilisierende Widerstandskräfte umgesetzt werden kann, und welcher Anteil vom Gebirge selbst aufzunehmen ist, aber auch, welcher Anteil bei gegebener Bewegung durch das Abklingen der Wirkungskurve des aktiven Gebirgsdrucks überhaupt ausbleibt.

Der Schlüssel zur Krafteinleitung in den Anker und zum Aufbau der Widerstandskräfte im Gebirge liegt pauschal gesehen in dem maximalen Spannungsgradienten, den das Gebirge entwickeln kann. Je kleiner dieser Spannungsgradient ist, desto größer wird einerseits der Einzugsbereich eines Ankers, aber andererseits auch die in diesem wirkenden Spannungen, und damit steigt das Ausmaß, in dem der Anker in der Gesamtstruktur mitwirken kann. Dieses Ausmaß ist von Natur aus dem Gebirge mitgegeben und könnte durch einfache in-situ-Versuche quantitativ ermittelt werden.

Es kann also nicht grundlegend beeinflußt werden. Jedoch kann ihm zum Zweck
der verbesserten Wirksamkeit insoferne Rechnung getragen werden, als man Anker
wählt, deren Steifigkeit den minimal möglichen Spannungsgradienten weitestgehend
auch herstellt, ihn aber nicht überfordert. Die Ankersteifigkeit bei Stahl ist generell
fix vorgegeben, wenn man Querschnittsanpassungen ausschließt, die ihrerseits nämlich die Bruchlast herabsetzen würden. Somit ist eine Anpassung der Steifigkeit an
die Gebirgsqualität nur durch andere Werkstoffe möglich. Als solche kommen vor
allem Kunststoffe den Erfordernissen sehr entgegen. Mit ihnen sind auch bereits
mehrfach Versuche durchgeführt worden. Die großen Vorteile der Kunststoffe liegen vor allem in der weitläufigen Einstellbarkeit des E-Moduls, z. B. zwischen
10.000 und 400.000 kp/cm², in der besseren Anpassung an die Rauhigkeiten des
Bohrlochs und der Bewehrung, in der größeren Dehnfähigkeit, welche bis zu 5%
reicht, und in der Korrosionsbeständigkeit [12–16].

Auf Grund der beschriebenen Wirkungsweise liegt der Schluß nahe, daß schlaffe
Haftanker mit Vollverguß einen Absetzmechanismus mit Ankerplatte nicht benötigen. Obwohl eine Vorspannkraft nicht aufgebracht wird, ist eine Ankerplatte jedoch
dringend erforderlich. Nur sie kann grundsätzlich den Auflösungsprozeß des Gebirges
verhindern, der vom Hohlraum her durch das Lockern und Herausfallen der Kluftkörper fortschreitet [6]. Diese Gefahr droht umso mehr, als schlaffe Anker durchwegs in Gebirgsqualitäten eingesetzt werden, die hohe Beweglichkeit aufweisen. In
solchen ist darüber hinaus eine zusätzliche Unterfangung der freien Gebirgsoberfläche erforderlich, die durch Verzugsarten in verschiedener Weise gelöst wird.

5. Mängel von Ankern und ihre Vermeidung

5.1 Mängel zufolge der Konstruktion

Wenn die Berechnung für alle Hauptgrößen erfolgt ist und entsprechende Dimensionen gewählt wurden, bleiben nur wenige und untergeordnete Probleme zu beachten, die eine mangelhafte Wirkung hervorrufen können. Ein solches ist vor allem das der Rundungen an Übergängen, wie etwa am Ansatz des Vielkantkopfes. Da der Vielkantkopf geschmiedet wird, ist es auch meist keine Erschwernis, für entsprechende Rundungen zu sorgen (Krümmungsradien von 2 bis 3 mm genügen) oder auch den kopfnahen Bereich des Ankerstabs mit zu stauchen, so daß er einen größeren Querschnitt erhält.

Auch die Wirkung der Gewinde ist zu beachten. Wegen der verringerten Kerbwirkung, aber auch wegen der geringeren Verletzbarkeit, geringeren Empfindlichkeit gegen Verschmutzung und der allgemein robusteren Ausführung werden Rundgewinde vorgezogen. Sie sollen möglichst aufgerollt werden, weil dadurch sogar Vergütungseffekte an ihrer Oberfläche erzielt werden. Bei Stangen stärkerer Durchmesser können sie auch ähnlich den Rippen des Torstahls mit aufgewalzt werden.

Da es vorkommt, daß die Gewinde sich beim Einbau ineinanderfressen, kommt ihrer sorgsamen Dimensionierung große Bedeutung zu, weil sonst die erforderliche Vorspannung mit dem angewendeten Drehmoment nicht erreicht wird.

Hinsichtlich der Gestaltung der Keile muß der gewählte Winkel sicherstellen, daß bei der axialen Bewegung des Innenkeils die Außenkeile nicht mitgehen, sondern entsprechend ihrem Reibungswiderstand im Bohrloch am Innenkeil aufgleiten. Wenn der Spreizvorgang zwangsgesteuert ist, wie beim Gleitkeilanker oder beim Doppelkeilanker, kann der Keilwinkel größer sein, doch soll dadurch keine Gefährdung der Gewinde auftreten. Die Länge des Innenkeils soll nicht zu gering bemessen sein, damit auch bei unerwartet großem Gleitweg (weiches Gestein oder ausgebrochene Bohrlochwand) noch ausreichend Kontaktfläche zwischen den Keilen sichergestellt ist. Die gegenseitige Sperrung der Außenkeile, damit sie parallel gleiten und nicht einzeln am Innenkeil vorbeirutschen, erweist sich besonders bei Gesteinskomponenten nutzvoll, die stark wechselnde Festigkeit haben.

Bei vorgegebenem Bohrlochdurchmesser ist die Länge der Keile auch von der Gesteinsfestigkeit abhängig und von der Höhe der Rauhigkeit an den Außenflächen der Außenkeile, weil der radiale Gleitweg der Außenkeile von deren Einpreßtiefe ins Gestein bestimmt wird. Eine Differenz von 0 bis 2 mm zwischen den Durchmessern der Bohrkrone und des ungespreizten Verankerungsmechanismus reicht bei den

meisten Gesteinsarten aus, um das Einführen ins Bohrloch zu ermöglichen. Da die
Bohrkrone meist einen Bohrlochdurchmesser herstellt, der 1 bis 8 mm größer ist
als ihr eigener, geht also meist schon aus den Unregelmäßigkeiten der Bohrlochher-
stellung ein radialer Gleitweg von bis zu 10 mm verloren, ehe die Außenkeile angreifen. Ist z. B. die Länge der Außenkeile durch die Gesteinsfestigkeit, den Bohrlochdurchmesser und die Ankerkraft vorgegeben, so kann diese Schwankungserscheinung
durch eine geeignete Position des Innenkeils gegenüber den Außenkeilen in unge-
spreiztem Zustand ausgeglichen werden.

5.2 Mängel zufolge Herstellung, Transport und Lagerung

Im allgemeinen sind die in den Verkauf gehenden Anker von keinen Herstellungs-
mängeln behaftet, da sie durch entsprechende Qualitätskontrolle überprüft
werden. Die Anfälligkeit für Herstellungsfehler trifft besonders das Gewinde, doch
auch hier sind Mängel bei entsprechender Sorgsamkeit vermeidbar oder rechtzeitig
durch Ausscheiden auszuschließen. Rechtzeitiges und sorgsames Einölen oder Über-
ziehen mit Korrosionsschutz erscheint von großer Wichtigkeit. Die Gewinde stellen
auch beim Transport und bei der Lagerung die am meisten gefährdeten Partien dar.
Der Feuchtigkeit sollen die Anker wenn möglich nicht oder, wenn unumgänglich,
erst direkt beim Einbau ausgesetzt werden. Schonkappen aus Karton oder Kunststoff für die Umhüllung der Ankermechanismen bei Spreizankern erweisen sich
sehr vorteilhaft. Es kann sich lohnen, die Ankermechanismen separat zu verpacken
und zu versenden. Damit kann vermieden werden, daß die auf die Ankerstangen
aufgebrachten Verankerungsmechanismen in Verlust geraten und die davon betroffene Ankerstange dann keine Verwendung findet.
Kunststoffpatronen sind in ihrer Lagerbeständigkeit manchmal stark begrenzt,
wobei auch die Lagertemperatur eine Rolle spielt. Die günstigste Lagertemperatur
ist meist nicht identisch mit der günstigsten Verarbeitungstemperatur. Die Tempe-
ratur bei der Verarbeitung hat vorrangigen Einfluß auf die Reaktionsgeschwindig-
keit. Daher ist für die entsprechende Temperaturangleichung jeweils besonders
Sorge zu tragen.

5.3 Mängel zufolge des Einbauvorganges

Der Einbauvorgang muß durch Instruktion eingeleitet und durch entsprechende
Versuche geübt werden. Die sorgsame Reinigung der Bohrlöcher als Voraussetzung
wurde bereits in Abschnitt 2 hervorgehoben. Von einiger Bedeutung sind die Knick-
gefahr beim Einrammen der Ankerstangen, ihre exzentrische Lage im Bohrloch
besonders für Haftanker, Lücken im Verguß, schlechte Zusammensetzung desselben
oder mangelhafte Durchmischung.
Besonders zu beachten ist jedoch die Gefahr der Biegung am Kopfende. Durch geeignete Wahl des Bohrlochansatzpunktes kann die Abweichung der freien Gebirgsoberfläche aus der achsennormalen Lage weitestgehend reduziert werden. Dies muß
zumindest soweit geschehen, als der Kippwinkel des Absetzmechanismus dadurch
nicht überschritten wird. Bei Einbaubedingungen mit großer Regelmäßigkeit wie

etwa in den Firsten mit ebenen Schichtflächen kann ein Winkelausgleich auch unterlassen werden, wenn die daraus stammenden Zusatzkräfte gering bleiben und die Erfahrung geringe Bruchhäufigkeit ergeben hat.

Ein möglicher Anhaltspunkt für die sinnvolle Begrenzung des Kippwinkels ergibt sich im Reibungsfaktor zwischen Ankerplatte und Gebirge. Nimmt man diesen mit 0.35 an, so ergibt sich daraus ein maximaler Winkel von ca. 20°, bei dessen Überschreitung die Ankerplatte entlang der Gebirgsoberfläche zu gleiten beginnt. Nur im Fall eines Formschlusses an den Gebirgsrauhigkeiten könnte also eine größere Abweichung aus der achsennormalen Lage geduldet werden.

5.4 Mängel in der Wirksamkeit

Die Wirksamkeit der Anker wird vorwiegend durch zwei Effekte eingeschränkt: durch die Korrosion und durch Lockerung infolge Erschütterungen und viskoser Gesteinsverformung.

Maßnahmen zum Ausschluß der Korrosion wurden bereits an verschiedenen Stellen erwähnt. Hierzu zählen das Aufbringen von Öl und Fett besonders bei den Spreizankern; das Verzinken; das Beschichten mit Kunststoff (PVC, Polyester oder Epoxi) bei Haftankern; das Verfüllen der Bohrlöcher mit Zementmörtel oder Kunststoff; sowie schließlich die Wahl nicht korrodierender Werkstoffe wie Glasfaser-Kunststoff als Zugelemente.

Die Effekte aus Erschütterungen und viskosen Verformungen lassen sich weitgehend durch Einsatz formschlüssiger Verbindungen anstelle von kraftschlüssigen ausschalten. Insofern als Anker nicht dort eingesetzt werden, wo die Intensität von Erschütterungen den Verguß oder den Anker als solchen zerstört, können die Belastungsspitzen aus den Schwingungen ausreichend gut durch den Formschluß übertragen werden, ohne daß dieser darunter leidet. Kraftschlüssige Verbindungen jedoch, die besonders hohe statische Spannungen induzieren, werden bei Überlagerung von Schwingungen meist durch Brucherscheinungen oder Trägheitseffekte gelockert. Solche Erscheinungen wurden bei Spreizankern vielfach beobachtet [4, 10, 25–29]. So wird z. B. von Ankerkraftverlusten berichtet [4], die ein Ausmaß von 4,4 bis 21,5% bei Kräften von 3 bis 6 t erreichten, bei Sprengerschütterungen, die aus einer

Tabelle II.6. Lastverluste von Spreizankern durch Sprengerschütterungen

Entfernung von der Brust	Verlust an Vorspannung	
ft	t	%
5	1,0	20
7	0,5	12
8	0,5	10
9	0,1	2
10	0,0	0
11	0,0	0

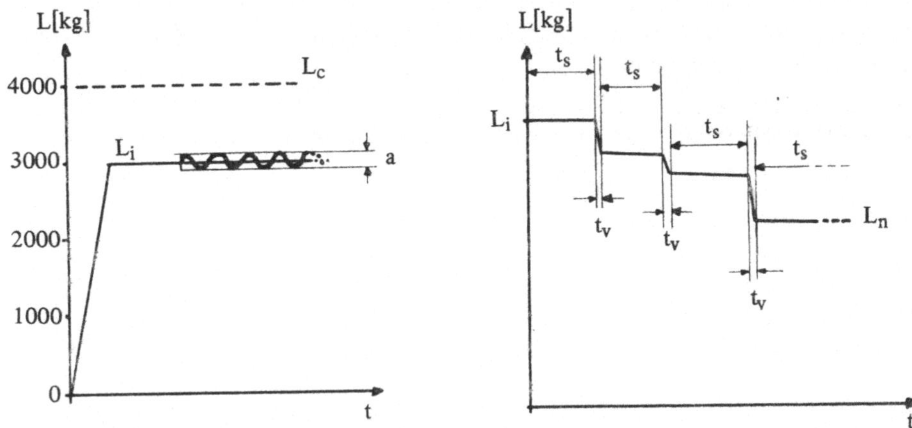

Abb. II.38. Schaubild für Ankerkraft-Verluste durch Schwingungen. Links: Die Ankerkraft L_i liegt unterhalb der Ankerkapazität L_c und wird von Schwingungen der Amplitude a überlagert, Rechts: Verfall der Ankerkraft im Lauf der Zeit t bei Perioden statischer Belastung t_s und schwingender Belastung t_v

Entfernung von ca. 2,5 m stammen. Weitere Beispiele solcher Lastverluste gibt auch Tab. II.6 an [91].

Daß jedoch Lockerungen auch durch geringere Intensitäten der Schwingungen auftreten, wie sie etwa von Maschinen stammen können, zeigen die Untersuchungen [27], deren wesentliche Ergebnisse in Abb. II.38 illustriert sind [29]. Bei Schwingungen, deren Amplitude weniger als 1% der Ankerkraft betrug, die allerdings eine Frequenz von 1 kHz besaßen, wurden Lastverluste von 5 bis 25% festgestellt.

5.5 Mängel zufolge der Auslegung

Am wesentlichsten ist der Fall der unzulänglichen Auswahl der Bruchlast, so daß der Anker bricht. Bei statistisch geringfügiger Häufigkeit dieser Erscheinung kann sie in Kauf genommen werden. Wo jedoch eine längerfristige Beobachtung zur Bildung von Auslegungskriterien nicht möglich ist, muß die maximale Belastung des Ankers sorgfältig aus den Gebirgsverhältnissen berechnet und mit einem entsprechend großen Aufschlag für die Wahl der Bruchlast vergrößert werden. Die Höhe dieses Aufschlags läßt sich quantitativ aus der Fehlerhaftigkeit der Eingangsgrößen, der mechanischen Modelle und des Rechenprozesses ermitteln, sie kann aber auch als Schätzwert angenommen werden. In den meisten Fällen erweisen sich 30 bis 100% der erwarteten Kraftwirkung als ausreichend.

Eine Sicherungsmaßnahme gegen unvorhergesehene Brüche stellt der nachgiebige Anker dar [28], welcher einen Gleitmechanismus besitzt, der bei Überlastung wirksam wird. Dieser Gleitmechanismus besteht in einer Klemmvorrichtung, die im Inneren des Verankerungsmechanismus angeordnet ist. Bevor der Anker bemerkenswert rutscht oder das Zugelement bricht, erlaubt dieser Gleitmechanismus eine axiale Bewegung des Zugelements, so daß die Ankerkraft zwar nicht auf Null absinkt, jedoch keine zerstörenden Ausmaße erreichen kann. Eine Kennlinie dieses

Ankers ist in Abb. II.39 enthalten. Damit ist es also möglich, dem Gebirge eine gewisse Bewegungsfreiheit einzuräumen, innerhalb welcher ein übermäßiger Druckaufbau vermieden werden kann.

Ein weiterer Mangel kann in der Wahl ungeeigneter Bohrlochdurchmesser liegen. Die meisten Herstellerfirmen geben genaue Hinweise über ihre diesbezüglichen Er-

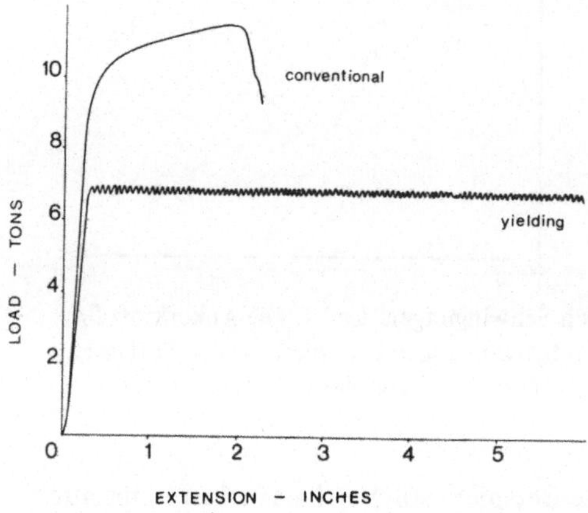

Abb. II.39. Kennlinien des herkömmlichen Spreizankers und des nachgiebigen Ankers nach Ortlepp [28]

fahrungen. Eigene Versuche kurz- und langfristiger Natur können hierzu ebenfalls beitragen. Dies gilt besonders für Spreizanker, aber auch sehr stark für Haftanker mit Kunststoffpatronen. Bei Verguß durch Einpumpen hat der Bohrlochdurchmesser keine so starke Bedeutung, doch immerhin einen unverkennbaren Einfluß, wenn man größere Bereiche der Dimension berücksichtigt. Es konnte festgestellt werden [24], daß mit zunehmender Haftfläche zwischen Verguß und Gebirge die Haftfestigkeit sinkt.

Einer besonderen Beachtung bedarf der Bohrlochdurchmesser auch beim Perfo-Anker. Für ihn werden besondere Größenverhältnisse zwischen Bohrloch, Perfo-Rohr Ankerstab und Haftlänge empfohlen [30].

6. Prüfung von Ankern

6.1 Allgemeines

Weil hier vor allem die Probleme der Anwendung im Vordergrund stehen, soll
sich dieser Abschnitt nur mit der Prüfung der praktischen Wirkungsweise befassen.
Die meist vorausgehenden Werkstoff- und Werkstückprüfungen sollen übergangen
werden, weil sie grundsätzlich festigkeitsmechanischer und·maschinenbaulicher
Natur sind.

Die Prüfung der praktischen Wirksamkeit soll jedoch auch wiederum nur in bezug
auf den Einzelanker behandelt werden, da die Prüfung und Überwachung von Ankerungen mit mehr oder weniger Systematik im wesentlichen eine Angelegenheit der
Gebirgsmechanik und der Ausbautechnik ist. Solche Gesichtspunkte werden in
Kapitel III besprochen werden.

Die Prüfung selbst kann entweder im Labor oder in situ vorgenommen werden.
Dabei ist das Labor für grundlegende Untersuchungen wegen der Variierbarkeit der
Mittel und Bedingungen vorzuziehen. Es erfordert auch geringeren Zeit- und Ko-
stenaufwand. Dadurch kann ein Großteil von Entwicklungsarbeiten im allgemeinen
im Labor stattfinden.

Wo jedoch Fragen der Optimierung für technisch-wirtschaftliche Anwendungen zu
untersuchen sind bzw. die Auswahl unter einer Vielzahl von gegebenen Möglichkeiten stattfinden soll ist die Prüfung in-situ unumgänglich.

Die Überwachung in-situ ist auch die einzige Möglichkeit, die tatsächliche Wirkung
auch in bezug auf die Zeit zu beobachten und eine Bestätigung der Entwicklungs-
konzepte oder Hinweise für Korrekturen zu erhalten.

Unabhängig davon, wo die Prüfungen stattfinden, wird im allgemeinen folgendes
geprüft [104, 109]:

> die Ankerkapazität der Gesteine,
> Ankerkennlinien,
> die Größe der Ankerkraft und ihre zeitliche Veränderung,
> die Verteilung der Ankerkraft entlang der Haftstrecke,
> die Beziehung zwischen aufgebrachtem Drehmoment und der Ankerkraft,
> der Einfluß von Erschütterungen auf die Ankerkraft.

6.2 Die Ankerkapazität der Gesteine

Unter Ankerkapazität wird jene maximale Kraft verstanden, die der Verankerungsmechanismus ins Gestein übertragen kann. Die Bedeutung des Begriffs ist besonders
an die Spreizanker und an die Haftanker mit Endverguß gebunden, doch kann sie

auch auf die Haftanker mit Vollverguß (Gebirgsdübel) übertragen werden, wenn man sich auf den sinngemäßen Inhalt beschränkt[2].

Die Ankerkapazität wird durch Anker-Ziehversuche festgestellt, die nur kurzfristig, also mehr oder weniger „momentan" durchgeführt werden, doch gestaltet sich das manchmal schwierig. Nicht immer treten klare Anzeichen dafür auf, daß die Ankerkraft während des Rutschens des Ankers im Bohrloch nicht mehr weiter ansteigen wird. Der Weg des Verankerungsmechanismus bis zur maximalen Ankerkraft kann oft äußerst kurz sein. Sein Ausgangspunkt ist zweckmäßigerweise nicht bei der Ankerkraft Null anzusetzen, sondern bei einer gewissen einheitlich festgesetzten Vorspannkraft. Danach hängt der weitere Ziehweg davon ab, wie weit der Innenkeil noch in den Außenkeilen gleiten muß, bis die Außenkeile nicht mehr weiter in die Bohrlochwand eindringen. Hier beginnt erst eigentlich der Begriff der Ankerkapazität sinngemäß zu gelten. Trotzdem kann in der Folge durch Ankerkraftsteigerungen ein Rutschen der Außenkeile erfolgen und weitere Widerstandssteigerungen nach sich ziehen, wie etwa durch das Auftreffen auf größere oder festere Mineralkomponenten, oder gar durch Vergößerung der in Kontakt stehenden Fläche der Außenkeile.

Aus diesem Grund behilft man sich z. B. damit, diejenige Maximalkraft als Ankerkapazität anzusehen, welche innerhalb eines Ziehwegs von 20 mm auftritt, oder auch jene Kraft, die exakt bei Erreichen eines Ziehwegs von 20 mm aufscheint. Die sinnvolle Feststellung der Größe des Ziehwegs hängt aber auch wesentlich von der Länge des zu prüfenden Ankers ab, für den allein schon Auslängungen auf Grund der elastischen Dehnung im Betrag von einigen cm häufig sind.

Manche Vorschläge sind für diese Art des Prüfens unterbreitet worden, doch hat sich noch kein einheitlicher Weg hierfür gefunden. Die bestformulierte Empfehlung hierfür wurde von der Internationalen Gesellschaft für Felsmechanik herausgegeben [32]. Diese enthält auch eine umfangreiche Liste der Gesteins- und Gebirgsdatenerfassung zum Zweck von Ankerungen. Doch sind keine weiteren Wege aufgezeigt, diese Daten auch in einem Entwurfsvorgang zu nutzen. Deshalb soll hier aus dieser Empfehlung nur der Text über die Ausrüstung und den Ablauf des Prüfens wiedergegeben werden.

Gesamtschau:

1. a) Diese Prüfung hat zum Ziel, die kurzfristige Festigkeit der Verankerung eines Gebirgsankers zu messen, welche unter Feldbedingungen hergestellt wurde. Die Festigkeit wird durch einen Ziehversuch bestimmt, bei dem die Bewegung des Ankerkopfs als Funktion der angewendeten Ankerlast gemessen wird, um eine Last-Verschiebungs-Kurve zu erstellen. Die Prüfung wird üblicherweise für die Auswahl von Ankern und auch zur Kontrolle der Materialqualität und der Einbaumethode angewendet.

b) Mindestens fünf Versuche sind erforderlich, um eine Ankerung in einer bestimmten Kombination von Gesteins- und Einbaubedingungen zu bewerten. Die Versuche sind nicht zerstörungsfrei und sollten allgemein nicht an Ankern stattfinden, die Teil eines wirklichen Ausbausystems sind.

---

[2] Bei Gebirgsdübeln wäre anzuregen, auch einen Begriff für die Kraftaufnahmefähigkeit aus dem Gebirge zu definieren, der mindestens gleich wichtige Aussagen wie die Ankerkapazität zu erbringen hätte.

Geräte:

2. Ausrüstung für das Einbauen der Versuchsanker:

a) Ausrüstung zum Bohren und Reinigen des Bohrlochs entsprechend den Anleitungen des Herstellers für die beste Wirkung des Ankers, vorausgesetzt, daß diese mit den Feldbedingungen vereinbar ist.

b) Ausrüstung für die Besichtigung und das Ausmessen des Bohrlochs, der Ankermechanismen und Anker wie z. B. eine Lampe, Stahlmaßband, Meßgeräte für Innen- und Außendurchmesser und Ausrüstung zum Messen der Mengen an Vergußmasse, sofern solche vorkommt.

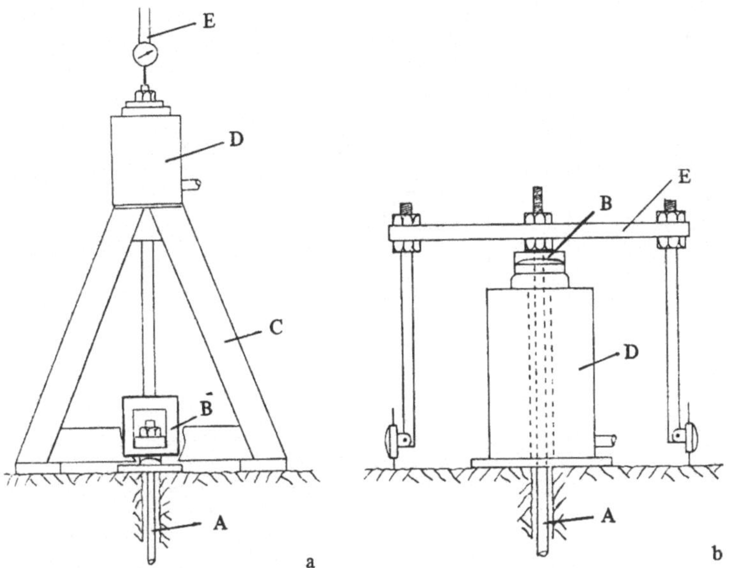

Abb. II.40. Ausrüstung für Anker-Ziehversuche

c) Serienmäßige Ankereinheiten, wie sie vom Ankerhersteller geliefert werden, inklusive Ankermechanismus, Vergußmasse, Material zur Verpumpung der Vergußmasse, falls erforderlich, und Ausrüstung zum Einbau der Anker entsprechend den Hinweisen des Herstellers.

3. Ausrüstung zum Aufbringen der Ankerlast wie z. B. in Abb. II.40:

a) Ein hydraulischer Zylinder mit Handpumpe und Druckschlauch für eine Kraftentwicklung größer als die Ankerbruchlast und die Bruchlast des Verankerungsmechanismus sowie mit einer Hublänge von mindestens 50 mm.

b) Ausrüstung zur Übertragung der Last vom Zylinder auf den Anker. Sphärische Paßform, abgeschrägte Scheiben und/oder Keile unter dem Zylinder sind erforderlich, damit die aufgebrachte Last koaxial mit dem Anker liegt.

4. Ausrüstung zum Messen der Last und der Verschiebung:

a) Ein Gerät zur Lastmessung, z. B. eine Druckzelle oder ein hydraulisches Manometer an der Pumpe, welche in Einheiten der Last geeicht sind. Die Messung soll auf 2% der maximal im Versuch erreichbaren Last genau sein. Das Gerät soll einen Maximallastanzeiger haben.

b) Ausrüstung zum Messen der axialen Ankerkopfverschiebung (Meßbereich mindestens 50 mm und genau auf 0,05 mm). Z. B. kann eine einzelne Meßuhr verwendet werden, die direkt am Ankerkopf angesetzt wird, oder als Alternative kann die Verschiebung als Mittelwert von zwei oder drei Meßgeräten erhalten werden, die unter gleichem Abstand vom Anker angeordnet sind, wie in Abb. II.40b gezeigt.

5. a) Ein Protokoll zur Eintragung der Werte (z. B. Abb. II.41).

ROCK ANCHOR TEST   RESULT SHEET   TEST No.

Date of installation: __________ Date of test __________

PROJECT: __________ Location: __________

ANCHOR: Type __________ Length: __________ installation Torque: __________

ROCK: Classification __________ Fracture spacing: __________ Strength __________

BOLT: Diameter: __________ Strength: __________ Length: __________ Untensioned length: __________

HOLE: Diameter: __________ Length: __________ Orientation & roughness: __________

| Pump Pressure | Bolt tension | Displacement readings | | | | | REMARKS |
		Reading	Displacement	Reading	Displacement	Average	

TEST RESULTS: __________ Maximum pull force: __________

Displacement at maximum pull force: __________ Max. displacement in test: __________

Nature of failure or yield: __________

Other remarks: __________

TESTED BY: __________ CHECKED BY: __________

Abb. II.41. Formular für Meßprotokoll zu Anker-Ziehversuch

Vorgang:

6. Vorbereitung der Versuchsstelle.

a) Die Versuchsstelle oder -stellen müssen so ausgewählt werden, daß der Zustand des Gebirges jenem entspricht, in dem die Anker wirksam eingesetzt werden sollen.

b) Die Bohrlöcher werden entsprechend nachstehender Beschreibung an den für den Versuch passenden Stellen gebohrt. Die Gebirgsoberfläche rund um jedes Loch soll fest und eben sein und das Bohrloch normal auf die Gebirgsoberfläche (± 5°).

c) Bohrlöcher und Ankermaterial werden vor dem Einbau besichtigt, um sicherzustellen, daß sie mit den Vorschriften übereinstimmen. Vorläufige Daten wie z. B. die gemessenen Dimensionen von Bohrloch, Anker, Ankermechanismus und die Art und der Zustand des Gebirges (Gesteins) an der Versuchsstelle werden in das Formular eingetragen (z. B. Abb. II.41).

d) Anker werden in der vorgeschriebenen Weise eingebaut, wobei wesentliche Einzelheiten wie das Drehmoment (falls zutreffend) und der Zeitpunkt des Einbauens protokolliert werden.

7. Das Prüfen.

a) Die Belastungsausrüstung wird angebaut, wobei berücksichtigt wird, daß die Lastrichtung axial zum Anker verlaufen muß, daß die Ausrüstung dicht am Gebirge aufsitzt und daß kein Teil des Ankers oder der Vergußstrecke die Aufbringung und Messung der Last während des Versuchs beeinträchtigen kann,

b) Eine beliebige Anfangslast nicht größer als 5 kN (500 kp) wird entwickelt, damit die Lockerstellen in der Anordnung verspannt werden. Das Gerät zur Verschiebungsmessung wird aufgebaut und überprüft.

c) Die Ankerung wird durch Steigern der Last beansprucht, bis eine Gesamtverschiebung von mehr als 40 mm beobachtet werden kann, oder bis der Anker nachgibt oder bricht, je nachdem, was früher eintritt.

d) Ablesungen der Last und Verschiebung werden in Intervallen von ca. 5 kN (500 kp) der Last oder 5 mm Verschiebung vorgenommen, was immer zuerst davon eintritt. Die Laststeigerungsgeschwindigkeit soll im Bereich von 5 bis 10 kN/Min liegen. Ablesungen werden nur gemacht, wenn sowohl die Last als auch die Verschiebung sich beruhigt haben. Die Zeitspannen für die Beruhigung sollen eingetragen werden.

Berechnungen:

8. a) Während des Versuchsablaufs werden die Gesamtbeträge der Verschiebung durch Subtrahieren von Anfangsablesung und Intervallablesung errechnet, wobei Mittelwerte zu ermitteln sind, wenn mehr als ein Meßgerät eingesetzt ist.

b) Die Versuchswerte werden graphisch wie in Abb. II.42 aufgetragen. Die Ankerkapazität (Festigkeit der Verankerung), welche als die maximal erreichte Last in einem Versuch definiert wird, vorausgesetzt daß der Anker selbst nicht nachgibt oder versagt, wird in diesem Diagramm aufgetragen. Falls der Anker nachgibt oder versagt, wird die Last X, bei der dies eintritt, eingetragen und die Ankerkapazität wird als „unbekannt, aber größer als X" angegeben.

c) Die elastische Auslängung des Ankers bei einer bestimmten Last kann errechnet werden als:

$$\text{Auslängung bei Last } P = \frac{P \cdot L}{A \cdot E}, \tag{II.4}$$

worin L die gespannte unvergossene Länge (Spannstrecke) des Ankers ist plus 1/3 der Haftstrecke plus Länge von eventuell verwendeten Verlängerungsstücken. A bedeutet die Querschnittsfläche des Ankerstabs und E den E-Modul des Ankerstabs.

Eine gerade Linie $X-X$ wird durch diesen Punkt und den Vorsprung des Last-Verschiebungs-Diagramms gezogen (Abb. II.42). Gerade Linien $Y-Y$ und $Z-Z$ werden bei der festgelegten Strecklast und Bruchlast eingetragen. Der Vergleich der eigentlichen Versuchskurve mit diesen Geraden ermöglicht eine unabhängige Einschätzung von Ankerungs- und Ankerstab-Verhalten.

d) Für die Bewertung von Haftankern sollen die Ergebnisse mehrerer Versuche zusammengelegt und graphisch dargestellt werden, damit auch der Einfluß von Aushärtungszeit und Haftstrecke auf die Ankerung gezeigt wird (Abb. II.43).

Prüfbericht:

9. Der Bericht soll die Protokolle und Diagramme entsprechend den Abb. II.41 bis II.43 enthalten und alle Details über:

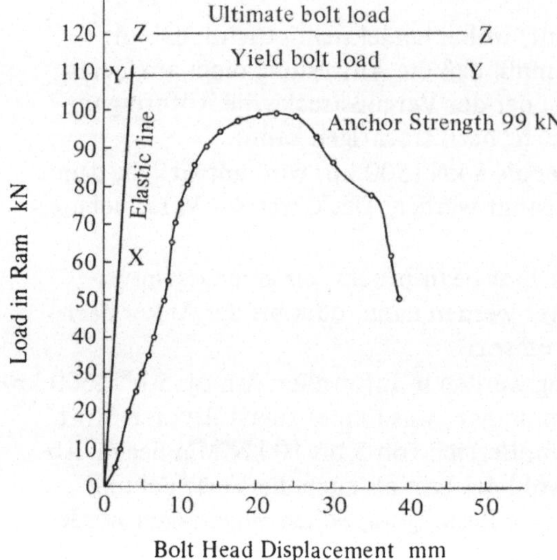

Abb. II.42. Beispiel eines Diagramms
aus Ergebnissen des Anker-Ziehversuchs

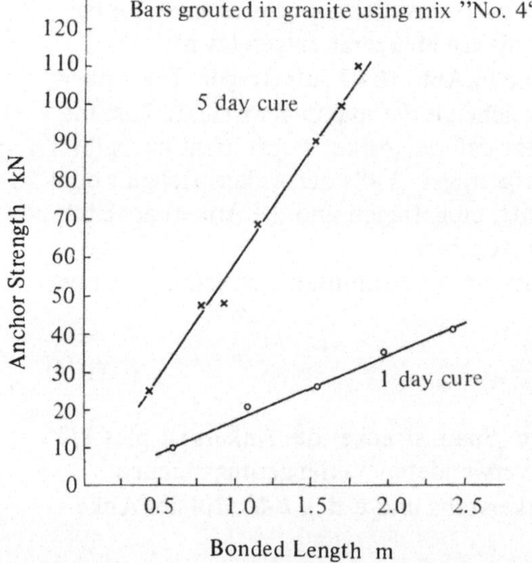

Abb. II.43. Diagramm aus Anker-Ziehversι
mit Einfluß der Haftstreckenlänge und Au
härtungszeit auf die Ankerkapazität

a) Gestein, in dem der Versuch stattfand,
b) Anker und übrige Ausrüstung,
c) Bohrlöcher mit Länge, Durchmesser, Bohrmethode, Geradlinigkeit, Reinheit,
Trockenheit, Richtung,
d) Methode und Zeit des Einbauens,
e) Methode und Zeit des Versuchs,
f) Art des Versagens und andere Beobachtungen bezüglich der Versuchsergebnisse.

10. Nötigenfalls kann der Bericht auch die Wirksamkeit der geprüften Anker mit
einer beliebigen annehmbaren Wirksamkeit vergleichen, die bei vorausgegangenen

umfangreichen Versuchen festgestellt wurde. Sowohl Ankerkapazität als auch Gesamtverschiebung und Intervallverschiebungen sollen bei so einem Vergleich berücksichtigt werden.

6.3 Die Ankerkennlinie

Als Ankerkennlinie bezeichnet man die Last-Verschiebungskurve des Ankerkopfs, wie sie beim Ankerziehversuch ermittelt wird. Da die Verschiebung des Ankerkopfes sich zusammensetzt aus

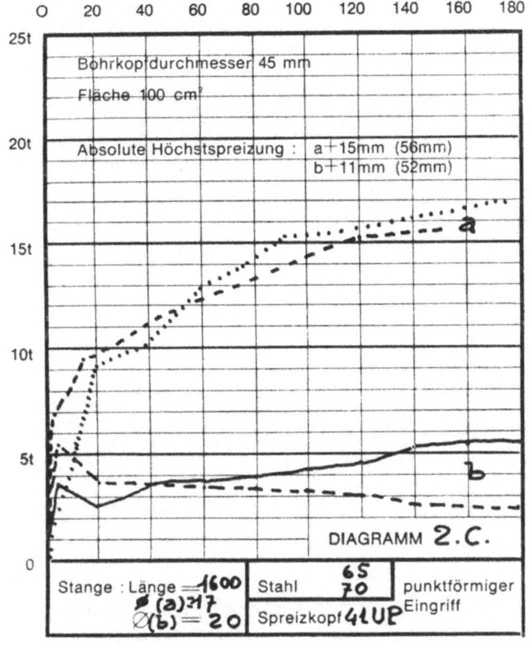

Abb. II.44. Ankerkennlinie eines Spreizankers der Type 41 UP in weichem geschiefertem Mergel [21]

Längung des Zugelements,
Verformung der Bauteile des Ankermechanismus,
Gleitweg des Innenkeils gegenüber Außenkeil,
Rutschen der Außenkeile am Gestein (und dabei eventuell neuerlichem Gleitweg des Innenkeils etc.),

überlagern einander gleichzeitig diese Effekte so, daß ihre einzelnen Anteile aus der Kennlinie nicht mehr unterscheidbar sind. Wohl mögen einzelne Anteile überwiegen, was auch grob feststellbar ist, doch treten im allgemeinen keine scharfen Abgrenzungen derselben auf, so daß eine Auflösung der Kennlinie danach nicht möglich ist. Aus diesem Grund ist es vorteilhaft, die Kennlinie wie in Abb. II.42 im Zusammenhang mit Werkstückeigenschaften des Ankers oder seiner Bauteile darzustellen.

Nicht alle Gesteinsarten bzw. Ankermechanismen weisen jedoch Kennlinien von solcher Klarheit auf. Wie in Abb. II.44 dargestellt, können beträchtliche Verschiebungen auftreten, unter denen die Verankerung noch immer an Widerstand zunimmt [21].

Es erscheint besonders interessant, daß die Kennlinien von Haftankern sehr ähnlich
wie jene von Spreizankern aussehen können. Die in Abb. II.45 wiedergegebene Kennlinie stammt von einem Haftanker mit Kunststoffpatrone, mit der eine Ankerstange
von 22 mm Durchmesser und einer Länge von 1,8 m vergossen war [10]. Diese Ähn-
lichkeit und die lange Verschiebung werden damit erklärt, daß der Anker sich mit
Anwachsen der Last progressiv dehnt und dabei allmählich aus dem Verguß löst.
Dabei wird die effektive Spannstrecke immer länger und erhöht so die Auslängung,
bis die Maximalkraft erreicht ist und der Bruch eintritt. Daß sich die Ankerkraft

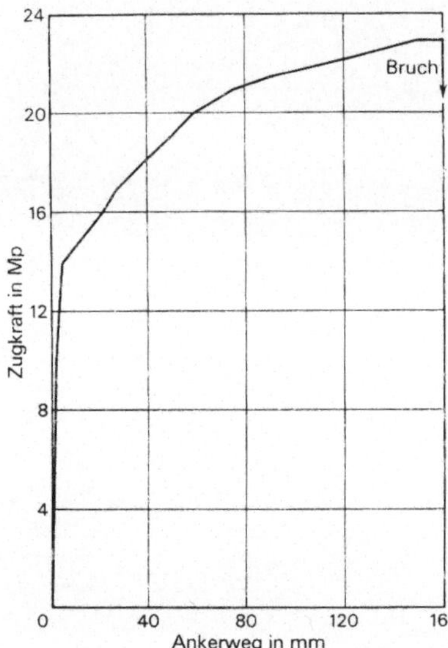

Abb. II.45. Ankerkennlinie eines Haftankers
mit Kunststoffpatrone [10]

noch im Verlauf des Ablösens des Ankers aus der Vergußmasse steigern kann,
scheint auf die Mitwirkung der Reibung entlang der effektiven Spannstrecke zurück-
zuführen zu sein.

Es sei auch hier nochmals auf die geringe Nutzbarkeit der Ankerkennlinien von
Haftankern als schlaffe Anker mit Vollverguß hingewiesen, weil die Ankerkennlinie durch Aufbringung äußerer Kräfte ermittelt wird (Abschnitt 4.3), während
der Anker nur dadurch technisch wirksam wird, daß er die Last entlang seiner Haftstrecke aufnimmt.

6.4 Die Größe der Ankerkraft und ihre zeitliche Veränderung

Die Wirksamkeit des Ankers und damit auch gleichzeitig die Entwicklung der Gebirgslast kann nur durch Dauerbeobachtung erfolgen. Hierbei kann die Wahl der
beobachteten Anker je nach Ziel in Form von statistischen Stichproben oder in
Form von Gruppen oder ganzen Systemen getroffen werden. Hierzu kann man
sich verschiedener Mittel bedienen wie:
Überprüfung des Drehmoments. Durch in gewissen Zeitabschnitten wiederholte
Messung des Drehmoments läßt sich auf einfachste Weise ein Überblick von allerdings nur grober Genauigkeit bilden.

Diese geringe Genauigkeit entstammt einerseits der Fehlerhaftigkeit der Eichkurve
für das Verhältnis von Drehmoment zu Zugkraft und andererseits dem zunehmend
schlechteren Zustand der Anker im Gebirge. Korrosion, Staub, Sinter und mechanische Verformungen sind die wichtigsten Ursachen hierfür. Zumindest für die Feststellung jener Anker, die lose und unter dem Sollwert belastet sind, eignet sich
diese Vorgangsweise gut. Einzelne Gesichtspunkte hierzu werden auch in Abschnitt
6.6 beschrieben.

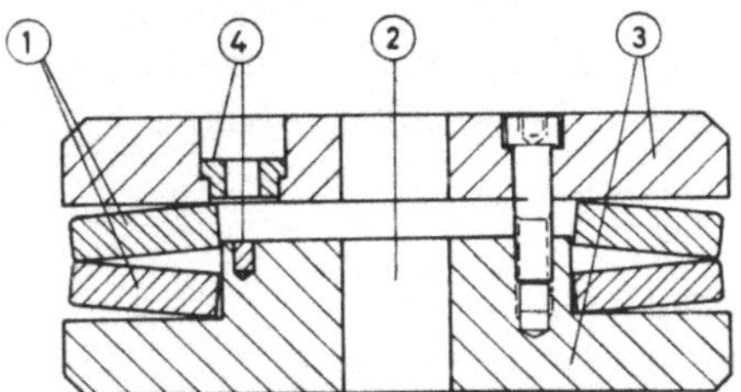

Abb. II.46. Druckzellen zur langfristigen Ankerkraftmessung. a) Dynamometer der Bauart INTERFELS,
b) Hydraulische Zelle, c) Elastisches Kissen der Type Roof-Bolt Compression Pad von Goodyear,
USA [33]. Es wird der Umfang der Gummi-Zwischenschicht gemessen

Druckzellen. Verschiedene Formen von Kraftmeßdosen [73,111], hydraulischen
Druckzellen, photoelastischen Einsätzen und elastischen Kissen werden herangezogen, um die Ankerkraft (außer bei schlaffen Haftankern) langfristig zu beobachten.
Sie haben den Vorteil der schnellen und einfachen Aufbringung, sowie schneller
Ablesung und der Wiederverwendbarkeit, doch nehmen sie manchmal mehr Raum
ein und sind auch mechanisch zum Teil verletzbar, besonders im Fall von Spreng-
arbeiten. Sie sind durchwegs axialsymmetrisch ausgebildet und werden über eine
zentrale Öffnung auf das Zugelement aufgestreckt, bevor der Anker eingebaut wird.
Dabei ordnet man sie innerhalb des Absetzmechanismus an, so daß sie meist die
gesamte Ankerkraft zu übertragen haben und also entsprechend stark gebaut sein
müssen. Einige solcher Geräte sind in Abb. II.46 zusammengestellt.

Dehnungsmeßstreifen. Dehnungsmeßstreifen in Form elektrischer Widerstände
haben sich auch für die Beobachtung von Gebirgsankern gut bewährt. Ihr bedeutend-
ster Vorteil ist die hohe Genauigkeit und große Dehnfähigkeit, sowie das konstante
Langzeitverhalten und der äußerst geringe Platzbedarf. Dehnungsmeßstreifen können am Ankerstab direkt oder auch bei Bedarf an anderen Stellen angebracht wer-

den, an denen Flächen von 5 × 5 mm und darunter schon für ihre Befestigung ausreichen können. Damit sind sie auch geeignet, innerhalb des Bohrlochs angeordnet zu werden, oder an anderen geschützten Stellen, wodurch Beschädigungen vermieden werden. Sie erfordern jedoch einen genauen und etwas länger dauernden Anbringungsvorgang, sind zumindest zusammen mit der Ableseapparatur verhältnismäßig teuer und benötigen auch einen etwas längeren Zeitaufwand beim Ablesen. Sie liefern jedoch viel mehr Aussagen über die Meßstelle, weil durch ihre Anordnung nicht nur die axiale Dehnung (Spannung) festgestellt werden kann, sondern auch die Verwindung (Torsion) und die Unterschiede in den Dehnungen (Biegungen). Damit eignen sie sich vor allem auch für Forschungs- und Entwicklungsarbeiten.

6.5 Die Verteilung der Ankerkraft entlang der Haftstrecke

Die Messung der Ankerkraftverteilung ist vor allem bei Haftankern von Bedeutung. Einige wichtige Aussagen aus derartigen Messungen sind bereits in Abschnitt 4.2 gemacht worden. Hieraus haben sich besonders die Verhältnisse bei vorgespannten Haftankern klären lassen, während bei schlaffen Ankern noch keine größeren Fortschritte erzielt wurden. Als Meßanordnung eignen sich auch hier Dehnungsmeßstreifen am besten, die an ausgewählten Stellen des Ankerstabs angebracht werden. Wegen der langfristigen Einwirkung der Gebirgsfeuchtigkeit in diesem Fall sind sie besonders sorgsam gegen Feuchtigkeit zu isolieren.

6.6 Die Beziehung zwischen aufgebrachtem Drehmoment und der Ankerkraft

Wenn auch der Einfluß von Korrosion, Verunreinigung und mechanischen Verformungen während der Lebensdauer die Zuverlässigkeit der Moment-Kraft Kennlinie stark verunsichert, so kann diese Kennlinie doch zumindest beim Einbauen sehr gut als Maßstab für die Höhe der Vorspannung dienen. Im Fall von solchen Messungen während der Lebensdauer im Gebirge ist zur Erfassung der störenden Einflüsse auch eine Kennlinie an den bereits exponierten Ankern aufzunehmen.
Für die Durchführung der Messung und der Eichung sind ebenfalls von der Internationalen Gesellschaft für Felsmechanik wertvolle Hinweise gegeben worden [32]. Danach soll auch jeweils der verwendete Drehmoment-Schlüssel geeicht werden, um seine Anzeige sicherzustellen. Die Eichung kann an einem starr in einer vertikalen Wand befestigten Ankerkopf oder der entsprechenden Mutter vorgenommen werden. Dabei wird der Drehmoment-Schlüssel in horizontaler Lage an den Ankerkopf aufgesteckt und an seinem Griff durch ein frei herabhängendes Gewicht bekannter Größe belastet. Das aus Kraft und Kraftarm sich ergebende rechnerische Drehmomen wird dann in einem Diagramm gegenüber dem angezeigten Wert des Schlüssels aufgetragen.
Bei der Aufnahme der Moment-Kraft-Kennlinie des Ankers wird der Anker mit einem Gerät zur Ankerkraftmessung ausgerüstet, z. B. mit einem hydraulischen Zylinder, dessen Flüssigkeitsdruck die Ankerkraft anzeigt, der jedoch ebenfalls ausreichend genau geeicht sein soll.

Die Messung soll nicht bei der Ankerkraft Null beginnen, sondern der hydraulische
Zylinder soll erstens etwas ausgefahren sein, um die Stauchung durch die steigende
Ankerkraft aufnehmen zu können, und zweitens auf eine geringe Last von ca. 100
bis 500 kp vorgespannt werden.

6.7 Der Einfluß von Erschütterungen auf die Ankerkraft

Der Einfluß von Erschütterungen kann sehr ausschlaggebend sein für die Auswahl
von Ankern und für die günstigste Distanz vom Gewinnungspunkt, bei der sie eingebaut werden sollen. Die wichtigsten Effekte des Ankerkraftverlustes wurden bereits in Abschnitt 5.4 aufgezeigt.

Durch Messungen können Unterschiede im Verhalten verschiedener Ankerarten
und im Einfluß verschiedener Vorspannung, verschiedener Gesteine als Ankerungs-
zonen und verschiedener Einbaustellen festgestellt werden.

Als Methoden eignen sich dafür alle unter Abschnitt 6.4 angeführten, welche allerdings Ergebnisse verschiedener Genauigkeit bringen. Die größte Genauigkeit ist
durch Dehnungsmeßstreifen erreichbar, wobei zusätzlich noch der Vorteil genutzt
werden kann, daß Dehnungsmeßstreifen die elektronische Übertragung und Auf-
zeichnung der Schwingungen selbst ermöglichen [27]. Die Schwingungen können
auch schaubildlich auf Schirme übertragen und von dort photographisch aufgenommen werden.

Es erscheint in jedem Fall von Wichtigkeit, die energetischen und auch zeitlichen
wie dynamischen Eigenheiten der Schwingungen, welche der beobachtete Anker
durchmacht, mit dem dabei erfolgenden Kraftverlust in Beziehung zu setzen. Hierzu soll jedoch auch die Intensität der Schwingungen des Gebirges oder zumindest
die Intensität und Anordnung der auslösenden Quelle festgestellt und in Beziehung
gesetzt werden.

7. Zur Auswahl von Ankern

Angesichts der Vielartigkeit der Ankerformen gestaltet sich die Auswahl etwas
schwierig, wenn sie nur nach technischen Gesichtspunkten vor sich gehen braucht.
Wenn jedoch die Verfügbarkeit gewisser Ankerarten örtlich beschränkt ist, oder
sich Preisvorteile für gewisse Produkte einstellen, so mögen diese in manchen Fällen
der angenäherten technischen Gleichwertigkeit von mehreren Produkten durchaus
sogar letztlich entscheidend sein.

In technischer Hinsicht ist für die Auswahl in erster Linie die Ankerkapazität (als
Folge der projektierten Gebirgslast) ausschlaggebend und erst danach die Ankerkennlinie (als Folge der tolerierbaren Bewegungen), sowie weiters die zeitliche
Beständigkeit (Korrosion), die Handlichkeit beim Einbauen (Mechanisierbarkeit)
usw.

Die Ankerkapazität entscheidet bereits, ob die Anker vorspannbar oder schlaff sein
müssen. Bessere Gebirgsqualitäten und festere Gesteinsarten verlangen vorspannbare
Anker, wogegen weniger stabile Gebirgsqualitäten (druckhaft bis rollig) teilweise
schlaffe Haftanker bedingen.

Unter den vorspannbaren Ankern sind Spreizanker immer dann vorzuziehen, wenn
die Ankerkraft gering bleibt (etwa unter 20 bis 30 t) und das Gestein entsprechend
fest ist. Zur Zeit eignen sie sich auch am besten zur Mechanisierung des Einbauvor-
gangs und sind deshalb sowie auch wegen des niedrigeren Preises billiger.

Werden höhere Ankerkräfte verlangt oder reicht die Ankerkapazität des Gesteins
wegen der geringen Festigkeit auch für niedrigere Ankerkräfte nicht aus, um Spreizanker einzusetzen, so kommen danach vorspannbare Haftanker in Betracht. Von
ihnen sind solche mit Kunststoffpatrone dort vorzuziehen, wo frühe Wirksamkeit
gefordert wird. Haftanker sind auch am Platze, wenn wegen der Erschütterungen ein
Verlust der Ankerkraft droht. Bei Korrosionsgefahr kann ein verzögerter Vollverguß vorgenommen werden.

Spreizanker können jedoch auch bei Gebirgsqualitäten mit geringer Ankerkapazität
erfolgreich eingesetzt werden, wenn ihnen zusammen mit einer geringen Ankerkraft
und kurzfristiger Wirkungsdauer ein größerer Bewegungsbetrag zugestanden wird.
Bei manch vorübergehenden Beanspruchungen, wie sie z. B. im Bergbau auftreten,
ist eine derartige gezielte Nachgiebigkeit von großer Bedeutung. Hierfür sind meist
Ankerarten geeignet, die eine gewisse Ankerkapazität ermöglichen und dabei ab
Erreichen derselben eine mehr oder weniger horizontale Kennlinie aufweisen. Spreizanker mit metallischen Verankerungsmechanismen können sich in milden Gesteinsarten dafür eignen. Doch scheinen Spreizanker mit zumindest mehr verformbaren

Außenkeilen von Vorteil zu sein, wenn druckhafte Gebirgsarten aus relativ festen Gesteinsarten aufgebaut sind. Solche Gebirgsarten können nämlich wegen ihres hohen Grads der mechanischen Zerstörung insgesamt eine Mobilität entwickeln, kraft der sie als druckhaft zu bezeichnen sind. Wegen der großen Verformbarkeit seiner Außenkeile, die aus Kunststoff bestehen, und auch wegen der besonderen Bauweise, hat sich z. B. der GD-Anker in solchen Gebirgsqualitäten besonders gut bewährt.

Schlaffe Haftanker bilden dagegen zu oft nur das einzig mögliche Mittel in den Gebirgsqualitäten geringster Standfestigkeit, weil diese auch für Vergußstrecken, wenn solche nicht zu lange ausgeführt werden können, zu geringe Ankerkapazitäten aufweisen. Dazu gesellt sich die Eigenschaft, daß Vorspannungen dabei auch wegen der geringen Reibungswerte des Gebirges insoferne keine Stabilitätsverbesserung bringen, als die Reibungswerte sehr bald erreicht sind und das Gebirge trotzdem um die verspannten Zonen herumfließt. Eine Überhöhung der Vorspannung kann jedoch in gegenteilige Effekte umschlagen, weil bei Überschreiten der Reibungswiderstände durch die Vorspannung das Gebirge zusätzlich mobilisiert werden kann. Auf die erforderliche Abstimmung der Steifigkeit schlaffer Haftanker im einzelnen mit der Kraft-Verformungsbeziehung des Gebirges wurde bereits in Abschnitt 4.3 hingewiesen.

Schließlich ist noch auf die schweren Ankerungen mit hohen Ankerkräften und großen Ankerlängen zurückzukommen. Ihre Dimensionen sind durch die Gebirgsmechanik bestimmbar. Sie werden meist sowohl im Festgebirge als auch im Lockergebirge als Haftanker ausgeführt, und zwar mit einer Vorspannung oberhalb der projektierten Maximallast, die zuverlässig errechnet sein muß. Insofern gibt es für ihre systemtechnische Ausführung keine Auswahl. Nur die Ausführung ihrer Komponenten und der Vergußmasse bleibt variabel. Ein Korrosionsschutz langfristiger Wirkung und eine Verankerung langfristiger und unbeeinflußbarer Zuverlässigkeit sind unbedingte Erfordernis, auch wenn sie nur zur vorübergehenden Sicherung von Baugruben eingesetzt und wiedergewinnbar ausgeführt werden.

III. Wirkung und Auslegung von Ankerungen

1. Das Gebirge

1.1 Definition

Eine im Grund genommen noch wichtigere Rolle als die Anker spielt bei Ankerungen das Gebirge. Es stellt jenen Bauteil bzw. im Bereich der Ankerung jene Zone dar, die durch das Ankern stabilisiert werden soll. Man kann die Gebirgszone, die durch die Anker beeinflußt wird, in mancher Hinsicht als einen eigenen Baukörper ansehen.

Als Gebirge wird allgemein die feste Erdkruste mit allen in ihr auftretenden Stoffen verstanden. Das Gebirge besteht demnach aus festen, gasförmigen und flüssigen Stoffen. Es bildet also ein Mehrphasensystem.

1.2 Die feste Phase

Die feste Phase wird gebildet von den Gesteinen. Diese stellen die für das mechanische Verhalten grundlegende Komponente dar, weil sie durch ihre Masse die Körperkräfte entwickeln und durch ihre Steifigkeit zum Aufbau des Spannungsfeldes und zu den Bewegungen beitragen. Durch die Verschiedenartigkeit der am Aufbau der Erdkruste beteiligten Gesteine allein schon ergibt sich ein sehr komplexes Stoffsystem, welches sich entsprechend der jeweiligen Gesteinsfolge in Zonen verschiedener mechanischer Eigenschaften untergliedern läßt.

Die betrachteten Zonen oder Gesteinspartien können jedoch nicht als Kontinua aufgefaßt werden, weil sie noch mechanisch durch Bruchsysteme zergliedert sind, nämlich durch die Klüftung.

1.3 Die Klüftung

Die Klüftung entstammt tektonischen Beanspruchungen, durch welche Spannungsfelder aufgebaut werden. Sie überlagern sich meist in einem Maßstab dem Gebirge, der nicht oder nur zum Teil mit der Gesteinsfolge selbst zusammenhängt. Solche Spannungsfelder können sich mehr oder weniger einheitlich über einen größeren Bereich einer Gesteinsfolge erstrecken, sie können aber auch nur örtlich in abgegrenzten Partien eines einzelnen Gesteins auftreten. Sie haben, wenn es sich um kluftbildende Spannungsfelder handelt, zumindest Intensitäten erreicht, die die Bruchfestigkeit der Gesteine überschritten haben. Aus diesem Grund ist es auch denkbar, daß solche Spannungsfelder zur Zeit des Bestehens eines ausgeprägten Kluftsystems bereits abgeklungen sind, oder daß nur noch Restbeträge davon bestehen. Soweit Zeit und Intensität betroffen sind, konnten schlüssige Zusammenhänge zwischen Spannungsfeld und Klüftungszustand im Gebirge noch nicht erarbeitet werden. Rückschlüsse auf die Richtung der wirksamen Kräfte sind zum Teil möglich. Erscheinungsformen des Kluftsystems, wie die der nicht sichtbaren Klüfte, welche erst bei der Bearbeitung in Form vorzüglicher Spaltebenen hervortreten, deuten darauf hin, daß die ursächlichen Spannungsfelder schon bei der Genese mitwirken und manchmal nicht bis zur Zerlegung des Gebirges fortschreiten. Bei Sedimentgesteinen mögen der Überlagerungsdruck oder tektonische Kräfte mitwirken, bei Erstarrungsgesteinen mögen es ebensolche Kräfte sein oder thermische Spannungen, die im Zuge der Abkühlung zur Schrumpfung führen.

Die Klüftung tritt in fast allen Erscheinungsformen des Festgebirges auf und ist in einem großen Teil der Fälle so stark ausgebildet, daß sie in vorherrschendem Maße das mechanische Verhalten des Gebirges bestimmt. In Abhängigkeit von der Intensität ihrer Ausbildung kann ihr Einfluß die Feststoffeigenschaften der Gesteinskomponenten so stark in den Hintergrund drängen, daß diese beim Gesamtverhalten einer gewissen Gebirgszone nicht mehr mitwirken. Es wird dann vielmehr die Reibung an den Kluftflächen sowie die Orientierung, die Anzahl, die Häufigkeit und Erstreckung derselben ausschlaggebend für das Gesamtverhalten der betroffenen Masse.

Wie das ursächliche Spannungsfeld, so ist auch die Klüftung nicht an die Gesteinsfolge gebunden, sondern wird in den meisten Fällen durch diese nur modifiziert. Daher können die geklüfteten Gebirgszonen Ausdehnungen haben, die nicht durch die Gesteinfolge bestimmt sind. Klüfte treten meist in einer Schar auf, d. h. in einer Folge von parallelen Flächen. Eine einzelne Schar ist jedoch selten, vielmehr liegen meist mehrere Scharen vor, die im Raum verschiedene Winkel zueinander haben und von denen die einzelnen verschieden stark ausgeprägt sein können. Von ihnen hängt der Grad der Zergliederung des Gebirges ab, nach dem man das Gebirge im stofflichen Sinne [34] als Einkörper-, Mehrkörper-, Vielkörper-System ansieht, oder als gekörnte Masse, deren Gesamtverhalten sich zwar an das der geklüfteten Massen anschließt, deren Herkunft und Erscheinungsform sich jedoch wegen der meist vorangegangenen Verwitterung von derjenigen geklüfteter Gebirgszonen stark unterscheidet. Die einzelnen Gesteinsvolumina, welche durch die jeweils nächstliegenden Klüfte mehrerer Scharen abgegrenzt werden und in sich also nicht zerstört sind, nennt man Kluftkörper.

Klüfte können auch durch eingelagerte Stoffe gefüllt sein. Handelt es sich dabei um aus dem Gebirgswasser abgesetztes Lockermaterial, so kann dieses wohl die Beweglichkeit der einzelnen Kluftkörper im Raum etwas einschränken, doch wirkt es meist reibungsmindernd auf die Kluftflächen, so daß die innere Festigkeit des Gebirgsverbands geringer sein kann als bei reinen Kluftflächen. Kluftfüllungen können jedoch auch aus der Abscheidung von Mineralen aus aufsteigenden oder absickern-

den Wassermengen entstehen, wobei meist ein Kristallwachstum eintritt, welches
eine Kluftfüllung herstellt, die stärker sein kann als das Material der Kluftkörper.
Ein derart verkeilter Kluftkörperverband kann also durch die Kluftfüllung an Festigkeit und Steifigkeit gewonnen haben.

1.4 Die flüssige Phase

Als flüssige Phase tritt meist das Wasser auf. Weniger häufig sind die Erscheinungen
des Erdöls, des Magmas, künstlicher Injektionsflüssigkeiten usw. Der flüssigen Phase
stehen als Aufenthaltsort die Porenräume des Gebirges zur Verfügung, welche sich
aus Aushöhlungen, Klüften und der Porösität der festen Phase (Kluftkörper)
zusammensetzen.

Die wichtigsten Wirkungen des Wassers in gebirgsmechanischer Hinsicht sind:
die Herabsetzung der Reibung an den Kluftflächen; die Verursachung des Quellens
von tonhaltigen Gebirgszonen; das Ermöglichen von Lösungsvorgängen, welches
mehr oder weniger stark von der Konzentration an mitgeführten Ionen abhängt;
das Auswaschen durch Fließvorgänge; das Einlagern mitgeführter Feststoffe oder
gelöster Minerale; Senkung der Reibung durch den Effekt des Auftriebs; Schrum-
pfungen durch Verdunsten; Festigkeitsänderungen in Abhängigkeit von der Sätti-
gung innerhalb der Kluftkörper; Erhöhung des Raumgewichts in Abhängigkeit vom
Sättigungsgrad. In Hinblick auf die Beständigkeit der Ankerungen ist besonders
auf die Gefahr der Korrosion der Ankermetalle hinzuweisen.

Durch diese Vielartigkeit der Wirkungsweise ist der Einfluß des Wassers auf das Gebirgsverhalten sehr schwer quantifizierbar. Er spielt jedoch eine vorrangige Rolle
überall, wo eine Wasserwegigkeit des Gebirges gegeben ist. Die besten Möglichkeiten,
ihn auszuschalten, liegen in Injektionen des Gebirges und in Isolierungen, welche
den Zutritt zu den Ankern oder aus dem Hohlraum ins Gebirge bzw. umgekehrt
vom Gebirge in die Ankerungszone verhindern sollen.

1.5 Die gasförmige Phase

Wie dem Wasser, so ist auch der gasförmigen Phase die Porosität des Gebirges als
Aufenthaltsraum zugewiesen. Den Hauptanteil an den Gasen stellt die Luft, jedoch
gibt es noch ungefähr acht weitere Gase, die häufig im Gebirge auftreten [35]. Die
Luft erhält einige Wichtigkeit, wenn sie auf Grund schwankender Feuchtigkeit
zur wechselweisen Durchfeuchtung und Austrocknung des Gebirges beiträgt. Die
anderen Gase treten in dieser Hinsicht in den Hintergrund. Sie können eventuell zu
chemischen Veränderungen beitragen, so daß die Werkstoffeigenschaften des Gesteins beeinflußt werden, doch auch das meist erst bei Durchmischung mit Luft und
Wasser. Technisch bedeutungsvoller sind die manchmal auftretenden Gasausbrüche,
die jedoch für die Probleme der Ankerung nicht direkt in Betracht kommen.

1.6 Die Stabilität des Gebirges

Die soeben beschriebene Vielartigkeit im Aufbau des Gebirges und die vielfältigen
Wirkungsweisen seiner Komponenten, welche darüber hinaus noch durch den Einfluß der Klüftung ausschlaggebend überlagert werden, erschweren die Erfassung des

Gebirgsverhaltens außerordentlich. Zusätzlich ergibt sich noch ein bedeutender Einfluß auf das Verhalten durch die Art der künstlichen Eingriffe ins Gebirge, im Zuge derer das Gebirgsverhalten eigentlich erst von technischer Bedeutung wird [82].

Aus diesem Grund hat sich bisher keine analytische Formulierung des Gebirgsverhaltens herleiten lassen, welche ihren Ausgang an den ursächlichen Einflußgrößen nehmen könnte, und durch deren Einarbeitung in die wirksamen Mechanismen die Folgeerscheinungen des Drucks, der Verformung oder des Zeitabslaufs für diese in quantifizierter Form ausgedrückt werden könnten. Es hat sich deshalb vielmehr durchgesetzt, die Phänomenologie als Ausdruck der Wirkungen auch in technischer Hinsicht heranzuziehen und als Indikator für die zu ergreifenden Maßnahmen zu verwenden. Dies trifft noch viel mehr für die Fragen des Gebirgsdrucks und der Stabilität zu als für die der Zerkleinerung und Gewinnung [83].

Im Bereich der Stabilitätsfragen, welche auch die des Ankerns einschließen, weist der Bergbau gegenüber dem Bauwesen unterschiedliche Problemstellungen auf. Dies betrifft vor allem die Lebensdauer, Zuverlässigkeit und Höhe der Ankerkräfte. Während der Bergbau mit kurzfristigeren Ankerungen, geringeren Ankerkräften und mehr Improvisation häufig das Auslangen findet, erfordert das Bauwesen im Bereich von Baugruben zwar nur kurze Lebensdauer, doch hohe Kräfte und Zuverlässigkeit und im Bereich des Tiefbaus — es kommt vorwiegend der Tunnelbau in Betracht — und des Böschungsbaus,große Lebensdauer, Sicherheit und Ankerkräfte.

Schon aus diesem Grund der Vielartigkeit der Problemstellungen — die hautpsächlich in der näheren Wirkungsart liegt, welche den Ankern zugedacht ist — ist ein Versuch, das Gebirge nach einem einheitlichen Muster zu beurteilen, nicht zielführend, abgesehen von den noch nicht verwirklichten Möglichkeiten einer analytischen Formulierung. Das Gebirge muß daher für jeden Typ der Ankerung und für jeden darin zu erzielenden Effekt eigens beurteilt werden, wobei jeweils noch die Art und Größe des Hohlraums von Bedeutung sind.

Eine wichtige Grundlage für eine Beurteilung des Gebirges und für eine Voraussage seines Verhaltens ist eine Klassifizierung, in die eine jeweils erkannte Gebirgsart eingeordnet werden kann [37]. Auch solche Klassifizierungen müssen sich zu diesem Zweck nach dem näheren Effekt richten, den eine Ankerung erzielen soll. Die Wissenschaft bietet zur Zeit keine ausreichende Zahl von solchen Klassifizierungen. Sieht man vorerst noch von der Art des Hohlraums und dem näheren Effekt der Ankerung ab, so bildet die innere Qualität des Gebirgsverbands ein wichtiges Kriterium für eine Einteilung, wovon vor allem die Festigkeit herangezogen wird. Sie bildet drei Hauptbereiche der Erscheinung, nämlich: jenes, in dem das Gebirge fester ist als alle auftretenden Beanspruchungen; jenes, in dem die Festigkeit den natürlichen Bedingungen (Primärdruck) zwar ausreicht, aber durch die beim künstlichen Eingriff erzeugten Zusatzspannungen überschritten wird; und jenes, in dem die Festigkeit unterhalb der natürlichen Beanspruchung liegt, d. h. die Herstellung des Hohlraums kann keine nennenswerten Zusatzspannungen mehr verursachen, weil sie im Gebirge wegen dessen Plastizität nicht aufgebaut werden können.

Diese drei Bereiche des Festigkeitsverhaltens zeigen sich in den Klassifikationen immer wieder, wenn auch in verschiedener Weise.

Eine Klassifikation nach *Fiedler* [36], die mehr allgemeiner Natur ist, enthält Tab. III.1. Diese bietet grundsätzlich einen guten Einblick in die Erscheinungsformen des Ge-

Tabelle III.1. Gebirgsklassifizierung nach Fiedler für den Tunnelbau

Bezeichnung der Gebirgsklasse	Nähere Eigenheiten
Festes Gebirge	selbsttragend, ungestört, zeitlich stabil
Gebräches Gebirge	im Einfluß der Verwitterung oder tektonisch zerbrochen, kann hohe Standfestigkeit haben
Pseudofestes Gebirge	kompakt, nicht notwendigerweise gestört aber zeitlich instabil, verformbar (z. B. Ton und Schiefergesteine)
Mildes Gebirge	Gestein nicht mehr fest, auch zerklüftet oder zerrieben, quellend (z. B. tonhaltige mergelige Masse, Gips, Haselgebirge)
Rolliges Gebirge	nicht verfestigt, meist sedimentär, Druck nicht zeitabhängig, Kornreibung bestimmt das Stabilitätsverhalten (z. B. Schotter, Kiese)
Schwimmendes Gebirge	unverfestigt, zerfließend, Wasser bestimmt die Verformung (z. B. Schwimmsande)

birges. Im Bergbau selbst ist noch keine eigenständige Klassifizierung erstellt worden. Dies mag eine Folge der größeren Vertrautheit mit den Erscheinungen des Gebirges sein, welche sich aus dem längeren Verweilen in bestimmten Lagerstättenbereichen ergibt. Hierdurch wird in Einzelfällen die Entwicklung eines höheren Maßes an Geschick in der Gebirgsbehandlung ermöglicht, als es durch die Weitmaschigkeit eines solchen Schemas erreicht werden kann, welches alle Gebirgsqualitäten berücksichtigt, mag es auch im Konzept nur für gewisse Hohlraumarbeiten oder gewisse Ausbaueffekte erstellt sein.

Für den Tunnelbau des Bauwesens und zum Teil wohl auch für den Streckenausbau im Bergbau erweist sich gegenwärtig die Gebirgsklassifikation nach *Rabcewicz-Lauffer* [38] als bestgeeignet für die Projektierung, Ausführung, Abnahme und Verrechnung von Projekten. Dies gilt auch für die Verwendung von Ankern. Diese Klassifikation benützt den Schwierigkeitsgrad der Ausbaumaßnahme als Leitlinie für die Einordnung des Gebirgsverhaltens. Hierzu dienen zwei Kriterien als Maßstab für die Untergliederung, nämlich einerseits die Größe der freien Gebirgsfläche, welche ohne Unterstützung bestehen bleiben kann (im Grundriß gedacht), und andererseits die Zeitdauer, bis zu welcher diese Fläche ohne Unterstützung stabil bleibt. Diese Wahl der Kriterien erweist sich auch für die Gesamtbeurteilung der Tunnelbauarbeiten als nutzvoll, weil sie zum Ausdruck bringt, wie weit auch die Vortriebsarbeiten durch das Gebirge erschwert werden und wie weit sie durch die erforderlichen Ausbauarbeiten behindert werden.

In Abb. III.1 ist das Prinzip der Klassifizierung im *Rabcewicz-Lauffer*-Diagramm (RLD) dargestellt. Darin sind insgesamt sieben Gebirgsgüteklassen (A bis G) vorgesehen, von denen A die beste Standfähigkeit aufweist und G die schlechteste. Das Diagramm enthält als Abszisse die freie Standzeit, welche von 1 Sec. bis zu 100 Jahren reicht. Die Ordinate enthält die freie Stützweite, im Bereich von 10 cm bis 10 m. Mit diesem Bereich der freien Stützweite überspannt das Diagramm sowohl alle möglichen Hohlraumgrößen sogar von manchen Bohrlöchern bis zu Stollen und Tunnels unterhalb von 10 m Durchmesser als auch die verschiedenen Ausmaße ununterstützter Gebirgsflächen zwischen den allfälligen Elementen des Unterstützungsausbaus oder Verzugs. Die schraffierte Fläche im Diagramm hebt dabei jene Kombination von Stehzeit und Stützweite hervor, welche in den natürlichen Gebirgsarten am meisten wahrscheinlich ist.

Die oben erwähnten drei Hauptbereiche des Festigkeitsverhaltens des Gebirgsverbands können in diesem Diagramm jeweils in den Gruppen von A bis C, von D bis F und in G gefunden werden. Es fällt jedoch auf, daß das in *Fiedlers* Klassifikation enthaltene rollige und schwimmende Gebirge hier keine Berücksichtigung erfahren.

Gebirgsklasse	Standfestigkeit des Gebirges	Einbautype
A	standfest	ohne Einbau
B	nachbrüchig	Kopfschutz
C	sehr nachbrüchig	Firstverzug
D	gebräch	leichte Zimmerung
E	sehr gebräch	mittelschwere Zimmerung
F	druckhaft	Getriebezimmerung ohne Brustverzug
G	sehr druckhaft	Getriebezimmerung mit Brustverzug

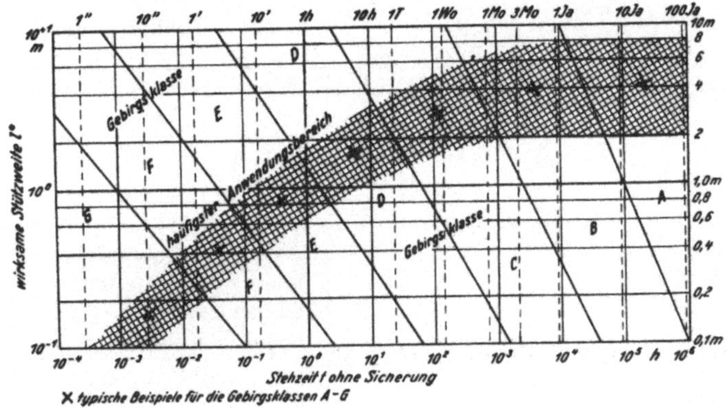

Abb. III.1. Rabcewicz-Lauffer-Diagramm zur Klassifizierung von Gebirgsqualitäten für den Tunnel- und Stollenbau

Der Anlaß dazu mag darin liegen, daß solches Gebirge meist erst künstlich verfestigt werden muß, ehe die Gewinnung eingeleitet werden kann, so daß der Zustand des rolligen oder des schwimmenden Gebirges für den Moment der Bauausführung einer besseren Gebirgsgüteklasse entspricht.

Die in Abb. III.1 beigefügte Tabelle zeigt den jeder Gebirgsgüteklasse zugeordneten Ausbauaufwand an, und zwar sowohl für die herkömmlichen Ausbaumethoden als auch für die Gebirgsverfestigung mittels Ankerung nach den Prinzipien der Neuen Österreichischen Tunnelbauweise.

Diese Tabelle gibt die Ausbaumaßnahmen in Form des Holz- oder Zimmerungsaufwands an. Sie wurde zu einem Zeitpunkt erstellt, als das gegenwärtige Maß der Wirksamkeit von Ankern und Spritzbeton noch nicht ausreichend absehbar war. Es gibt jedoch verbesserte Tabellen [9, 80], die den ausreichenden Aufwand an Ankern, Spritzbeton und Baustahlgitter sowie Stahlbögen und sonstigem Verzug zu jeder Gebirgsgüteklasse angeben. Einige dieser Zusammenstellungen werden auch noch in Abschnitt 6.4 und in den Beispielen des Kapitels IV aufgezeigt werden.

Als Gegenüberstellung enthält Tab. III.2 eine Untergliederung in noch mehr Klassen nach *Proctor* und *White* [39], zu welchen auch Gebirgslasten für die Verwendung von Stahlausbau als vorläufiger Ausbau angegeben werden, sowie auch der dazugehörigen Aufwand an Ausbaumaterial. Diese Klassifikation entspricht dem Zweck der Dimensionierung des Ausbaus, welche allerdings als Konsequenz der Gebirgs-

Tabelle III.2. Gebirgsklassifizierung nach *Proctor* und *White* für den Tunnelbau mit Stahlausbau nach herkömmlichen Grundsätzen

Güteklasse	Gebirgszustand	Gebirgslast ausgedrückt in Gebirgssäule H_p	Bemerkungen
1	Fest und ungestört	null	Leichter Verzug nur bei Abbröckeln oder Abspratzen
2	Fest geschichtet oder schieferig	0 bis 0,5 B	Leichter Ausbau Last kann unregelmäßig von Punkt zu Punkt wechseln
3	Massig und mäßig geklüftet	0 bis 0,25 B	
4	Mäßig blockig und schichtig	0,25 B bis 0,35 $(B + H_t)$	kein Seitendruck
5	Sehr blockig und schichtig	$(0,35$ bis $1,10) (B + H_t)$	kein oder wenig Seitendruck
6	Völlig zerbrochen aber chemisch unverändert	$1,10 (B + H_t)$	Beträchtlicher Seitendruck. Aufweichung durch Sickerwasser in der Sohle erfordert Vollwandausbau als Auflager für Tunnelbögen oder Stahlringausbau
7	Druckhaft bei mäßiger Teufe	$(1,10$ bis $2,10) (B + H_t)$	Hoher Seitendruck, Sohlschluß erforderlich, Kreisringbögen empfohlen
8	Druckhaft bei großer Teufe	$(2,10$ bis $4,50)(B + H_t)$	
9	Quellend	Bis zu 250 ft unabhängig von B und H_t	Kreisringbögen erforderlich. Im Extremfall nachgiebiger Ausbau

Erklärung: Tabelle gilt für Teufe größer als $1,5 (B + H_t)$, wobei B (ft) die Ausbruchsweite und H_t (ft) die Höhe des Tunnelausbruchs darstellt. Liegt die Tunnelfirste oberhalb des Grundwasserspiegels, so können die Beträge für Klassen 4 bis 6 um 50% gesenkt werden.

kräfte und der Art und Weise ihrer Wirksamkeit getroffen wird. Dabei richtet sie sich nach den Grundlagen der herkömmlichen Ausbautechnik und beinhaltet grundsätzlich statisch berechenbare Sicherheiten für den Ausbau. Die Gebirgslasten wurden zwar aus Erfahrungswerten erstellt, doch werden sie nur zur Festlegung des Ausbaus verwendet. Eine Berücksichtigung der Eigentragfähigkeit des Gebirges oder eine Umlagerung von Gebirgskräften in dieses selbst wird nicht in Betracht gezogen. Die drei Hauptbereiche des Festigkeitsverhaltens, welche für den Fall von Ankerungen ausschlaggebend sind, können hier in den Gruppen von 1 bis 5, von 6 bis 7 und von 8 bis 9 gefunden werden.

Es sei nochmals bemerkt, daß die für den Hohlraumbau getroffenen Klassifizierungs-vorschläge das Lockergebirge, sofern es die Klassen rolliges und schwimmendes Gebirge nach *Fiedler* [36] betrifft, nicht berücksichtigen. Für die Zwecke der Anke-rung, wie sie in Baugruben und im Bergbau für den Fall von Böschungen angewendet wird, können diese Gebirgsqualitäten jedoch nicht übergangen werden. Es besteht jedoch insofern kein Bedarf, sie in die bestehenden Klassifikationen einzugliedern, weil sie sowohl nach der Problemstellung als auch nach dem näheren Effekt des Ankerns und dem eigentlichen Verhalten des Gebirges eine gewisse Eigenständig-keit aufweisen, die keine unmittelbaren Übergänge zu den Problemstellungen des Hohlraumbaus zeigt. Das Lockergebirge zeichnet sich durch große Beweglichkeit aus sowie durch geringe innere Festigkeit (Reibung), was im wesentlichen die Übertragbarkeit von nur geringen Kräften, die Verankerung in langen Haftstrecken und die Unterfangung der freien Flächen in möglichst vollwandiger Weise zur Fol-ge hat.

2. Grundlegendes

2.1 Begriffe

Unter dem Ausdruck Ankerung soll hier eine technische Maßnahme verstanden werden, in welcher durch die Verwendung von Gebirgsankern die Stabilisierung von Gebirgszonen angestrebt wird. Dieser Ausdruck unterscheidet sich von dem der Verarkerung, welcher die physische Verbindung zwischen Ankermechanismus und Gebirge bedeutet oder auch den Vorgang von dessen Herstellung. Der von der Ankerung erfaßte Volumsbereich des Gebirges soll Ankerungszone genannt werden, während der Gebirgsbereich, in dem die Verankerung erfolgt, als Verankerungszone bezeichnet werden soll. Die Ankerung kann grundsätzlich durch einzelne fallweise eingesetzte Anker vorgenommen werden, wobei ein Zusammenwirken mehrerer Anker nicht angestrebt wird. Man spricht dann von einer Einzelankerung. Diese steht im Gegensatz zu einer Systemankerung, in der die Anker gruppenweise so angeordnet werden, daß sie auch mechanisch zusammenwirken. Meist werden hierfür regelmäßige geometrische Anordnungen eingehalten, die auch Ankerungsschema genannt werden.

2.2 Konzepte

Ankerungen werden im Sinne der Gebirgsstabilisierung entweder in instabilem Gebirge, welches in Bewegung oder in Auflösung begriffen ist, vorgenommen, oder in gefährdeten Gebirgszonen, für welche ein solches Verhalten absehbar ist. Erfolgt die Ankerung noch vor dem Zustand der Bewegung oder der Auflösung, so ist sie meist wirksamer. Dies ist vorwiegend auch aus dem Wunsch anzustreben, Bewegungen allgemein zu vermeiden, weil sie Veränderungen der Bedingungen mit sich bringen.

In Hinblick auf dieses Problem unterscheidet man auch grundsätzlich zwei Konzepte der Ankerung: Diese sind:

a) Einbindung der zu stabilisierenden Zone in eine angrenzende stabile Gebirgszone,

b) Verfestigung der zu stabilisierenden Zone in sich.

zu a): Das Einbinden besteht darin, daß man die zu stabilisierende Gebirgszone durch die Anker erfaßt und an eine angrenzende stabile und tragfähige Gebirgszone bindet. Dieses Konzept wird in der Praxis im Effekt der Aufhängung und in dem der Nagelung verwirklicht. Diese beiden Effekte schließen grundsätzlich nachfolgende Bewegungen aus.

zu b): Das zweite Konzept beinhaltet nur eine Ankerung innerhalb der zu stabilisierenden Zone, wobei diese nicht notwendigerweise in ihrem gesamten Volumen erfaßt zu werden braucht. Die Ankerung bewirkt dann innerhalb der zu stabilisierenden Zone, aber zumindest innerhalb der Ankerungszone jene Widerstandskräfte, die dem Gebirgsdruck oder den Gebirgskräften das Gleichgewicht halten können. Dabei sind Gebirgsbewegungen manchmal ausschaltbar, manchmal jedoch solange erforderlich, bis die Beruhigung durch die entwickelten Widerstandskräfte eingetreten ist. Dieses Konzept wird praktisch im Effekt der Balkenbildung und in jenem der Gewölbebildung angewendet.

Es ist grundsätzlich auch denkbar und in der Praxis manchmal mehr oder weniger gezielt möglich, daß die beiden Konzepte miteinander kombiniert werden. Dabei handelt es sich also um eine Einbindung der zu stabilisierenden Zone in eine stabile und ungefährdete Zone, wobei die zu stabilisierende Zone unter Vorspannung gesetzt wird. Diese Kombination ist jedoch als Ausnahme anzusehen, da Zonen, die nach dem Konzept der Einbindung stabilisiert werden können, im allgemeinen nur dann einer Vorspannung bedürfen, wenn sie der Einwirkung eines von außerhalb stammenden Gebirgsdrucks ausgesetzt sind. Eine solche Gebirgsdruckwirkung ist jedoch in der Gegenwart von an und für sich stabilen Gebirgspartien, wie sie für diese Verankerung vorliegen müssen, nur bei besonders gelagerten Verhältnissen möglich.

Auch der Fall, daß eine zu stabilisierende Zone, die durch die innere Verfestigung beruhigt werden kann, mit Erfolg an eine stabile Zone einzubinden ist, bildet eine Ausnahme. Dies gilt zum ersten aus oben erwähntem Grund der gleichzeitigen Anwesenheit von stabilen und druckhaften Zonen und zum zweiten, weil die Einbindung in eine unbewegte Zone im allgemeinen zu starre Einschränkung darstellt. Diese kann entweder zu Brüchen der Anker führen oder zu einem Herumfließen des Gebirges um die Anker, so daß diese Art der Lösung nur bei geringem Gebirgsdruck und geringer Bewegungsbereitschaft des Gebirges erfolgversprechend ist. Außerdem ist auch hier eine in der Natur meist seltene besondere Lagerung der Verhältnisse Voraussetzung.

Die vier Effekte, in denen die besprochenen Konzepte verwirklicht werden, sollen anschließend im einzelnen vorgestellt werden.

2.3 Ablauf der Auslegung von Ankerungen

Da eine Ankerung nur in bezug auf eine konkrete vorliegende Problemstellung entworfen werden kann, ist immer davon auszugehen, daß als erstes der Gebirgskörper bestimmt sein muß, welcher stabilisiert werden soll.

Auf Grund seiner Zusammensetzung und mechanischen Eigenschaften sowie seiner Form und Größe und des weiteren der Natur des Hohlraums oder der freien Fläche läßt sich der nähere Effekt bestimmen, nach dem die Ankerung wirken soll. Zu diesen näheren Effekten [40, 43, 69, 70, 101, 105] zählen: der Aufhängungseffekt, der Nagelungseffekt, der Balkenbildungseffekt und der Gewölbebildungseffekt.

Ist der nähere Effekt bestimmt, so ist damit auch die genaue Funktion der einzelnen Anker entschieden, denn aus der Abgrenzung des Gebirgskörpers ergibt sich die Größe und Form der Ankerungszone, innerhalb welcher auch die Verankerungszone abgegrenzt werden kann.

Die letztgenannte wiederum bestimmt, ob vorgespannte oder schlaffe Anker einzusetzen sind, wobei vorgespannte dann erforderlich sind, wenn die Verankerungszone nur einen Teil der Ankerungszone einnimmt, nämlich den an der Peripherie gegen das gesunde Gebirge hin. Schlaffe Anker hingegen sind einzusetzen, wenn die Verankerungszone mit der Ankerungszone identisch ist, was z. B. beim Gewölbebildungseffekt im Tunnelbau bei druckhaftem Gebirge der Fall ist.

Als nächstes ergibt sich aus der Größe der Ankerungszone die Länge der Anker [104]. Bei den beiden Effekten der Aufhängung und der Nagelung setzt sie sich aus der zu stabilisierenden Zone und der Verankerungszone zusammen, weil die Haftstrecke außerhalb der zu stabilisierenden Zone im gesunden Gebirge liegt. Die Länge des Ankers, welche in die Verankerungszone fällt, ist dabei aber meist größer als die eigentliche Haftstrecke, weil die Verankerung erst zuverlässig wirkt, wenn sie in tieferen Zonen des gesunden Gebirges stattfindet, damit ein Ausbrechen des Gesteins unterbunden wird. Steht die Wahl zwischen Spreizankern und Haftankern frei, so ist bei Haftankern die größere Haftlänge gegenüber den Spreizankern zu berücksichtigen. Bei den beiden Effekten der Balkenbildung und der Gewölbebildung ist die Ankerlänge identisch mit der Tiefe der Ankerungszone, weil die Verankerungszone einen Teil der zu stabilisierenden Gebirgszone darstellt.

Aus der Tiefe der zu stabilisierenden Gebirgszone bzw. der Ankerungszone ist weiters die Gebirgskraft je Flächeneinheit des freigelegten Gebirges zu bestimmen. Diese Last ergibt sich beim Aufhängungseffekt aus dem Gewicht der betroffenen Massen, beim Nagelungs- und Balkenbildungseffekt aus der erforderlichen Vorspannung zur Erzeugung der Reibungskräfte, und beim Gewölbebildungseffekt entweder aus der erforderlichen Vorspannung zur Erzeugung der Reibung oder aus der Druckhaftigkeit des mobilisierten Gebirgsbereichs.

Im weiteren sind die Ankerkräfte zu bestimmen, die sich grundsätzlich aus den Gebirgskräften herleiten, jedoch durch die Ankersetzdichte modifizierbar sind, weil der einzelne Anker umsomehr zu tragen hat, je größer die Abstände zwischen den Ankern angesetzt werden. Dies gilt innerhalb jenes Bereichs von Abständen, in welchem die Anker technisch sinnvoll zusammenwirken können. Hierbei spielt auch der Verzug eine wichtige Rolle, weil er eine Vergrößerung der Ankerabstände erlauben kann. Die Entscheidung der günstigsten Ankerabstände ergibt sich erst aus einem Optimierungsspiel zwischen den Kriterien der Ankerkraft und der Ankerzahl je Flächeneinheit, welches bei ausreichendem Angebot an Ankern als wirtschaftliches Problem gelöst werden kann. Mit größerer Ankersetzdichte sinkt die Ankerkraft und der Einkaufspreis sowie auch der Aufwand an Verzug, doch steigen die Bohr- und Einbaukosten. Bei abnehmender Ankersetzdichte verhält es sich umgekehrt.

Die getroffenen theoretischen Überlegungen sind vor Ort durch Ankerziehversuche zu überprüfen, wobei festzustellen ist, ob das Gebirge die ausreichende Ankerkapazität aufweist und die Haftstrecke und die Verankerungszone ausreichend bemessen sind. Dabei können auch die Ankerkennlinien und Ankerbruchlasten kontrolliert werden.

Es empfiehlt sich in allen Anwendungsfällen, die entworfenen Ankerungen vor Ort in ihrer Gesamtwirkung vor einem Großeinsatz eingehend zu überwachen. Dabei

sollen die Ankerlasten, die Ankerkennlinien, die Verformungen der Ankerungszone
und begleitende Druckerscheinungen gemessen werden. In sehr schwierigen Fällen
ist die probeweise Überwachung von mehreren verschiedenen Ankerungsschemen
der einzige Weg zur Erzielung des technischen oder wirtschaftlichen Optimismus.
Die stichprobenartige Überwachung einzelner Teile von Ankerungen ist nicht nur
zur Sicherstellung der örtlichen Wirksamkeit, sondern auch für jene der zeitlichen
von Bedeutung.

2.4 Verzug

Eine außerordentlich wichtige Maßnahme zur Sicherstellung der Wirksamkeit von
Ankerungen ist der Verzug. Dieser hat die Aufgabe, die freie Gebirgsoberfläche in
der Umgebung der Anker zu unterfangen, und die aus dieser Zone wirksam werden-
den Gebirgskräfte auf die Anker abzuleiten. Er gewinnt an Bedeutung, je weniger
standfest das Gebirge ist.

Bei nachbrüchigem und leicht gebrächem Gebirge kann er als Teilverzug ausgeführt
sein. Dieser besteht aus Halbhölzern, Stahlblech-Streifen, Gitterstreifen oder Profil-
blech, welche nicht die gesamte Fläche zwischen den Ankern bedecken, sondern
nur stellenweise angelegt werden. Im allgemeinen ist für die Stelle und Orientierung
der Anbringung die Beschaffenheit der Gebirgsoberfläche beim Zustand des Einbaus
ausschlaggebend.

In stärker zergliedertem Gebirge mit stark nachbrüchigem bis deutlich gebrächem
Verhalten und in noch weniger standfestem Gebirge wird ein Vollverzug erforderlich.
Dieser bedeckt die gesamte Fläche zwischen den Ankern, muß aber nicht vollwändig
ausgeführt sein. Es eignen sich hierfür Baustahlgitter, Maschendraht und Profilbleche.

Wenn die Profilbleche keine Perforation aufweisen, können sie auch bereits als vollwandiger Verzug angesehen werden, der besonders bei stark nachbrüchigem und
druckhaftem sowie bei rolligem Gebirge vorzusehen ist. In solchen Fällen wird jedoch in weitaus überwiegendem Maß Spritzbeton eingesetzt, der die Vorteile hat,
daß er sich besser an die Rauhigkeiten anlegt, durch Zusatz von Maschendraht oder
Baustahlgitter bewehrt werden kann, in verschiedener Stärke aufgetragen und damit
in der Kraftaufnahme weitgehend angepaßt werden kann und der nicht zuletzt die Gebirgsoberfläche so verschließt, daß auch geringe Relativbewegungen in ihr unterbunden werden und sie auch gegen die Atmosphärilien geschützt bleibt. Der Spritzbeton
hat dazu auch den Vorteil, daß er trotz des guten Verschlusses der Gebirgsoberfläche
eine Verformbarkeit besitzt, die in vielen Fällen eine Konvergenz des Gebirges soweit
erlaubt, daß die hohen Gebirgsdrücke abgebaut werden und ein stabiler Dauerzu-
stand auch mit geringem Ausbauaufwand erreicht werden kann.

3. Der Aufhängungs-Effekt

3.1 Allgemeines

Der Aufhängungs-Effekt besteht darin, daß Teile des Gebirges, wie etwa Kluftkörper, Schichten, Schichtpakte, oder auch künstliche Lasten, wie Träger oder Maschinen
in gesunden Zonen des Gebirges aufgehängt werden. Die Gebirgslasten ergeben sich
dabei aus dem Gewicht der erfaßten Gebirgsmasse oder der Größe der künstlichen
Last (welche jedoch von den weiteren Betrachtungen ausgeschlossen sein soll, weil
sie nicht gebirgsmechanisch bedingt ist).

Die Ankerkraft ergibt sich daher als reine Zugkraft in der Größe der je Anker anfal-
lenden Gebirgslast, welche vertikal oder schräg nach abwärts gerichtet ist. Eine Vorspannung ist nicht erforderlich, wird jedoch aus Gründen der sicheren Ankerwirkung
beim Einbau der Anker in geringem Maße aufgebracht. Die Ankerkapazität und Ankerbruchlast betragen meist einen um einen zu wählenden Sicherheitsfaktor größeren Wert, als es der Gebirgslast entspricht. Die Gebirgslast ist grundsätzlich statischer Natur, doch können sich bei plastischem Gebirge auch der Gebirgsdruck oder
Gebirgsbewegungen zeigen, die erhöhte Ankerkräfte verursachen. Häufig ist jedoch
zu berücksichtigen, daß Schwingungen aus den künstlichen Maßnahmen im Gebirge
auftreten und sich der statischen Ankerlast überlagern.

Eine besondere Form des Aufhängungs-Effekts tritt manchmal im Lockergebirge
auf, wo Sohlesicherungen für Baugruben oder zur Stabilisierung des Fundamentunter-
grunds erforderlich sind. Es handelt sich dabei um das Vorwegnehmen von erwarteten Sohlesetzungen durch die Belastung des zukünftigen Bauwerks oder um die
Verhinderung von Sohleauftrieb durch Schwellerscheinungen. In beiden Fällen ist
nicht mehr die Gebirgslast von den Ankern aufzunehmen, sondern nur die sich aus
dem Bauwerk bzw. dem Schwellungsdruck ergebenden Kräfte.

3.2 Aufhängung von Einzelkörpern

In Abb. III.2 ist die Aufhängung eines Einzelkörpers illustriert. Je nach dessen Gewicht und den verfügbaren Ankern können mehrere Anker eingebaut werden. Dabei
kommt es im allgemeinen nicht zur Bildung von Systemankerungen. Maßnahmen
dieser Art betreffen meist nur kleinere Gebirgspartien, deren Absturz verhindert
werden soll. Bedarf hierzu ist entweder aus sicherheitlichen Gründen gegeben oder
aus technischen, wenn wie im Bergbau die Verunreinigung von Erzen vermieden
werden soll, oder aber aus wirtschaftlichen, wenn wie im Tunnelbau der Mehrausbrucl
vermieden werden soll, weil er den Einsatz von Beton kostet.

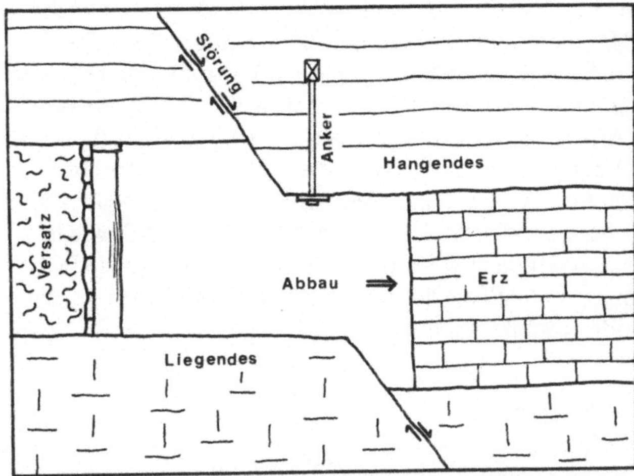

Abb. III.2. Prinzip der Aufhängung von Einzelkörpern

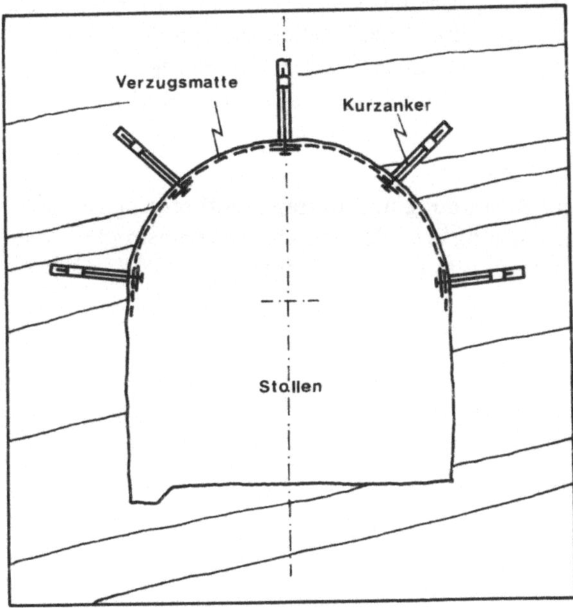

Abb. III.3. Prinzip der Aufhängung einer Flächensicherung in einem Stollen

3.3 Aufhängung einer Oberflächensicherung

Hohlräume in standfestem und in leicht gebrächem Gebirge vermögen insgesamt stabil zu bleiben, weil die Gebirgsfestigkeit größer ist als die herrschenden Spannungen. Je nach dem Grad der Zerklüftung und auch dem Einfluß der Verwitterung neigen die freien Flächen jedoch zum Herausfallen einzelner Stücke oder Kluftkörper von geringer Größe. Sie beeinträchtigen die Sicherheit, so daß zumindest ihr Herabfallen unterbunden werden muß, wenn auch ihr Bildungsgang nicht unmittelbar verhindert werden braucht. Für solche Zwecke eignet sich die Bespannung der freien Gebirgsoberfläche mit Maschendraht, Baustahlgitter, perforierten Blechen oder sonstigen Verzugsmaterialien, welche im Sinne einer Aufhängung durch Anker im Gebirge befestigt werden. Hierzu bedarf es keiner großen Ankerlängen. Ankerlängen von 0,5 bis 1,0 m und Ankerkräfte im Bereich von 1,0 t können häufig schon ausreichen. Überlegte Auswahl der Ankeranordnung und ein genaues Einbauen ist sehr von Bedeutung, weil ein dichtes Anliegen des Verzugsmaterials an die Gebirgsoberfläche den Ablösevorgang hemmen kann. Das Prinzip ist in Abb. III.3 wiedergegeben. Maßnahmen dieser Art erweisen sich im Bergbau und Stollenbau vielfach als ausreichend, müssen jedoch im Tunnelbau für die endgültige Ausführung durch vollwandigen Ausbau ersetzt oder ergänzt werden.

3.4 Flächensicherung durch Aufhängung

Im Gegensatz zur Sicherung einzelner Kluftkörper oder der Oberfläche als solche kann die Sicherung von größeren Flächen durch Aufhängung dort erforderlich sein, wo das beim Ausbruch unterschnittene Gebirge bis in tiefere Zonen zu schwach ist, um sich selbst zu tragen. Je nach der Art dieser Unzulänglichkeit und ihrer Erstreckung können die Anker in einem mehr oder weniger starren Muster angeordnet werden, doch ist in allen solchen Fällen der Ausdruck Systemankerung angebracht.

3.4.1 Aufhängung von geklüftetem Gebirge

Tritt eine Klüftung von regelmäßiger Ausbildung und weiterer Verbreitung auf, so ist für die Aufhängung eine Systemankerung erforderlich. Die Ankerabstände werden jedoch nicht   mehr nur von der Gebirgslast bzw. von Ankerbruchlast und Ankeran-

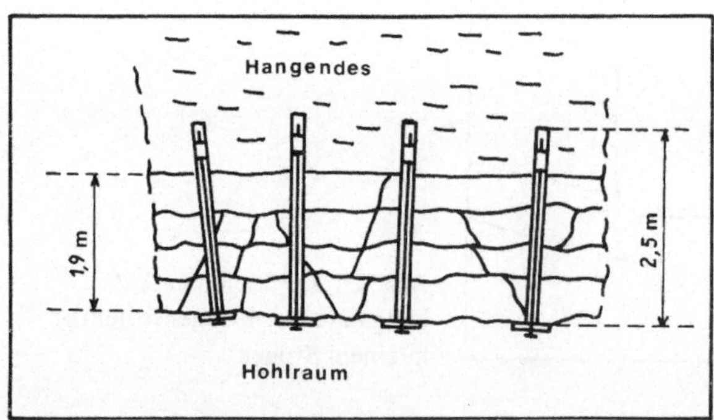

Abb. III.4. Aufhängungs-Effekt für zerklüftete Firste

zahl bestimmt, sondern vor allem durch die Kluftabstände und die Art der Verzahnung der Gebirgskörper. Hierzu dienen am besten praktische Versuche, nicht zuletzt auch, weil die örtliche Veränderlichkeit der Klüftung im Betrieb laufende Anpassungen der Einbaumaßnahmen erfordert.

Ein Beispiel zu solchen Maßnahmen in Anlehnung an *Richter* [40] ist in Abb. III.4 gezeigt. Dieser Autor gibt — offensichtlich im Zusammenhang mit Spreizankern — die erforderliche Tiefe der Verankerungszone mit 30 bis 40 cm an. Doch ist anzunehmen, daß dieser Betrag sowohl von der Festigkeit der Verankerungszone, als auch von der auftretenden Ankerlast und nicht zuletzt auch davon abhängt, ob Haftanker verwendet werden. Zur Entscheidung hierüber eignen sich am besten Ankerziehversuche.

Zur Stabilisierung der freien Gebirgsfläche und zur Einsparung von Ankern kann in jedem Fall Verzug entsprechend gewählter Ausführung wesentlich beitragen.

3.4.2 Aufhängung von geschichtetem Gebirge

Unter den Erscheinungsformen von geschichtetem Gebirge im Hangenden sollen zwei Fälle unterschieden werden: einerseits jener, bei dem die unmittelbaren Dachschichten dünn und nicht tragfähig sind, aber an einer darüberliegenden Gebirgszone von solcher Stabilität aufgehängt werden können, daß die Stabilität dieser Verankerungszone hierdurch in keiner Weise in Frage gestellt wird und also die gesamte Firste hierdurch gesichert werden kann. Anderseits gibt es jenen, bei dem die Verankerungszone ebenfalls aus einer nachgiebigen Schicht besteht, so daß die Aufhängung der unmittelbaren Dachschichten in ihr doch auch eine Gesamtverformung der Firste bzw. der gesamten Ankerungszone verursacht.

Der erstgenannte Fall ist weniger problematisch und erfordert die Auslegung des Ankerungsschemas nur unter Berücksichtigung der jedem Anker zugeordneten Gebirgslast. Die Ankerabstände werden entweder von der Ankerkapazität der Verankerungszone oder von der Bruchlast der gewählten Anker, oder auch von der Biegesteifigkeit und damit von der maximalen freien Spannweite der untersten Schicht in Grenzen gehalten. Welches dieser drei Kriterien an erster Stelle ausschlaggebend ist, hängt jeweils vom speziellen Fall ab. Die Wahl der Ankerbruchlast und damit der Anker im besonderen kann innerhalb dieser Randbedingungen demnach aus einer Optimierung zwischen Ankerpreis und Ankersetzdichte hervorgehen, wobei sich dann auch der konkrete Ankerabstand ergibt.

Der zweitgenannte Fall bietet mehr Problematik, weil der Mechanismus der Balkenbildung stärker einbezogen wird. Die als Effekt der Balkenbildung bezeichnete Wirkungsweise soll jedoch in diesem Abschnitt nicht behandelt werden, weil hierbei die Herstellung der Kontaktreibung zwischen den Gebirgsschichten durch die Ankervorspannung eine vorrangige Rolle spielt. Dieser Fragenkreis wird in Abschnitt 5 besprochen. An dieser Stelle soll nur der Effekt der Aufhängung von Schichten soweit Betrachtung finden, als die Einzelschichten wohl als Balken wirken können und als solche aufgefaßt werden, aber einerseits keine Reibung zwischen den Schichten wirkt und andererseits die nicht tragfähigen Schichten an tragfähigen aufgehängt werden. Es wird also durch die Ankerung kein neuer Balken gebildet.

Hier werden die Anker und Ankerschemen nicht nur von Ankerkapazität der tragenden Schicht und freier Spannweite der untersten Schicht bestimmt, sondern in bedeutendem Maße auch davon, an welcher Stelle und in welcher Zahl sie in der Verankerungszone angebracht werden können, um deren Tragfähigkeit möglichst weitgehend auszuschöpfen.

Die hier angestellte Betrachtungsweise von Schichten und Schichtpaketen ohne interlaminare Kontaktreibung stellt trotzdem eine Idealisierung dar und bedeutet hiermit einen Extremzustand. Sie ist aber besonders dann gerechtfertigt, wenn die Verhältnisse von Spannweite zu Dicke über jenen Bereich hinausgehen, in dem noch Balken berechnet werden können, wie etwa in jenen Fällen von Schichtfolgen, bei denen die Schichtdicke in Annäherung an die freie Firstfläche abnimmt. Außerdem ist diese Art der Darstellung für das gesamte Verständnis sehr förderlich. Der Fall der Zunahme von Schichtdicken gegen die freie Firstfläche hin ist ebenfalls ein solcher, bei dem die stärkste Schicht die schwächeren trägt, doch sind hierfür keine Anker erforderlich, weil die dünneren Schichten auf der dicksten aufliegen. Aus diesem Grund soll hier nur die Konfiguration näher behandelt werden, bei welcher die Schichtdicken nach unten hin abnehmen. Hierzu liegen eingehende Arbeiten von *Panek* [41—45] vor, auf die hier eingegangen wird.

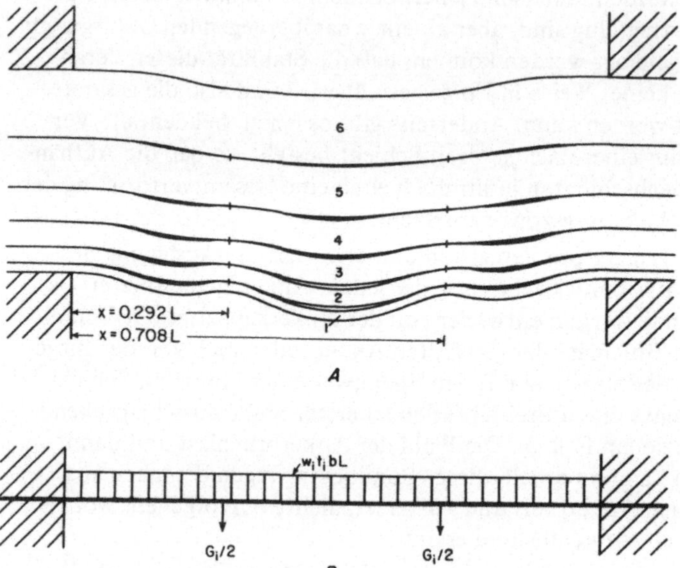

Abb. III.5. Aufhängungs-Effekt für geschichtetes Gebirge unter Einsatz von zwei Ankern bei 0,292 und 0,708 der Spannweite L (oben). Die schwachen Schichten übertragen ihre Last $G_i/2$ an den Ankerpunkten (unten), wobei $G_i = w_i t_i bL$ (Raumgewicht mal Dicke mal Breite mal Spannweite der i-ten Schicht)

In einer Schichtfolge verschieden dicker Schichten neigen diese — sieht man vorerst von zusätzlichem Einfluß ihres möglicherweise verschieden großen E-Moduls ab — zu verschieden großen Durchbiegungen, so daß die dünneren sich an den dickeren abstützen. In der vorgefaßten Abfolge der Schichtdicke ermöglichen die Gebirgs-anker die Übertragung der Abstützkräfte. Die Einzelschichten werden dabei trotzdem als Balken aufgefaßt, welche an beiden Enden bzw. den Ulmen fest eingespannt sind (Abb. III.5). Die Balken werden als horizontal gelagert angenommen und besitzen das Eigengewicht

$$Q_i = w_i t_i\, bL. \tag{III.1}$$

Für einen einzelnen dieser Balken tritt die maximale Biegespannung σ an den Einspannenden auf und die maximale Durchbiegung v in der halben Spannweite. Ihre Größe beträgt dort:

$$\sigma = \frac{w\,L^2}{2\,t} \tag{III.2}$$

$$v = \frac{w\,L^4}{32\,E\,t^2}. \tag{III.3}$$

Da die Anker an der Einbaustelle eine Separation der Schichten vermeiden sollen, sind die Deflexionen v der Balken an dieser Stelle gleich. Die auch bei unregelmäßiger Schichtabfolge in jedem der Balken wirkende Last F_i ergibt sich aus seinem Eigengewicht und der auf ihn übertragenen Größe G_i:

$$F_i = w_i t_i\, bL + G_i. \tag{III.4}$$

Hierin ist der Betrag G_i positiv für so starke Balken, daß sie Zusatzkräfte aufnehmen können und negativ für solche Balken, die Teile ihres Gewichts auf andere abgeben. Man erhält daher die Summe der Gesamtlast aus allen Teillasten:

$$\Sigma_i F_i = \Sigma_i w_i\, t_i\, bL. \tag{III.5}$$

Ob diese Gesamtlast von einem einzigen Glied der Balkenfolge aufgenommen werden muß oder von mehreren, hängt von der Verteilung der Steifigkeit innerhalb der gegebenen Schichtfolge ab. Wenn alle Balken gleiche Dicke und gleiche Steifigkeit aufweisen, ändert die Ankerung ohne Kontakreibung nichts an der Biegespannung und Durchbiegung der einzelnen Balken. Das Gesamtpaket erleidet die gleiche Durchbiegung, die ein einzelner Balken ohne Aufhängungseffekt erleiden würde und in jedem Balken tritt die maximale Biegespannung an gleicher Stelle und in gleicher Größe auf.

Variiert jedoch die Dicke der einzelnen Balken oder generell ihre Steifigkeit, so wird in den dünneren Balken die Biegespannung und die Deflexion gesenkt und in den dickeren bzw. steiferen die Spannung und Durchbiegung gegenüber ihrem Einzelverhalten gesteigert, weil diese unterstützend für die schwächeren wirken.

Die Summe der innerhalb des Schichtpakets übertragenen Lasten G_i bleibt Null, was auch aus Gl. (III.5) ersichtlich ist. Dies tritt ein, weil die Anker die übernommenen Lasten nicht außerhalb des Schichtpakets abgeben, sondern in den tragenden Teilen.

Die an einem beliebigen Punkt eines einzelnen Balkens herrschende Gesamtspannung $\sigma_{i\,ges}$ setzt sich aus der Biegespannung σ_i zufolge des Eigengewichtes zusammen und aus jener Spannungserhöhung $\Delta\,\sigma_i$, welche durch die übertragene Last G_i überlagert wird:

$$\sigma_{i\,ges} = \sigma_i + \Delta\,\sigma_i. \tag{III.6}$$

Hierin ist $\Delta\,\sigma_i$ positiv, wenn der Balken unterstützend wirkt und negativ, wenn er unterstützt wird. Auch die Durchbiegung folgt dieser Charakteristik, wobei die Gesamtdurchbiegung $v_{i\,ges}$ sich aus der Durchbiegung durch das Eigengewicht v_i und jener durch die übertragene Last, d. h. $\Delta\,v_i$ zusammensetzt,

$$v_{i\,ges} = v_i + \Delta\,v_i. \tag{III.7}$$

Die Aufgabe der Berechnung eines solchen Balkensystems besteht darin, die über-

tragenen Lasten zu ermitteln und mit ihrer Hilfe die gesamte Durchbiegung und
die Biegespannung in den einzelnen Gliedern der Schichtfolge zu bestimmen. Hierzu erscheint es zweckmäßig, die Gesamtdurchbiegung eines Balkens an der Stelle
der Kraftübertragung als eine Summe aus der inhärenten Durchbiegung v_i zufolge
des Eigengewichtes und einem Vielfachen u_i der inhärenten Durchbiegung auszu-
drücken:

$$v_{i\,\mathrm{ges}} = v_i + u_i v_i = (1 + u_i)\, v_i. \tag{III.8}$$

Diese Ausdrucksweise ist gleichbedeutend mit der Definition der Größe

$$u_i = \frac{\Delta v_i}{v_i} \tag{III.9}$$

als jenem Deflexionszuwachs, der den übertragenen Lasten zuzuschreiben ist. Sie
bezieht sich jedoch nur auf den Punkt der Ankereinbringung.

Die inhärente Durchbiegung zufolge des Eigengewichts wird aus der elementaren
Balkentheorie unter Zugrundelegung einer Streckenlast in Höhe des Eigengewichts
errechnet. Die zusätzliche Durchbiegung Δv_i zufolge der übetragenen Last G_i wird
ebenfalls aus der elementaren Balkentheorie ermittelt, und zwar als die Durchbiegung infolge von Punktlasten an den definierten Punkten der Anker. Daher ergibt
Gl. (III.9) einen Wert für G_i, ausgedrückt durch u_i und die Balkeneigenheiten w_i,
t_i, b und L. Die Zusatzspannung $\Delta \sigma_i$ und zusätzliche Durchbiegung Δv_i, welche
von G_i verursacht werden, können aus der Balkentheorie errechnet werden. Somit
dienen Gl. (III.6) und Gl. (III.7) für die Bestimmungen der jeweiligen Gesamtbeträge
auch für jeden beliebigen Punkt der Balkenlänge.

Im einzelnen ergibt sich u_i aus den jeweils vorliegenden Eigenheiten der einzelnen
Balken in Form

$$1 + u_i = \frac{\dfrac{\Sigma_k t_k w_k / \Sigma_k t_k}{\Sigma_k t_k E_k t_k^2 / \Sigma_k t_k}}{\dfrac{w_i}{E_i t_i^2}} = \frac{\dfrac{\text{mittleres } w_i}{\text{mittleres } E_k t_k^2}}{\dfrac{w_i}{E_i t_i^2}}, \tag{III.10}$$

worin i und $k = 1,2 \ldots j$. Hierbei ist der Begriff „mittleres w_k" ein gewichteter
Mittelwert aus den Einzelwerten w_k der j Balken im System.
Dies gilt auch für „mittleres $E_k t_k^2$". Setzt man hier den Ausdruck

$$\frac{E\, t^2}{w} = \text{Biegesteifigkeit} \tag{III.11}$$

ein, so erhält man

$$1 + u_i = \frac{(\text{Biegesteifigkeit})_i}{\text{mittlere Biegesteifigkeit}}, \tag{III.12}$$

welche man als „relative Biegesteifigkeit" bezeichnen kann. Sie gibt das Verhältnis
an, in dem die Biegesteifigkeit des i-ten Balkens zum Durchschnitt des gesamten Systems steht. Wie bei der Durchbiegung und Spannung, so ist auch hier u_i positiv,
wenn der Balken unterstützend wirkt, aber negativ, wenn er unterstützt wird. Eine

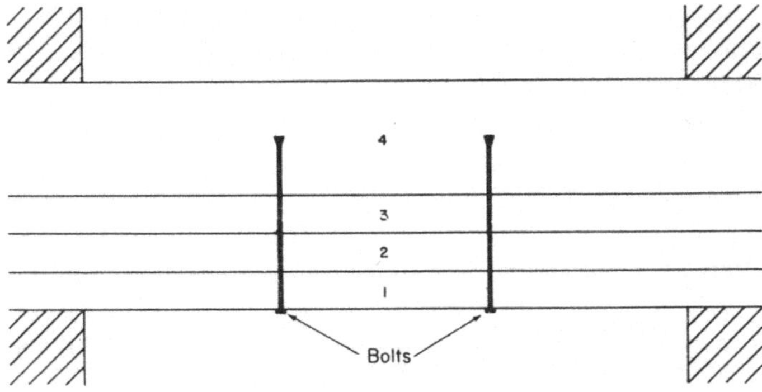

Abb. III.6. Kraftübertragung durch Aufhängung. $\gamma = 4$; $t_1 = t_2 = t_3 = t_4/3$; $u_1 = u_2 = u_3 = -0{,}8$; $u_4 = + 0{,}8$; $G_1 = G_2 = G_3 = -G_4/3$, da die Schichten in allen mechanischen Eigenschaften gleichartig angenommen sind

einfache Illustration dieser Zusammenhänge ist in Abb. III.6 gegeben. Ist die Abfolge der Schichten so geartet, daß dünnere zwischen dickeren liegen, so wird die Berechnung komplizierter, weil auf die dickeren Schichten Streckenlasten einwirken, die nicht ganz mit dem Gewicht der aufliegenden dünnen Schichten übereinstimmen. Es muß hier ebenfalls ein neuer Mittelwert bestimmt werden. Einige konkrete Beispiele sind von *Panek* [44] ausgearbeitet worden. Auch sind dort die theoretischen Ergebnisse an Modellversuchen überprüft worden. Aus den Abweichungen zwischen beiden wurden mit Hilfe der Dimensionsanalyse Gleichungen erstellt, die weiteren Fragen des Entwurfs dienen können.

Panek [44] hat als Ausdruck für die Wirksamkeit der Aufhängung das Ausmaß der Durchbiegungs-Verringerung zufolge der Ankerung gewählt. Dieses läßt sich durch die Dehnungseinsparung $\Delta \epsilon_{si}$ darstellen, welche als Ergebnis von Betrachtungen aus der Dimensionsanalyse für die i-te Schicht die Form annimmt:

$$\Delta \epsilon_{si} = c_1 \alpha \left(\frac{Pa}{Pr}\right) \left(\frac{Kw_iL}{E_i}\right)^{c_2} \left(\frac{L}{t_i}\right)^{c_3} \left(u_i\right)^{c_4} \left(\frac{h}{t_m}-1\right)^{c_5} . \qquad \text{(III.13)}$$

Es bedeuten:

$c_1 \ldots c_5$	= Konstante
α	= Konstante
P_a	= Ankerlast, wenn das Gebirge den Anker über die Vorspannung hinaus belastet
P_r	= Mindestgröße der Ankerlast, die noch eine Schichtenseparation an den Ankerpunkten verhindert
K	= Multiplikationsfaktor für die Modellasten, die von denen des Prototypen abweichen. Für den Prototyp gilt $K = 1$
w_i	= spezifisches Gewicht der Schicht
L	= Spannweite
E_i	= E-Modul der Schicht
t_i	= Dicke der Schicht
u_i	= Teil der relativen Biegesteifigkeit $(1 + u_i)$
h	= Ankerlänge oder Dicke der geankerten Schichtfolge
t_m	= mittlere Dicke aus allen Schichten.

Da sich die Konstanten c_1 bis c_5 nur aus experimentellen Daten bestimmen ließen, wurde Gl. (III.13) logarithmiert. Aus einer graphischen Auftragung der Versuchswerte konnten die Konstanten gefunden werden, welche die Schreibweise der Gleichung derart ermöglichen:

$$\Delta \epsilon_{si} = 0{,}34 \, \alpha \, \frac{P_a}{P_r} \left(\frac{KW_i \, L}{E_i} \right) \frac{L}{t_i} \, u_i \left(\frac{h}{t_m} - 1 \right)^{-0{,}14} \tag{III.14}$$

Somit ergibt sich für den Versuch an Modellen eine Ankerwirkung D_{si}

$$D_{si} = \frac{\Delta \epsilon_{si} \ (\text{experimentell})}{\epsilon_{si} \ (\text{experimentell ohne Ankerung})} . \tag{III.15}$$

Diese Gleichungen gelten jedoch auch für Prototypen. Um einen Ausdruck des Aufhängungs-Wirkungsgrades zu erhalten, muß man die praktisch erzielte Einsparung der Durchbiegung bzw. Dehnung zur theoretisch errechenbaren ins Verhältnis setzen. So erhält man für die gesamte Schichtfolge:

$$\text{Aufhängungs-Wirkungsgrad} = \frac{D_s \ (\text{experimentell})}{D_s \ (\text{theoretisch})} . \tag{III.16}$$

Dieser Ausdruck läßt sich auch relativ einfach in quantitativer Form anschreiben, nämlich als

$$\text{Aufhängungs-Wirkungsgrad} = 1{,}05 \, \frac{P_a}{P_r} \left(\frac{h}{t_m} - 1 \right)^{-0{,}14} , \tag{III.17}$$

weil er sich herleiten läßt aus einigen Vereinfachungen. Zu diesen Vereinfachungen gehört vor allem daß hinsichtlich der Größe σ_i, ϵ_i und D_{si} jeweils der Punkt an der Koordinate $x = \frac{L}{16}$ oder $x = \frac{15 \, L}{16}$ betrachtet wird, weil an ihn in den Modellversuchen die ersten Anker einer jeweiligen Ankerreihe angesetzt wurden.

4. Der Nagelungs-Effekt

4.1 Allgemeines

Die Nagelung besteht in der Ausnutzung von Reibungskräften an den Unterlagen
der zu stabilisierenden Gebirgszonen. Sind die Reibungskräfte von Natur aus zu gering, um die auflagernden Massen im Ruhezustand zu halten, so können sie durch
die zusätzlichen Kräfte von vorgespannten Gebirgsankern so gesteigert werden, daß
Stabilität erzielt wird. Die Anker haben hier zum Unterschied von Aufhängungs-
Effekt nicht das Gewicht der unstabilen Gebirgsmassen zu tragen. Dieses wird im
allgemeinen von der natürlichen Unterlage, meist vorgegebenen potentiellen Gleitflächen, aufgenommen. Die Vorspannung der anzubringenden Anker hat dabei nur
dafür zu sorgen, daß jener Anteil der treibenden Kraft, welcher nicht durch die
Widerstandskräfte entlang der Gleitfläche aufgewogen werden kann, infolge der
erhöhten Reibung kompensiert wird. Gegebenenfalls kann die Vorspannung auch
zur Erzielung eines gewissen Sicherheitsfaktors vorgesehen werden.

Konfigurationen für Nagelungen ergeben sich daher meist in Zonen, wo Rutschungs-
oder Gleitgefahr besteht, wie etwa an Böschungen, Einschnitten oder in Baugruben.
Ein Überblick über einige Anwendungsmöglichkeiten im Bauwesen ist in Abb. III.7
gegeben [46]. Dabei ist zu beachten, daß in Lockergebirge die Rolle des Verzugs
durch so starke Elemente wie Futtermauern oder Stützmauern übernommen werden
kann [84], die ihrerseits im Gebirge verankert werden.

4.2 Nagelung in Festgebirge

4.2.1 Stabilisierung von Kluftkörpern

Eine einfache Form der Stabilisierung mittels Nagelung an einem Kluftkörper ist
in Abb. III.8 erläutert. Die Berechnung der erforderlichen Vorspannung ist unter
Rücksichtnahme auf einen Sicherheitsfaktor von 1 vorgenommen worden. Bei höherer Sicherheit ist die Vorspannung mit dem entsprechenden Sicherheitsfaktor zu
multiplizieren. Im allgemeinen wird angestrebt, die Ankerkosten möglichst am Mini-
mum zu halten.

Da die Kosten des Einzelankers nur von dessen Bruchlast und Länge abhängen, ist
es deshalb erforderlich, die gesamten Kosten unter Einbeziehung der Bohrlochkosten
zu optimieren. Dies kann durch Iteration oder durch Differentiation geschehen, wobei das partielle Differential nach dem Neigungswinkel δ einzusetzen ist. Für die

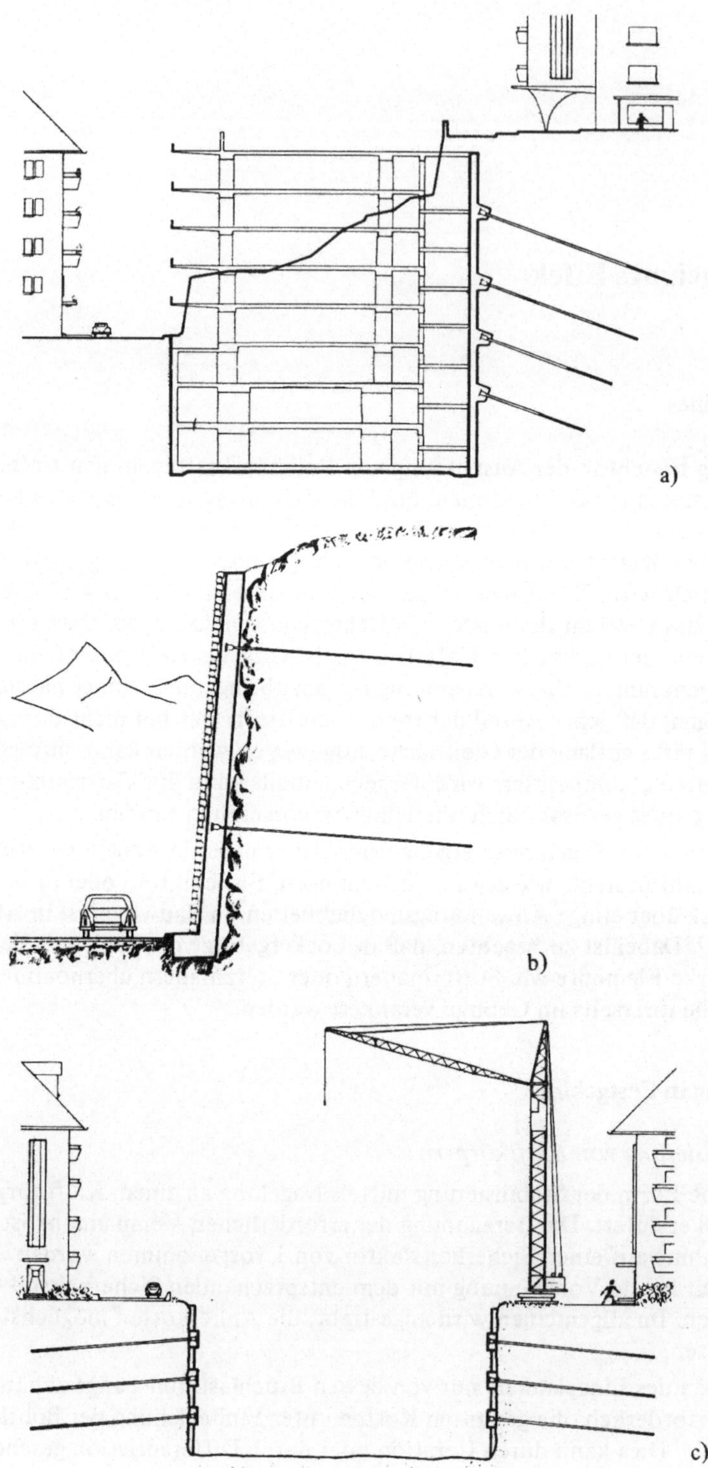

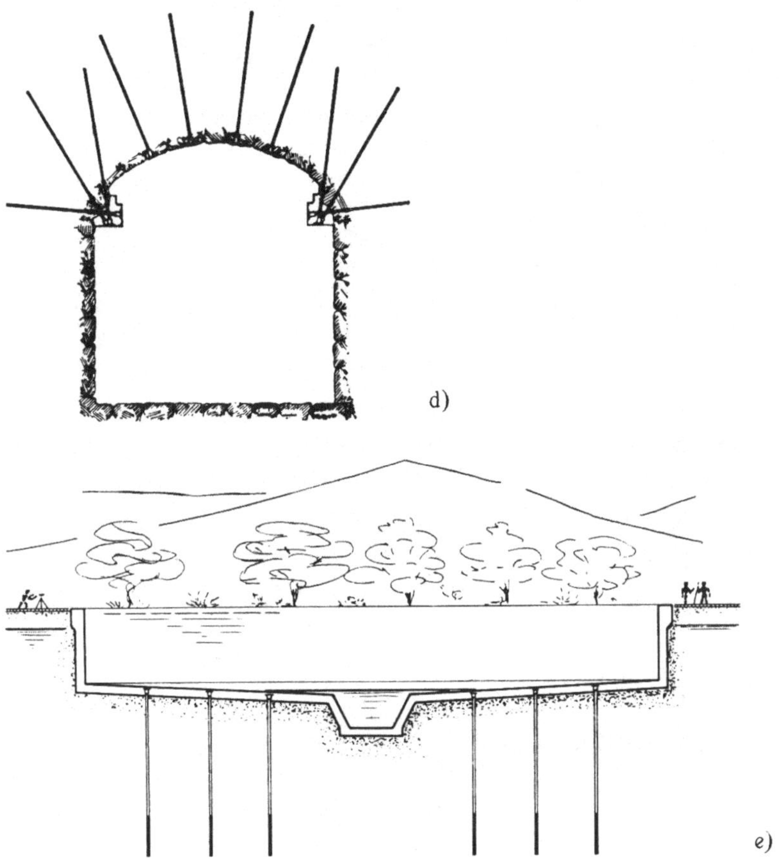

Abb. III.7. Typische Anwendungsfälle der Nagelung im Bauwesen. a) Ankerung fußloser Stützmauern, b) Felsverkleidung durch angeheftete Futtermauern, c) Sprießungsfreie Baugruben-
sicherung, d) Hang- und Kavernensicherung, e) Sicherung gegen Auftrieb

Optimierung einer Systemankerung ist zusätzlich noch der Einfluß der Ankerabstände zu berücksichtigen, welche allerdings durch die mechanischen Eigenschaften
des Gebirges in Grenzen gehalten werden.

Ein Beispiel der Ankerberechnung bei Vorliegen von Kohäsion und Reibung sowie
die Ermittlung des Sicherheitsfaktors als Nachrechenverfahren ist in Abb. III.9 enthalten [46]. Die Vorspannung des Ankers kann dabei den Zweck verfolgen, entweder den Zustand vom indifferenten in einen stabilen überzuführen (Sicherheitsfaktor
von 1,0 auf $1,0 < S$ erhöht) oder die Mobilisierung durch spätere Einflüsse wie etwa
durch Wasserzutritt mit einer rechtzeitigen Erhöhung des Sicherheitsfaktors vorweg
zu verhindern.

4.2.2 Stabilisierung von Schichtpaketen

Die Ankerung von Schichten oder Schichtpaketen weist hinsichtlich der Krafter-
mittlung und des Stabilisierungseffekts keine Unterschiede gegenüber dem prinzipiellen Vorgehen des vorangegangenen Abschnitts auf. Abweichungen können jedoch

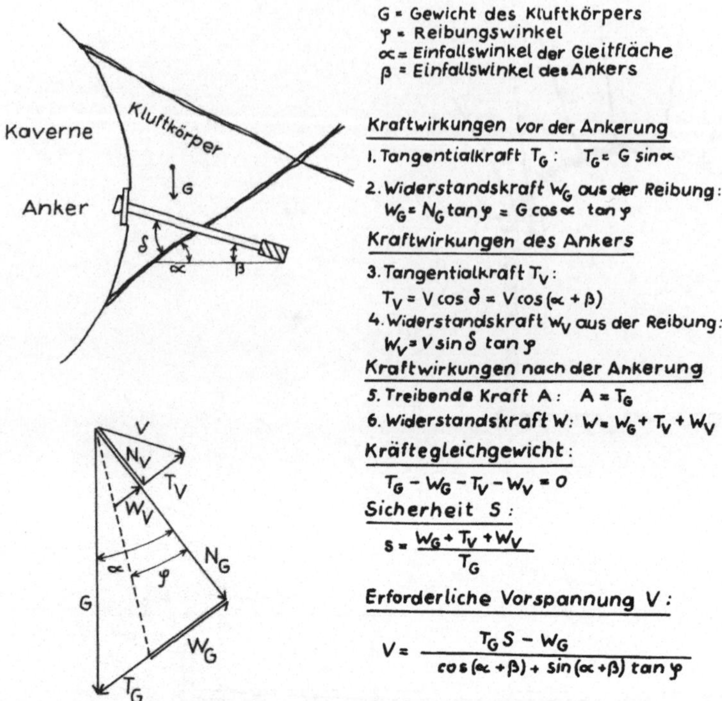

Abb. III.8. Nagelung eines Kluftkörpers

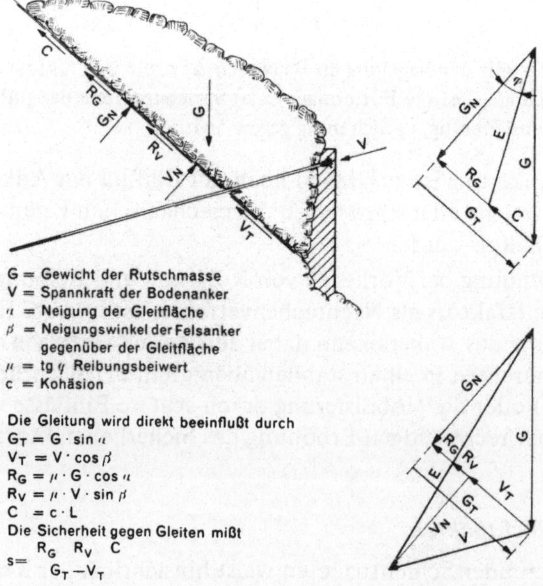

Abb. III.9. Kräfte und Sicherheit durch Ankerkraft bei Nagelung

insofern auftreten, als potentielle Gleitebenen nicht nur durch eine einzige Fläche, sondern durch eine Mehrzahl von Schichtgrenzen gegeben sein können, wobei die Schichtgrenzen mit dem geringsten Reibungsfaktor bei der Auslegung der Vorspannkraft mit zu überprüfen ist. Eine solche Schichtebene muß nicht immer den gefährdeten Gebirgskörper begrenzen, sondern kann innerhalb desselben liegen, wodurch ein Zergleiten des Gebirgskörpers möglich wird. Die Begrenzung des gefährdeten Gebirgskörpers ist jedenfalls durch die unterste von den Baumaßnahmen betroffene

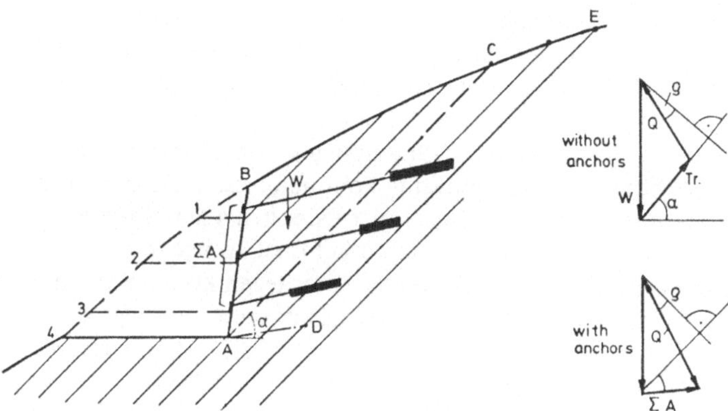

Abb. III.10. Prinzip der Nagelung von Schichtpaketen

Schichtgrenze gegeben, welche noch einen Sicherheitsfaktor kleiner als 1 aufweist. Sie bestimmt in jedem Fall zusammen mit der Qualität der Verankerungszone die Länge der Anker. Eine Illustration der prinzipiellen Konfiguration solcher Fälle ist in Abb. III.10 gegeben [47].

4.3 Nagelung in Lockergebirge

Die Umrisse der Ankerungszone im Lockergebirge ergeben sich meist aus Standsicherheitsanalysen nach den Grundlagen der Böschungsberechnungen [48], woraus auch die Größen und Richtungen der Kräfte im Gebirge hervorgehen. Die Abmessungen der gefährdeten Zone ergeben zusammen mit der Verankerungszone die Längen der Anker. Die Größe der Verankerungszone läßt sich aus der erforderlichen Haftlänge durch Berechnung oder Ankerziehversuche bestimmen, wobei vorzusehen ist, daß die Haftstrecke ausreichend tief ins Innere der stabilen Gebirgszone verlegt wird.

Die Größe der Haftlänge ergibt sich aus der Haftfestigkeit zwischen Zugelement und Vergußmasse bzw. zwischen Vergußmasse und Gebirge. Die Haftfestigkeit wird in Form der Schubspannung τ angegeben, welche im Fall von bindigen Böden oder auch von Festgestein an einem Kern ermittelt werden kann. Der Kern wird hierzu in die Vergußmasse eingebettet und nach deren Aushärten in einer Prüfmaschine mittels eines Stössels aus der Vergußmasse in axialer Richtung herausgeschoben. Die aufscheinende Maximalkraft und zugehörige Haftfläche ergeben die Schubspannung τ.

Bei bindigen Böden kann die Haftfestigkeit angenähert auch aus der Druckfestigkeit des Gebirges ermittelt werden, weil einerseits diese Gebirgsarten so geringe Scherwerte besitzen, daß das Gebirge versagt, ehe der unmittelbare Kontakt zur Vergußmasse sich löst, und andererseits die Schubfestigkeit zufolge der Spannungsbeziehungen aus der einachsigen Druckfestigkeit σ_B errechenbar ist. Danach gilt

$$\tau = \frac{1}{2}\sigma_B.$$

Die Ankerkräfte bzw. die Vorspannung ergeben sich aus dem Kräftepolygon nach den bereits vorangegangenen Darstellungen, doch ist zu unterscheiden, ob dem Gebirge geringe Bewegungen erlaubt werden dürfen oder nicht. Muß jede Bewegung vermieden werden, so haben die Gebirgsanker den durch den künstlichen Eingriff entzogenen Ruhedruck zu ersetzen. Dieser ist bedeutend größer und erfordert größere Ankerkräfte, als wenn dem Gebirge kleine Bewegungen erlaubt werden können die dann nur den aktiven Gebirgsdruck zur Wirkung kommen lassen. Da der Unterschied zwischen Ruhedruck und aktivem Gebirgsdruck jedoch aus der Nutzung der Widerstände zufolge Reibung und Kohäsion hervorgeht, ist zu beachten, daß diese beiden Einflußgrößen zeitlichen Veränderungen unterliegen können, weshalb langfristige oder endgültige Nagelungen im Lockergebirge auf der Grundlage des Ruhedrucks ausgelegt werden sollen. Hierzu ist sowohl die Steifigkeit als auch die Festigkeit der Anker höher anzusetzen, als bei kurzfristigen Nagelungen.

Bei Nagelungen unter Einbeziehung von Futter- oder Stützmauern hängt die Stärke der Mauer von den Ankerabständen ab, was nicht nur für die technische Auslegung, sondern auch für die Wirtschaftlichkeit der Projekte ausschlaggebend ist.

5. Der Balkenbildungs-Effekt

5.1 Allgemeines

Das Wesen dieses Effekts besteht darin, daß in einer Gebirgszone durch Vorspannung mittels Ankern die innere Reibung ausreichend gesteigert wird, so daß sich die Zone selbst und eventuelle Auflasten zu tragen vermag. Dies ist in solchen Partien erforderlich, die durch künstliche Eingriffe ihrer Unterlage beraubt wurden und aus Mangel an innerer Festigkeit den Sekundärspannungen nicht allein standhalten können. Der Mangel an Festigkeit kann einerseits in einer starken Durchklüftung begründet sein oder andererseits in einer so starken Schichtung, daß die Einzelschichten in Anbetracht der Spannweite und Last kein ausreichendes Widerstandsmoment besitzen. Solche Gebirgsschichten befinden sich charakteristischerweise z. B. in den Firsten von Strecken mit Rechteckquerschnitt, wenn eine einigermaßen flache Lagerung vorliegt. Ihre Auflager bilden die beiden Ulmen. Sie werden zum Zweck der Balkenbildung zusammengebündelt, so daß sie einen neuen Baukörper bilden, nämlich den Balken, dessen gesamtes Widerstandsmoment bedeutend größer ist, als die Summe der Widerstandsmomente der Einzelkomponenten. Dadurch stellt sich auch eine gleichmäßigere Spannungsverteilung in seinem Querschnitt ein, deren Extremwerte nur mehr an der untersten Faser des untersten Glieds und der obersten des obersten Glieds auftreten.

Für die Stabilität des Balkens ist die Vorspannung der Anker ausschlaggebend, welche ihre Wirkung ausschließlich innerhalb dieses Baukörpers ausübt, weil auch die Verankerungszone innerhalb des Balkens (oberstes Glied) zu liegen kommt. Ein Aufhängen an darüberliegenden Gebirgszonen gehört nicht zum Prinzip der Balkenbildung, kann jedoch über die Wahl der Verankerungszone und die Größe der Vorspannung mit der Balkenbildung kombiniert werden. Gegenüber der Nagelung besteht der Unterschied, daß durch die Ankerungszone ein völlig neuer und eigener Baukörper entsteht, der gegenüber dem ungeankerten Zustand geänderten Gesetzmäßigkeiten unterliegt. Die hier entwickelte Reibung ist ein Bestandteil der Balkentheorie, weil sie die äußerst wesentliche Schubfestigkeit im Inneren des Baukörpers steigert.

Wegen der räumlichen Ausdehnung der unterschnittenen Gebirgskörper handelt es sich häufiger um Abmessungen, die einerseits außerhalb des Verhältnisses von Spannweite zu Dicke in der für eigentliche Balken gültigen Größe von 4 bis 20 liegen und andererseits eine Breite aufweisen, die manchmal in gleicher Weise durch Widerlager begrenzt ist, wie die Einspannenden der betrachteten Balken. Deshalb wäre in manchen Fällen eher der Ausdruck der Plattenbildung angebracht. Doch sollen auch diese Ausbildungsformen hier unter dem Begriff der Balkenbildung besprochen werden weil doch großteils eine Zurückführung auf die Gesetzmäßigkeiten von Balken insoferne möglich ist, als es sich um die Aussagen der Elastizitätstheorie handelt.

5.2 Balkenbildung durch Reibungserhöhung

5.2.1 Geklüftetes Gebirge

Ähnlich wie die Aufhängung von geklüftetem Gebirge als Systemankerung erfolgreich sein kann, besteht auch die Möglichkeit, geklüftetes Gebirge so zusammenzufassen, daß es Balken bildet. Wiederholt haben Versuche erwiesen, daß sogar rolliges Gebirge wie etwa Kies oder künstlich gebrochenes Korn einen tragfähigen Balken oder eine Schicht bilden kann, wenn es durch entsprechend ausgelegte Anker in sich vorgespannt wird. Mit zunehmender Abrundung und abnehmender Korngröße müssen dabei die Ankerkräfte und Ankerlängen zunehmen. Eine bedeutende Rolle kommt dem Verzug zu, der den Verfall der Oberfläche dadurch verhindern soll, daß keine Einzelkörper zwischen den Ankerpunkten herausfallen. Sehr wichtig ist es hierbei, ausreichend aufnahmefähige Verankerungszonen zu finden. Örtliche Injektionen können dazu beitragen.

Wenn diese Art von Strukturen in reiner Form auch nur selten praktisch ausgeführt wird, so ist es doch wesentlich, sie hier anzuführen, weil der Effekt in vielen Fällen der eigentlichen Balkenbildung des geschichteten Gebirges mitspielt, wenn dieses stärker durch Klüftung zergliedert ist.

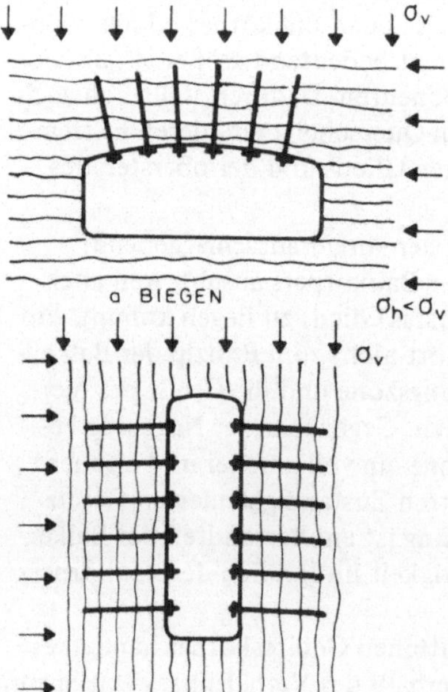

Abb. III.11. Formen der Balkenbildung
in geschichtetem Gebirge

5.2.2 Geschichtetes Gebirge

Da die Schichtgrenzen des Gebirges praktisch fast nie reibungsfrei sind, falls sie
nicht durch verschiedene Biegsamkeit der Schichten offen klaffen, läßt sich an ihnen
die Reibung meist durch entsprechende Vorspannung soweit wachrufen, daß einer
mehr oder weniger großen Abfolge von Schichten eine mehr einheitliche Steifigkeit
verliehen werden kann. Die Vorspannung muß dafür sorgen, daß die erhöhte Reibung
an den Schichtgrenzen eine Schubfestigkeit herstellt, die die im jeweiligen Punkt des
Balkens wirsamen Schubspannungen übertrifft. Dabei kann die Vorspannung auch
die innere Schubfestigkeit der einzelnen Schichten mit erhöhen. Der Erfolg ist, daß
die als kritisch für den Bruch zu betrachtende Zugspannung nur mehr an der untersten Faser des untersten Gliedes des neuen Balkens auftritt und eine meist geringere
Größe aufweist, als wenn die Ankerung unterblieben wäre. Auch die Durchbiegung
wird geringer. Während also die Ankerkräfte von der erforderlichen Vorspannung
des Gebirges und auch von der Ankersetzdichte abhängen, wird ihre Länge von der
Gesamtdicke des zu erfassenden Schichtpakets bestimmt und dabei nicht zuletzt
von der Lage einer ausreichenden Verankerungszone. Diese Form der Balkenbildung
sowie eine hierzu verwandte Form der Bildung von knicksteifen Schichtpaketen [50]
ist in Abb. III.11 schematisch aufgezeigt.

5.3 Kombination von Reibung und Aufhängung

Die meisten Fälle praktischer Balkenbildung schließen sowohl die Wirkungen der
Aufhängung (Abschnitt 3.3.2) als auch die der Reibung ein. In den Arbeiten von
Panek [41—45] wurde diese Tatsache auch eigens bearbeitet [45], woraus sich einige
Formeln für Berechnungen ergeben haben. Für sie wird mittels der Index-Notierung
durch *nfs, f, s* oder *fs* zum Ausdruck gebracht, ob sie sich auf den Zustand beziehen,
bei dem keine Reibung und Aufhängung mitwirkt, oder die Reibung allein, die Auf-
hängung allein, oder aber die Reibung zusammen mit der Aufhängung.
Daher ergeben sich die Ankerwirkungen D_f, D_s, D_{fs} aus

$$D_f = \frac{\Delta \epsilon_f}{\epsilon_{nfs}}, \quad D_s = \frac{\Delta \epsilon_s}{\epsilon_{nfs}}, \quad D_{fs} = \frac{\Delta \epsilon_{fs}}{\epsilon_{nfs}}, \qquad \text{(III.18 a, b, c)}$$

worin gilt, daß

$$\Delta \epsilon_f = \epsilon_f - \epsilon_{nfs}, \quad \Delta \epsilon_s = \epsilon_s - \epsilon_{nfs}, \quad \Delta \epsilon_{fs} = \epsilon_{fs} - \epsilon_{nfs}. \qquad \text{(III.19 a, b, c)}$$

Setzt man diese Differenzen in (III.18) ein, so erhält man

$$(1 + D_f) = \frac{\epsilon_f}{\epsilon_{nfs}}, \quad (1 + D_s) = \frac{\epsilon_s}{\epsilon_{nfs}}, \quad (1 + D_{fs}) = \frac{\epsilon_{fs}}{\epsilon_{nfs}}. \qquad \text{(III.20 a, b, c)}$$

Aus Versuchsgründen sind alle Gleichungen auf die Koordinate $x = \frac{L}{16}$ oder $x = \frac{15\,L}{16}$

bezogen, und zwar an der oberen Randfaser, wo Zugspannung herrscht und die Dehnung positive Werte hat. Deshalb wurde die Gültigkeit der Beziehungen für diesen
Punkt an Versuchsergebnissen überprüft. Dabei hat sich gezeigt, daß man schreiben
kann:

$$\epsilon_{fs} = \epsilon_{nfs} \, (1 + D_f) \, (1 + D_s) \tag{III.21}$$

Wird D_f oder D_s null, d. h. fällt eine der Wirkungen aus, so wird daraus entweder die Gl. (III.20 a) oder (III.20 b). Dividiert man jedoch Gl. (III.21) durch ϵ_{nfs} und setzt darin die Gl. (III.20 c) ein, so erhält man

$$(1 + D_{fs}) = (1 + D_f) \, (1 + D_s). \tag{III.22}$$

Hier kann man nun die Ausdrücke (III.18 a, b, c) einsetzen, so daß die Gleichung entsteht:

$$\Delta \epsilon_{fs} = \Delta \epsilon_f + \Delta \epsilon_s + \frac{\Delta \epsilon_f \, \Delta \epsilon_s}{\epsilon_{nfs}} \, . \tag{III.23}$$

Darin zeigt sich, daß der Effekt gleichzeitiger Wirkung von Aufhängung und Reibung nicht nur additiv zur Geltung kommt, sondern auch multiplikativ.

Die Größe von D_f läßt sich errechnen aus dem experimentellen Ergebnis:

$$D_f = -0,375 \, F(bL)^{-0,50} \left(NP\left(\frac{h}{t_m} - 1 \right) / w_m \right)^{0,33} . \tag{III.24}$$

Dabei stellt F den Reibungsfaktor für die Kontaktreibung der geankerten Schichten dar, b den Abstand der Ankerreihen gemessen in Richtung der Hohlraumlängsachse, L die Spannweite, N die Zahl der auf L entfallenden Anker, P die Ankerkraft und w_m das mittlere spezifische Gewicht aller Schichten.

Das entsprechende D_s kann größenmäßig bestimmt werden aus

$$D_s = 1,05 \cdot \alpha \cdot u_i \, \frac{P_a}{P_r} \left(\frac{h}{t_m} - 1 \right)^{-0,14} , \tag{III.25}$$

worin $\dfrac{P_a}{P_r} \geqslant 1$. Der Wert u_i kann aus den Herleitungen in Abschnitt 3.3.2 errechnet werden. Würde $\dfrac{P_a}{P_r} < 1$, so bedeutet dies eine Separation der Kontaktflächen, weil die Gebirgslast P_r größer wird als der zulässige Grenzwert P_a, bei dem der Anker noch die Schichten in Kontakt zu halten vermag.

Wenn immer auch die obigen Gleichungen für die Koordinaten $x = \dfrac{L}{16}$ bzw. $\dfrac{15\,L}{16}$ hergeleitet wurden, so gilt doch generell für alle Punkte des Balkens,

<table>
<tr><td></td><td>Tatsächliche Änderung von</td><td></td><td>maximaler Biegedehnung
maximaler Biegespannung =
Durchbiegung</td></tr>
<tr><td>=</td><td>Aufhängungswirkungsgrad</td><td>× theoretisch errechneter
Änderung von</td><td>maximaler Biegedehnung
maximaler Biegespannung (III.26)
Durchbiegung</td></tr>
</table>

Für die Last an den Schichten kann man schreiben:

$$\begin{matrix}\text{Tatsächlich übertragene} \\ \text{Last}\end{matrix} = \begin{matrix}\text{Aufhängungs-} \\ \text{wirkungsgrad}\end{matrix} \times \begin{matrix}\text{theoretisch errechneter} \\ \text{übertragener Last}\end{matrix} \qquad \text{(III.27)}$$

Da die theoretisch errechneten Änderungen der letzten Gleichungen für die Spannung und Dehnung gleich $\alpha \cdot u_i$ sind und für die Durchbiegung gleich $\beta \cdot u_i$, sowie für die übertragene Last gleich $\gamma\, w_i\, t_i\, bL$, so kann die Ankerwirkung angeschrieben werden als

$$D_s = \frac{\Delta\,\epsilon_s}{\epsilon_{nfs}} = \alpha\,u_i \;\;(\text{Aufhängungs-Wirkungsgrad}), \qquad \text{(III.28)}$$

$$D_s = \frac{\Delta\,\sigma_s}{\sigma_{nfs}} = \alpha\,u_i \;\;(\text{Aufhängungs-Wirkungsgrad}), \qquad \text{(III.29)}$$

$$\frac{\Delta\,v_s}{v_{nfs}} = \beta\,u_i \;\;(\text{Aufhängungs-Wirkungsgrad}), \qquad \text{(III.30)}$$

und
$$G = \gamma\,u_i w_i t_i bL \;\;(\text{Aufhängungs-Wirkungsgrad}). \qquad \text{(III.31)}$$

Setzt man Gln. (III.28) und (III.29) in (III.21) ein, so erhält man sinngemäß:

$$\epsilon_{fs} = \epsilon_{nfs}\,[1 + D_f]\,[1 + \alpha\,u_i(\text{Aufhängungs-Wirkungsgrad})] \qquad \text{(III.32)}$$
$$\sigma_{fs} = \sigma_{nfs}\,[1 + D_f]\,[1 + \alpha\,u_i(\text{Aufhängungs-Wirkungsgrad})] \qquad \text{(III.33)}$$

Entsprechend ergibt sich für die Durchbiegung

$$v_{fs} = v_{nfs}\,[1 + D_f]\,[1 + \beta\,u_i\,(\text{Aufhängungs-Wirkungsgrad})]. \qquad \text{(III.34)}$$

Die drei letztgenannten Gleichungen können je nach den zur Verfügung stehenden Beobachtungsdaten (Dehnung, Spannung oder Deflexion) zur Berechnung des Ankerungseffekts herangezogen werden.

Die Güte des Ankerungseffekts läßt sich sinnvoll im Verstärkungsfaktor VF ausdrücken. Dieser läßt sich aus dem Verhältnis der beiden Sicherheitsfaktoren der Ankerungszone vor dem Ankern und nach dem Ankern S_{nfs} und S_{fs} errechnen, so daß

$$VF = \frac{S_{fs}}{S_{nfs}}\,. \qquad \text{(III.35)}$$

Die hierin verwendeten Sicherheitsfaktoren können entweder in Form der Spannungen oder der Dehnungen ausgedrückt werden, z. B.

$$S_{nfs} = \frac{\text{Bruchdehnung des Gesteins}}{\text{Maximaldehnung im Gestein}} = \frac{\epsilon_B}{\epsilon_{nfs\,\max}} \qquad \text{(III.36)}$$

$$S_{fs} = \frac{\text{Bruchdehnung des Gesteins}}{\text{Maximaldehnung des geankerten Gesteins}} = \frac{\epsilon_B}{\epsilon_{fs\,\max}} \qquad \text{(III.37)}$$

womit man finden kann, daß

$$VF = \frac{\epsilon_{nfs\,\max}}{\epsilon_{fs\,\max}}\,. \qquad \text{(III.38)}$$

Das Verhältnis der beiden Maximaldehnungen bleibt jedoch gleich, unabhängig davon, ob man es bei $X = 0$ und $X = L$ bestimmt, wo tatsächlich die Maximalwerte der Dehnung auftreten, oder ob man es bei $X = \frac{L}{16}$ bestimmt. Deshalb lassen sich für den Verankerungsfaktor die aus den hergeleiteten Beziehungen für $\frac{L}{16}$ geltenden Dehnungswerte einsetzen. Man erhält:

$$VF = \frac{\epsilon_{\frac{L}{16}} nfs}{\epsilon_{\frac{L}{16}} fs} = \frac{\epsilon_{\frac{L}{16}} nfs}{\epsilon_{\frac{L}{16}} - \Delta\, \epsilon_{\frac{L}{16}} fs} \,, \tag{III.39}$$

worin jedoch $\Delta\, \epsilon_{\frac{L}{16}fs} / \epsilon_{\frac{L}{16}nfs} = D_{fs}$, so daß man einfach schreiben kann

$$VF = \frac{1}{1 - D_{fs}}. \tag{III.40}$$

Aus Versuchsergebnissen konnte abgeleitet werden, daß der Betrag von D_{fs} für den Punkt $X = \frac{L}{16}$ errechenbar ist aus

$$D_{fs} = 0{,}265\,(bL)^{-\frac{1}{2}} \left(\frac{NP\left(\frac{h}{t_m} - 1\right)}{w_m} \right)^{\frac{1}{3}} \tag{III.41}$$

Somit kann man den Verstärkungsfaktor VF auch ermitteln, ohne daß die Sicherheitsfaktoren des Balkens bekannt zu sein brauchen.

Unter Berücksichtigung der in diesem Abschnitt behandelten Zusammenhänge hat *Panek* [42] ein Entwurfsnomogramm entwickelt, dessen Prinzip in Abb. III.12 gezeigt ist. Wegen der Vielzahl der einwirkenden Faktoren konnten nicht alle als variable Größen im Nomogramm eingesetzt werden, sondern es mußten für sie konkrete Werte angenommen werden. Im dargestellten Nomogramm gilt für das spezifische Gewicht des Gebirges $w_i = 0{,}09$ lb/in^3, für den Reibungsfaktor $F = 0{,}7$ und für die Schichtenfolge, daß alle Schichten gleich dick sind.

Als Beispiel für den Gebrauch des Nomogramms sei angenommen, daß $L = 28$ ft, $t_m = 5''$, Ankerkraft $= 10\,000$ ft, $h = 5$ lb, $N = 6$, $b = 4$ ft.

Damit beginnt man bei der Schichtdicke am unteren Rand und findet bei der Ankerlänge ($= h$) von 5 ft eine horizontale Linie, der man nach rechts folgt, bis man die Ankervorspannung von 10 000 lb erreicht hat. Der dort anzutreffenden vertikalen Linie folgt man nach aufwärts, bis man die Linie „Anker je Reihe"; nämlich $N = 6$ trifft. Die dort aufgefundene horizontale Linie führt nach links, zum Abstand der Ankerreihen b, welcher hier mit 4 ft angenommen wurde. Vom Schnittpunkt der Horizontalen mit der Linie $b = 4$ folgt man der vertikalen Linie so lange nach abwärts, bis man auf die entsprechende Gerade für $L = 28$ (Spannweite) stößt, von deren Schnittpunkt aus die horizontale Linie nach links weist, wo man die Verringerung der Biegung in % ablesen kann. Diese beträgt im vorliegenden Fall 41%, woraus sich $D = 0{,}41$ ergibt. Hierzu gehört der Verstärkungsfaktor von 1,7.

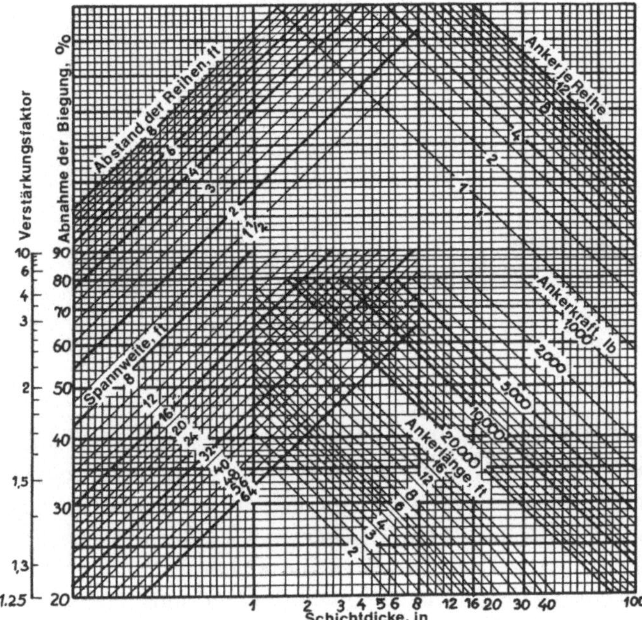

Abb. III.12. Entwurfsnomogramm zum Balkenbildungs-Effekt nach Panek

Somit eignet sich diese Art von Nomogrammen, um in Form von Nachrechenverfahren einige angenommene Konfigurationen der Ankerung auf ihre Verstärkungs-
faktoren zu überprüfen. Für geänderte Reibungsfaktoren und andere spezifische
Gewichte müssen neue Nomogramme erstellt werden. Für unregelmäßige Abfolgen
von Schichten erscheint jedoch die Durchrechnung anhand der gegebenen Gleichungen erforderlich.

6. Der Gewölbebildungs-Effekt

6.1 Allgemeines

Bei gekrümmten Konturen des Hohlraumes kann eine Ankerung zur Bildung eines
Gewölbes als eigenem Baukörper führen, wenn die Vorspannung der Ankerungszon
so gelingt, daß diese sich selbst und die Lasten des andrängenden Gebirges zu trager
vermag. Obwohl der Begriff Gewölbe nur geometrischen Inhalt hat und in mechanischer Hinsicht weder definiert noch geklärt ist, soll die Bezeichnung hier beibehal-
ten werden, weil sie zur Auffassung der Eigenständigkeit des Mechanismus beitragen kann. Überlegungen und Berechnungen zur Bildungsweise von Gewölben im
Gebirge sind von vielen Autoren angestellt worden [51–65]. In keinem Fall ist
jedoch eine vollständige und zufriedenstellende Bearbeitung erfolgt.

Die Erscheinung der Gewölbebildung soll hier so aufgefaßt werden, daß bei gekrüm
ten Hohlraumkonturen die Ankerung der an den Hohlraum grenzenden Gebirgszone in dieser solche Vorspannungen hervorruft, daß die erhöhte Reibung und damit die innere Festigkeit in der Ankerungszone dem Gebirgsdruck und dem Eigengewicht ausreichend Widerstand entgegensetzen kann. Dies bedingt vor allem, daß
der radial zum Hohlraum drängende Kraftfluß aus dem Gebirgsdruck umgelenkt
wird in Tangentialspannungen. Diese verlaufen parallel zur Kontur und werden entweder wieder ins umgebende Gebirge abgeleitet oder finden ihr Widerlager in einem
rundum geschlossenen Gewölbe. Dadurch kann die durch den Hohlraum freigelegte
Gebirgsoberfläche entweder frei von radialen Kräften gehalten werden, oder es werden diese soweit herabgemindert, daß nur ein geringfügiger Ausbauwiderstand aus
dem Hohlraum erforderlich ist, um die endgültige Stabilität herzustellen.

Von den Effekten der Aufhängung und der Nagelung unterscheidet sich die Gewölbebildung dadurch, daß grundsätzlich keine Bindung der zu stabilisierenden Zone
an eine stabile Zone im Hintergrund erfolgt, sondern daß die Verankerungszone mi
ein Teil der zu stabilisierenden Zone, also des neuen Baukörpers ist. Nichtsdesto-
weniger bleibt die manchmal bedeutende Überlagerung von mehreren dieser Effekt
in der Praxis nicht auszuschließen. Gegenüber dem Balkenbildungseffekt besteht
der wichtige Unterschied, daß die vom Baukörper aufzunehmenden Querkräfte aus
dem Gebirgsdruck nicht auch als Querkräfte in den Widerlagern wieder abgeleitet
werden, sondern als Ringspannungen in einem geschlossenen Körper ausgeglichen
werden. Ist das Gewölbe nicht rundum geschlossen, so werden die Ringspannungen
zum Teil als Druckspannungen und zum Teil als Schubspannungen in Umfangsrichtung an das Gebirge abgegeben.

6.2 Die Gewölbebildung in Gestein hoher Druckfestigkeit

Die innere Mechanik eines Gewölbes und seine Wechselwirkung mit angreifenden
äußeren Kräften, insbesondere aber mit einem angrenzenden Quasikontinuum wie
im Falle von Hohlräumen im Gebirge ist noch weitgehend ungeklärt. Es gibt deshalb
keine Möglichkeit zu seiner Berechnung, sei es in Form einer Spannungs- oder Deh-
nungsanalyse nach den Grundlagen der Elastizitätslehre, oder in Form von Maxi-
malwerten der Spannungen und Dehnungen auf der Basis der Festigkeitslehre. Die
Kenntnisse darüber haben sich vielmehr aus mannigfaltiger Erfahrung in der Praxis
und aus Studien an Modellen ergeben, wobei unter ihnen die Zusammenhänge der

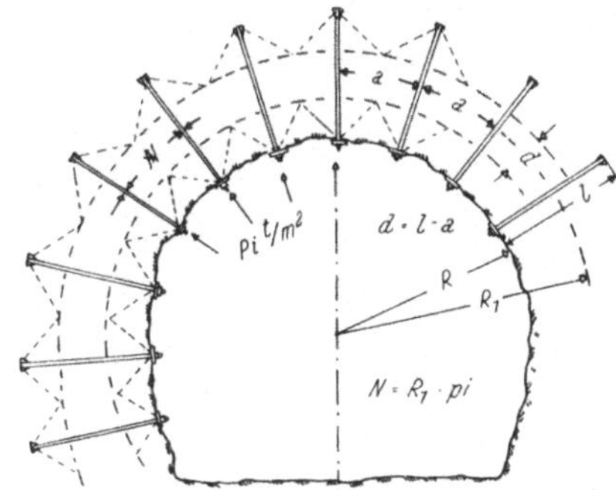

Abb. III.13. Schema der Gewölbebildung
in standfestem bis druckhaftem Gebirge

phänomenologischen Art bei weitem im Vordergrund stehen. Sie fordern eine
Unterscheidung danach, ob es sich um Festgebirge handelt, bei dem die Festigkeit
größer ist als der primäre Gebirgsdruck — wobei sie wohl von den Sekundärspannungen überschritten werden kann — oder ob sie geringer ist als dieser.
Für den erstgenannten Bereich der Gebirgsqualitäten läßt sich in der Ankerungszone die Vorspannung zur Stabilisierung nutzen, weil einerseits gute Verankerungs-
möglichkeiten die Herstellung der Vorspannung ermöglichen und andererseits, die
erzeugte Vorspannung im Gebirge auch tatsächlich die Reibungskräfte zu erhöhen
vermag, ohne daß dieses aus den Spannungszonen entweicht. Die Gewölbebildung
geht dabei nach dem Schema der Abb. III.13 vor sich [66]. Im Gebirge bildet sich
zwischen der Haftstrecke und dem Absetzmechanismus eines jeden Ankers ein
Spannungsfeld in Form eines Doppelkonus. Der Öffnungswinkel dieser Konusse
mag vom Reibungswinkel des Gebirges abhängen und wohl auch von der Art der
Durchklüftung, doch ist seine Größe noch nicht exakt hergeleitet worden. Die Intensität der aus der Ankerkraft stammenden Spannung im Gebirge hat ihren größten
Betrag am Rande der Haftstrecke und am Absetzmechanismus, und ihren geringsten
an der Basis des Doppelkonus. Es ist Aufgabe des Konstrukteurs, die Ankerabstände a
so auszulegen, daß die Doppelkonusse der jeweils benachbarten Anker einander
soweit überschneiden, daß eine ausreichend dicke Zone des Gebirges möglichst einheitlich und möglichst hoch vorgespannt ist.
Nimmt man den halben Öffnungswinkel des Konus mit α an und die Länge des
Ankers zwischen Haftstrecke und Absetzplatte mit l (Vorspannstrecke), so ergibt
sich die Erstreckung des Konus b_{max} seitlich vom Anker mit

$$b_{max} = \frac{l}{2} \cdot \tan \alpha.$$

(III.42)

Vernachlässigt man den Einfluß der Neigung, die zwei benachbarte Anker zueinander haben, so beträgt der äußerste mögliche Abstand a_{max} zweier Anker, gemessen in der Fläche der Basis eines Konus, also bei $r = R + \frac{l}{2}$, wenn zumindest eine Berührung gesichert sein soll:

$$a_{max} = l \tan \alpha.$$

(III.43)

Durch Verringerung von a ergibt sich eine Überlagerung der Spannungsfelder, so daß diese eine Gebirgszone bildet, deren maximale Dicke d_{max} gleich ist der Spannstrecke l der Anker und deren kleinste Dicke d_{min} berechnet werden kann aus

$$d_{min} = l\,(1 - \frac{a}{2\,b_{max}}\,) \quad \text{oder}$$

(III.44)

$$d_{min} = l - \frac{a}{\tan \alpha}.$$

(III.45)

Zwischen diesen beiden Extremwerten der Dicke schwankt also die Gewölbezone, wenn eine Überlagerung von nur zwei Konussen in Betracht gezogen wird. Nimmt man die Stelle der geringsten Dicke als die kritische an, so ist ihre Dicke und die in ihr herrschende Vorspannung ausschlaggebend für die Tragfähigkeit des Gewölbes. Setzt man weiters aus Gründen der Einfachheit voraus, daß die zur Basis der Konusse normale Spannungskomponente über die Fläche der Basis gleichförmig verteilt ist, so ergibt sich im Bereich der Überschneidung von zwei Konussen ein Betrag der Vorspannung σ_v von

$$\sigma_v = 2\,\frac{P_v}{b_{max}^2\,\pi} = \frac{8\,P_v}{\pi\,l^2\,\tan^2\alpha},$$

(III.46)

worin P_v die Vorspannkraft eines Ankers darstellt. Es ist zu berücksichtigen, daß dieser Rechnungsgang Extremwerte auf der optimistischen Seite ergibt, weil schon die Ausbildung der Vorspannung nach aller Voraussicht sich nicht streng an einen Konus zu halten scheint, der scharf abgegrenzt werden kann. Außerdem kann eine solche Rechnung nur dann eine Grundlage zur Dimensionierung bilden, wenn sie nicht auf die Bemessung der Abstände innerhalb einer Ankerreihe angesetzt wird, sondern wenn die so bemessenen Abstände als Diagonale von jeweils vier benachbarten Ankern angesehen werden können. Nur in einem solchen Fall kann die Entstehung von Lücken in der Überdeckung der vorgespannten Zonen vermieden werden

Die in Gl. (III.46) erhaltene Vorspannung entspricht der Rolle des Umschlingungsdrucks bei einem dreiachsigen Druckversuch, denn sie hat die Aufgabe, die Festigkeit des Gewölbes in der Umfangsrichtung sicherzustellen. Ihr Einfluß auf diese Festigkeit kann sehr groß sein, wie aus Triaxialversuchen bekannt ist. So kann z. B. für ein stark geklüftetes Gestein, dessen einachsige Druckfestigkeit vernachlässigbar gering ist, durch einen Umschlingungsdruck von nur 2 kp/cm² eine Druckfestigkeit von 20 bis 80 kp/cm² erzielt werden. Eine solche Festigkeit erlaubt jedoch schon die Übernahme sehr hoher Umfangskräfte in einem Gewölbe von nennenswerter

Dicke. Der hohe Wert solcher Gewölbe läßt sich z. B. daran erkennen, daß ein Gewölbe mit einer Druckfestigkeit von 50 kp/cm^2 und 100 cm Dicke eine Umfangslast von 5000 kp/cm aufzunehmen vermag, was einer Betonauskleidung bei Annahme einer Betonfestigkeit von 250 kp/cm^2 in der Dicke von 20 cm entspricht.

6.3 Die Gewölbebildung in druckhaftem bis rolligem Gebirge

Der Gewölbebildungs-Effekt ist unter allen vier besprochenen Effekten der einzige, welcher nach den aufgezeigten Überlegungen den Einsatz schlaffer Anker rechtfertigt. Dies trifft für druckhaftes, plastisches und rolliges Gebirge zu, in dem nur äußerst geringe und deshalb manchmal vernachlässigbare Beträge der Vorspannung erzeugt werden können. Der Grund hierfür ist die geringe Ankerkapazität und die Mobilität des Gebirges. Die letztgenannte Eigenschaft, welche durch den niedrigen Reibungswinkel bedingt ist, führt zu Fließbewegungen im plastischen oder viskosen Bereich. Dadurch werden aufgebrachte Vorspannungen entweder sofort bei Erreichen der plastischen Grenze in Form von Fließbewegungen unterdrückt, oder in Abhängigkeit der Zeit mehr oder weniger schnell abgebaut. Für beide Reaktionsweisen sind daher Bewegungen eine Grundbedingung. Diese Bewegungsmöglichkeit ist im Hohlraumbau durchwegs gegeben durch die geschaffenen freien Flächen. Somit ist die Nutzbarkeit einer Vorspannung im Gebirge zur Erhöhung von dessen Festigkeit nicht gegeben, wenn überhaupt das Auffinden ausreichend widerstandsfähiger Haftstrecken gelingen sollte.

Die Möglichkeit der Bewegung zur freien Fläche hin scheint jedoch zwei Wirkungen zu haben, die für den Stabilisierungsvorgang ausschlaggebend sind. Diese sind einerseits die Verdichtung, soferne sie durch die Ankerung erzielt werden kann, und andererseits der Spannungsabbau.

Die Verdichtung tritt auf, wenn die Gebirgszone um den Hohlraum diesem zustrebt, was der betroffenen Gebirgszone vor allem bei einem weitgehend symmetrischen und simultanen Ablauf eine höhere innere Festigkeit verleiht. Die Anker fördern hierbei vor allem die Gleichmäßigkeit dieses Vorgangs durch die Verhinderung von Auflösungserscheinungen an der freien Fläche. Deshalb ist ein guter frühzeitiger Verzug der freigelegten Flächen von großer Wichtigkeit. Er wird mit dem generell nur geringen Gebirgsdruck aus der freien Fläche belastet und durch die Anker im Inneren des Gebirges befestigt. Hierzu können vorgespannte Anker meist nicht dienen, sondern es werden vorwiegend schlaffe Haftanker verwendet. Diese sind an ihrer ganzen Länge mit dem Gebirge verbunden und sind also Kräften ausgesetzt, die einerseits vom Verzug und andererseits von der Mobilität und Haftfestigkeit des Gebirges bestimmt werden. Die Größe der Kräfte aus dem Gebirge richtet sich nach der Gebirgsqualität. Das Maß, in dem das Gebirge die Kräfte auf die Anker zu übertragen vermag, bestimmt die Größe und Örtlichkeit der Dehnung der Anker und somit die von diesen ausgeübten Widerstandskräften. Da diese Widerstandskräfte in Richtung vom Hohlraum zum Gebirge wirken, überlagern sie sich dem Verdichtungseffekt und tragen sie zur Stabilisierung bei. Aus diesem Grund ist die Bruchfestigkeit der Anker und vor allem ihre Steifigkeit von allergrößter Bedeutung, weil zu große Unterschiede zwischen ihr und der Steifigkeit des Gebirges einen frühzeitigen Schlupf der Anker verursachen oder ihren Bruch.

Die zweite Wirkung, welche durch die Möglichkeit der Bewegung zur freien Fläche
hin bedingt ist, besteht im Abbau der Gebirgsspannungen. Dieser stellt sich dadurch
ein, daß das Gebirge durch den Hohlraum ein größeres Volumen einnehmen kann,
woraus die begleitenden Dehnungen einen Abbau der Spannungen hervorrufen, insbesondere der radialen Spannungen. Dieser Abbau ist also insofern erwünscht, als
er den Gebirgsdruck in der hohlraumnahen Zone senkt. Dennoch gilt dies nicht
ohne Einschränkungen, denn ein gewisser Spannungszustand zur Bildung des Gewöl
bes ist als Restbetrag erforderlich. Dieser Restbetrag darf so weit sinken, daß die
Ankerungszone gerade noch sich selbst zu tragen vermag, wenn das tieferliegende
Gebirge wegen der aufgetretenen Konvergenz der Ankerungszone auf diese keine
Kräfte mehr ausübt. Dies trifft in den Gebirgsqualitäten mit Festigkeiten unterhalb
der Gebirgsspannung jedoch meist nicht zu, so daß ein bemerkenswerter, doch redu-
zierter Betrag der Belastung auf die Gewölbezone einwirkt. Die erfolgte Reduktion
jedoch trägt meist bedeutend dazu bei, daß die sich entwickelnde Vorspannung und
Verspannung in der Ankerungszone mit den folglich erzielten Festigkeiten ausreicht
das Gesamtsystem stabil zu halten.

6.4 Die Neue Österreichische Tunnelbauweise

Die voran beschriebenen Wechselwirkungen zwischen Ankern und Gebirge im Bereich der Gewölbewirkung können zwar manchmal auch bei eben begrenzter Firste
genützt werden, wenn die Ankerung in der Mitte der Spannweite tiefer greift als
an den Ulmen, doch stellt dies nicht den Regelfall dar. Ein solcher besteht vielmehr
bei gekrümmten Hohlraumkonturen, wie sie vor allem im Tunnelbau üblich sind.
Dort hat sich die Ankerungstechnik besonders bewährt. Sie hat die Entwicklung
einer besonderen Tunnelbauweise so stark gefördert, daß diese, nämlich die Neue
Österreichische Tunnelbauweise (NÖTM), hier eigens besprochen werden soll [66—7
Die NÖTM stellt kein gänzlich neues Verfahren des Tunnelbaus im Sinne des Ge-
samtprozesses dar, sondern beinhaltet nur die Art und Weise der Gebirgsbeherrschu
im Zuge des Tunnel- oder Hohlraumbaus, wobei sie allerdings auch das Gesamtver-
fahren selbst deutlich mitbeeinflußt. Sie kann mit jeder Art des Vortriebs kombiniert werden, sei es mit herkömmlichem Sprengbetrieb, mit Gewinnung von Hand,
maschinellem Vortrieb oder einem Schildvortrieb. Auch die Baufolge bei Fortschrit
in Teilausbrüchen kann hierbei verschiedene Formen annehmen. Die NÖTM besitzt
jedoch vier bedeutende Wesensmerkmale, durch welche sie sich von den herkömmlichen Methoden des Ausbaus und der Gebirgsbeherrschung unterscheidet.
a) Das erste Wesensmerkmal ist die Einbeziehung des Gebirges, so daß dessen Tragfähigkeit zur Stabilisierung des Hohlraums ausgewertet wird. Dabei wird meist und
vorwiegend durch Anker und Gebirge ein gewölbeartiger eigener Baukörper entwickelt, dessen Ausmaß im einzelnen von der Gebirgsqualität und der Geometrie
des Hohlraums bestimmt wird. Die Wirkungsweise der Ankerung im einzelnen wurde
bereits in den vorausgegangenen drei Abschnitten besprochen.
b) Das zweite Wesensmerkmal besteht in der Sicherung der freigelegten Gebirgsflächen und in der Art und Weise der Ausführung. Hierzu wird weitgehend Spritzbeton verwendet, der einerseits gute Haftfähigkeit am Gebirge aufweist und sich
gut an die Rauhigkeiten anlegt, und die Gebirgsoberfläche zwar nicht hermetisch,

doch sehr gut mechanisch versiegelt, so daß Relativbewegungen der Kluftkörper weitgehend verhindert werden. Zudem kann er leicht in verschiedener Schichtstärke aufgetragen werden, so daß eine gute Anpassung an die Gebirgskräfte erfolgen kann. Für besondere Querkraft- oder Biegezugbelastung kann er mit Baustahlgitter bewehrt werden und gilt auch gleichzeitig schon als Teil des Ringbetons, wenn ein solcher nachträglich noch als endgültiger Ausbau eingebracht werden muß. Die Schnelligkeit und Frühzeitigkeit seiner Auftragung macht ihn auch besonders gut geeignet für die Anwendung in weniger standfesten Gebirgsarten. Durch entsprechende Ankerplatten bzw. das Baustahlgitter läßt er sich auch sehr gut in die Gebirgsanker einbinden.

c) Das dritte Merkmal besteht in der besonderen Vorgangsweise zur Bemessung der Stabilisierungsmaßnahmen. Sie baut vor allem auf den empirischen Erkenntnissen auf, die man aus Messungen des Gebirgs- und Ausbauverhaltens während der Bauzeit gewinnt. Diese Vorgangsweise hat sich besonders deshalb bewährt, weil einerseits das Gebirge als Hauptwerkstoff eingesetzt wird und andererseits die über dieses vor Baubeginn erzielbaren Daten große Fehlerbereiche haben. Hierzu gesellt sich noch die äußerst schwierig zu erfassende Wechselwirkung zwischen Gebirge, Ankern und Oberflächensicherung, so daß eine Vorherbestimmung der Zustände und Wirkungen in quantitativer Form nicht ausreichend sicher möglich ist. Deshalb behilft sich die NÖTM mit einer provisorischen Erstauslegung der Ankerung und Flächensicherung, welche im Baubetrieb laufend überwacht wird, so daß entsprechende Korrekturen kurzfristig durchgeführt werden können.

Für die Erstauslegung und auch für die Folgemaßnahmen wird das Gebirge in Güteklassen unterteilt. Die Wahl der Gebirgsgüteklassen kann z. B. nach den in Abschnitt 1 enthaltenen Einteilungen nach *Fiedler*, *Rabcewicz-Lauffer* oder auch nach eigenen Konzepten getroffen werden. Hier soll eine Gliederung nach *Pacher* [79] wiedergegeben werden, die im wesentlichen eine Weiterentwicklung aus der *Rabcewicz-Lauffer*-Klassifizierung ist (Abb. III.14).

Für diese werden die jeweils spezifischen Stabilisierungsmaßnahmen festgelegt. Die Festlegung kann auf Grund von Erfahrungen oder von Berechnungen erfolgen. In standfestem Gebirge ist demnach keine Sicherungs- oder Stabilisierungsmaßnahme erforderlich, da dieses Festigkeiten größer als der Gebirgsdruck aufweist und auch in zeitlicher Hinsicht zumindest während der Bauausführung weitgehend stabil bleibt. Für langlebige Hohlräume erweist sich demnach eine permanente Betonauskleidung als günstig, weil sie die Gebirgsoberfläche sowohl vor äußeren Einflüssen schützt als auch ihre Mobilität eindämmt. In nachbrüchigem Gebirge, das sich grundsätzlich durch Standfestigkeit auszeichnet, aber vereinzelt zerbrochen sein kann oder schwache Zonen eingelagert haben kann, erweist sich ein Flächenschutz als ausreichend. An den schwachen Partien ist entsprechend den Umständen meist in der Firste örtlich eine Ankerung vorzusehen (Aufhängungseffekt). Bei gebrächem Gebirge, das grundsätzlich nur durch die Übertretung der Gesteinsfestigkeit durch die Gebirgsspannungen zerstört wird und dann zum Teil einem vorweg stark zergliederten Gebirge gleichzusetzen ist, muß vor allem die Bruchzone um den Hohlraum gesichert werden. Je nach der Ausdehnung dieser Bruchzone, die auch als Trompetersche Zone bezeichnet wird [72], kann die Ankerung dem Effekt der Aufhängung (Firste), der Nagelung (Ulmen), der Balkenbildung (ebene Firste) oder der Gewölbebildung im Fall großer Tiefenerstreckung der Trompeterschen Zone dienen.

Schema der Gebirgsklassifizierung nach Rabcewicz - Pacher	I	II	III	IV	a V	b
	standfest bis gering nachbrüchig	stark nachbrüchig	gebräch bis sehr gebräch	druckhaft	stark druckhaft	rollig
Beschaffenheit:	massig entwickelt, angeklüftet bis mäßig geklüftet	stärkere Zerlegung infolge Schichtung und Klüftung vereinzelt tonige Kluftfüllungen und schiefrige Zwischenlagen.	starke Zerlegung infolge Schieferung und Klüftung in mehreren Richtungen Mürbzonen und tonige Kluftfüllungen	stark durchbewegt, gefaltet und zerschiefert. Störungsbündel gut verfestigtes kohäsives Lockergestein.	völlig durchgeknetet u. mylonitisiert grusig zerbrochen, nicht verfestigtes, leicht kohäsives Lockergestein.	rolliges ungebundenes Lockergestein.
Verhalten:	einachsige Gebirgsdruckfestigkeit σ_{gd} > als Tangentialspannung σ_t dauerndes Gleichgewicht vorhanden bzw. sichergestellt durch: örtliche Maßnahmen (vgl. Fig.) Achtung auf Bergschlagerscheinungen!	Verstärkung des Gebirgstragringes in der Kalotte (vgl. Fig.)	Die Grenze der Gebirgsfestigkeit am Umfang wird überschritten. Stützung bzw. Herstellung einessohloffenen oder geschlossenen Tragringes erforderlich.	Gebirgsfestigkeit durch Tangentialspannungen überschritten Das sich plastisch verhaltende Material drängt gegen den Hohlraum mäßig / intensiv Seitendruck und Sohlhebungen Bewegungen werden durch geschlossenen Stützring aufgefangen.		wie V a
Bergwassereinfluß	keiner	unbedeutend	vorwiegend auf Kluftfüllungen	deutlich	u. Umständen stark (erweichbar)	
Ausbruch in Teilquerschnitten mit Sicherungsmaßnahmen	Ausbruch: im Vollprofil Sicherung:	im Vollprofil Systemankerung in Firste	Kalotte u. Strosse sohloffener Tragring in Firste u. Ulmen	in Teilquerschnitten I - IV IV geschlossener Stützring	in Teilquerschnitten geschlossener Stützring	I - VI VI
Funktion der Sicherungs- und Stutzmaßnahmen und deren zeitliche Durchführung.	Sicherung örtlicher Schwächestellen u.Umständen, Bergschlagsicherung x) ohne zeitliche Beschränkung für den Großteil der Stützmaßnahmen (x) ausgenommen)	Sicherung ausgedehnt auf Kalotte u.U. Versiegelung der Ulmen.	Versiegelungen der Oberfläche gegen Ablösungen. Herstellen eines Gebirgstragringes. Sicherung dem Ausbruch folgend.	Maßnahmen dienen der Sicherung der Zwischenbaustadien, der Beschränkung von Bewegungen und dem Herstellen eines geschlossenen Gebirgstragringes bzw. der Erhaltung der tragenden Funktion des Gebirges. Sofortsicherung jedes Teilquerschnittes mit Ringschluß in vorgegebener Zeit.		wie V a

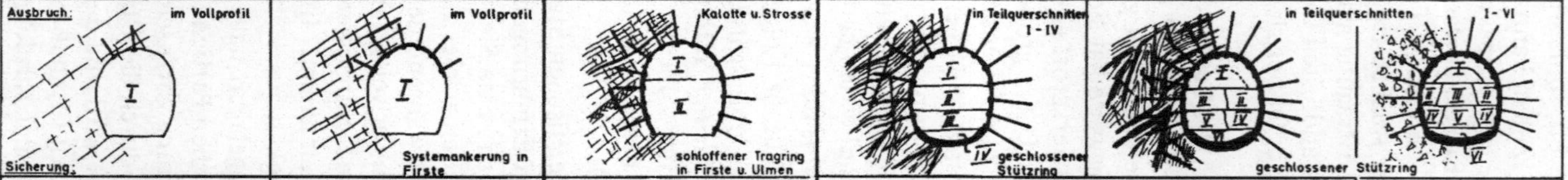

Abb. III.14. Einteilung der Gebirgsgüteklassen nach Pacher

Selbst bei sehr stark gebrächem Gebirge können noch Vorspannanker Anwendung finden, wenn sie auch nur als Haftanker ausgebildet sind und meist mit verzögertem Vollverguß ausgeführt werden. Je mehr sich das Gebirge verschlechtert, desto mehr werden die Vorspannanker durch schlaffe Anker verdrängt. Dies betrifft vor allem das druckhafte und rollige Gebirge im Sinne der Ausführungen von Abschnitt 6.3. Ein Beispiel einer derartigen Erstauslegung ist in Abb. III.15 enthalten, welche die Stabilisierungsmaßnahmen im Tauerntunnel der Tauernautobahn darlegt. In diesem Projekt war das Gebirge in nur 5 Güteklassen untergliedert worden, für welche jeweils ein Ankerungs- und Sicherungsschema ausgelegt wurde. Der in den Güteklassen III bis V stark schraffierte Innenbeton war dabei nur als zusätzlicher Endausbau zur generellen Sicherung der Gebirgsoberfläche vorgesehen [78]. Die ebenfalls in diesen Güteklassen vorgesehenen Tunnelbögen hatten nicht den Zweck, die statisch errechenbare Gebirgslast zu tragen, sondern nur eine Versteifung der Oberflächensicherung zu erbringen. Diese Erstauslegung hat sich generell auch bei der Ausführung des Projektes bis auf geringfügige Details als passend erwiesen, außer im Fall der Güteklasse V. Stellenweise wurde in der Güteklasse V wegen der hohen Überlagerung von ca. 1000 m ein derart druckhaftes Gebirge angetroffen, daß eine neue Auslegung der Stabilisierungsmaßnahmen erforderlich wurde. Diese Neuauslegung ist auf Grund der begleitenden Messungen erfolgt und hat, wie aus Abb. III.16 ersichtlich, rundum den gesamten Querschnitt eine verstärkte Ankerung beeinhaltet. Diese verstärkte Ankerung bildet mit dem Gebirge ein geschlossenes Gewölbe, welches auch vielfach als Gebirgstragring bezeichnet wird [79]. Von der Ankerung wurde in diesem Fall eine besonders große Nachgiebigkeit gefordert, welche große Konvergenzen erlauben sollte. Die Größe dieser Konvergenzen sollte den Abbau der Gebirgsspannungen bis auf das erträgliche Maß herab bewirken. Sie hatte jedoch zur Folge, daß die Oberflächensicherung in Form von Baustahlgewebe und Spritzbeton wegen des dadurch schrumpfenden Umfangs des Tunnelquerschnitts stark gestaucht wurde. Das Ausmaß dieser Stauchung übertraf die Verformbarkeit des Spritzbetons, weshalb man daranging, besondere Stauchungsfugen am Umfang vorzusehen. Diese Stauchungsfugen bestanden in ca. 20 cm breiten Streifen parallel zur Tunnelachse, in denen wohl Baustahlgitter, aber kein Spritzbeton angebracht wurde. Das Baustahlgitter konnte den Verformungen des Querschnitts leicht folgen (Abb. III.17). Die Segmente der Tunnelbögen wurden an diesen Stellen nicht gegeneinander verbunden, so daß auch sie sich ohne Knickung mitbewegen konnten. Die für die richtige Wahl solcher Korrekturmaßnahmen erforderliche Überwachung des Tunnelbauwerks wird durch ein feinfühliges und nur durch spezialisierte Techniker zu betreuendes Meßsystem ermöglicht, dessen Inhalt und Aussagemöglichkeiten kurz wiedergegeben werden soll. Die Überwachung erfolgt durch das Anlegen von sogenannten Meßquerschnitten an ausgewählten Punkten der Tunnelachse, meist an Stellen, wo neuartige Gebirgsqualitäten angefahren werden [73—77]. Diese Meßquerschnitte enthalten Einrichtungen zur Messung der Verformung von Gebirge und künstlichen Elementen und der Spannungen zwischen Gebirge und Spritzbeton sowie im Spritzbeton. Auch die Ankerkräfte werden überwacht. Das Ziel, diese zwei Arten von Meßgrößen, nämlich Verformungen und Kraftwirkungen zu erfassen, ist, den Punkt der günstigsten Abstimmung aufeinander zu finden, d. h. jenen Gleichgewichtszustand stationärer Natur, bei dem die künstlichen Elemente möglichst ausgelastet sind und trotzdem das Gebirge den größtmöglichen Anteil der Last trägt.

GÜTEKLASSE (I)

EXP. ANKER ø 26, l = 1,5 m	12 m/lfm
BAUSTAHLGEWEBE 3,12 kg/m²	36 kg/lfm

K = KALOTTE   U = ULME

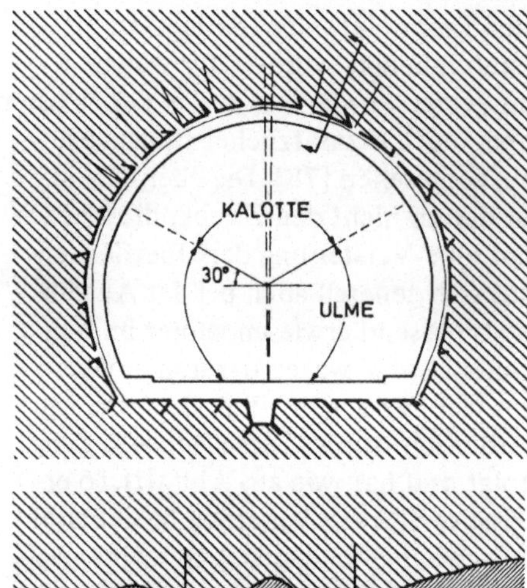

GÜTEKLASSE (II)

K	EXP. ANKER ø 26, l = 3,5 m	9,8 m/lfm
K+U	EXP. ANKER ø 26, l = 1,5 m	9,0 m/lfm
K+U	BAUSTAHLGEWEBE 3,12 kg/m² KALOTTE + 50% DER ULMEN	56,2 kg/lfm
K	VERSIEGELUNG DER KERB-STELLEN MIT SPRITZBETON	12 m²/lfm

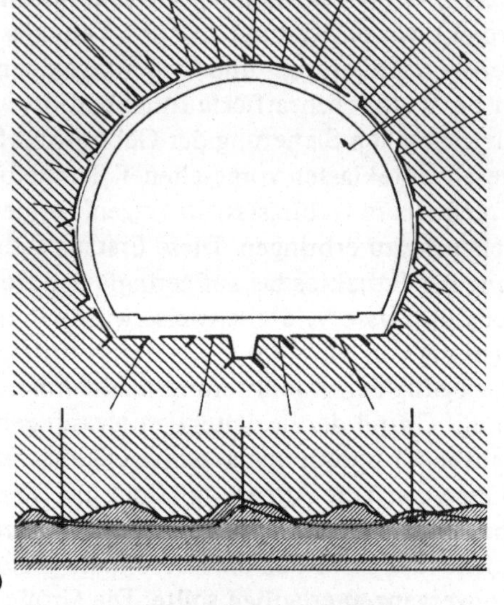

a)   b

GÜTEKLASSE (III)

K+U	PERFO ODER SN.-ANKER ø 26, l = 3,20 m	7,35 Stk/lfm = 23,5 m/lfm
K+U	BAUSTAHLGEWEBE - 3,12 kg/m²	79,5 kg/lfm
K	TUNNELBOGEN TH 16,5/48	126 kg/lfm
K+U	SPRITZBETON d = 10 cm	25,5 m²/lfm

GÜTEKLASSE (IV)

PERFO ODER SN-ANKER ø 26, l = 4 m	11 Stk/lfm = 44 m/lfm
BAUSTAHLGEWEBE 3,12 kg/m²	79,5 kg/lfm
TUNNELBOGEN TH 25/58	462 kg/lfm
STOLLENDIELEN 34 kg/m²	78 kg/lfm
SPRITZBETON d = 15 cm	25,5 m²/lfm
BRUSTVERZUG + SPRITZBETON d = 3 cm	30 m²/lfm

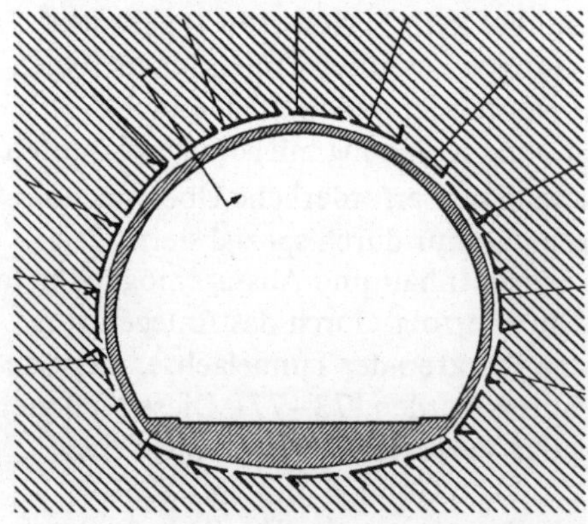

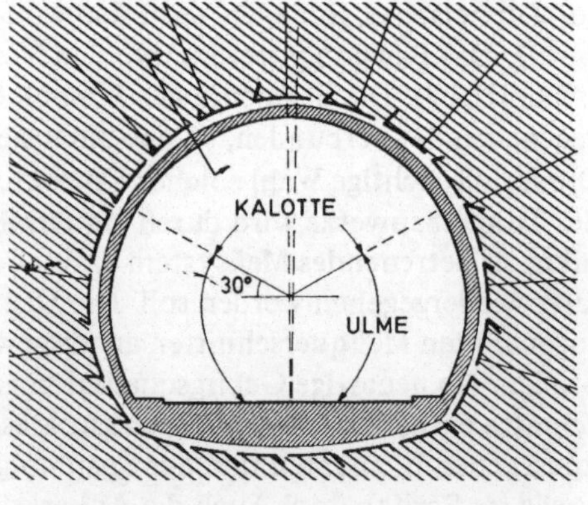

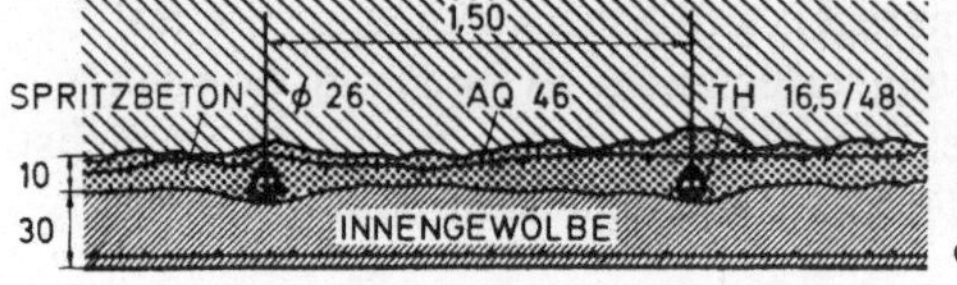

c)

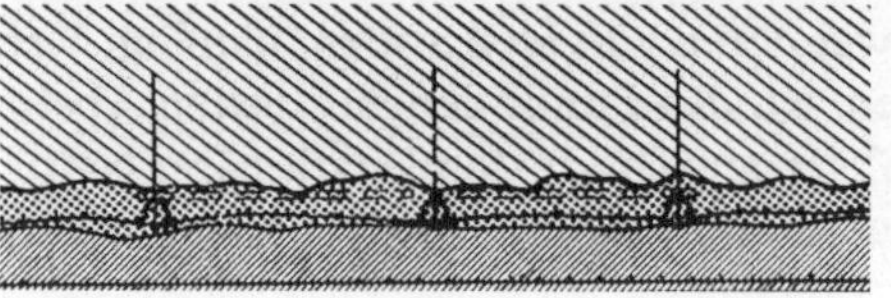

c

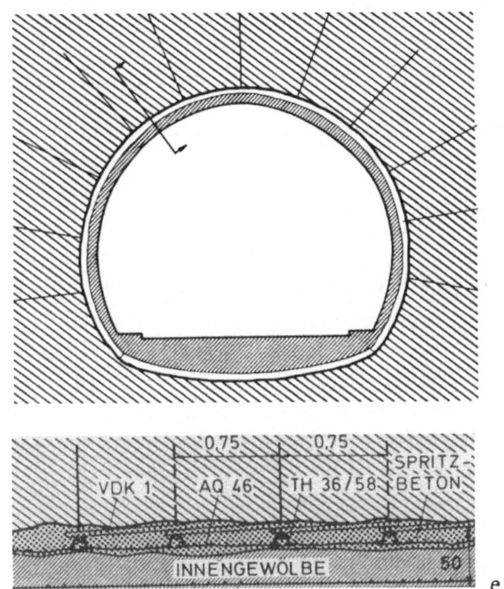

Abb. III.15. Ankerungs- und Flächensicherungsschema für verschiedene Gebirgsgüteklassen nach der NÖTM

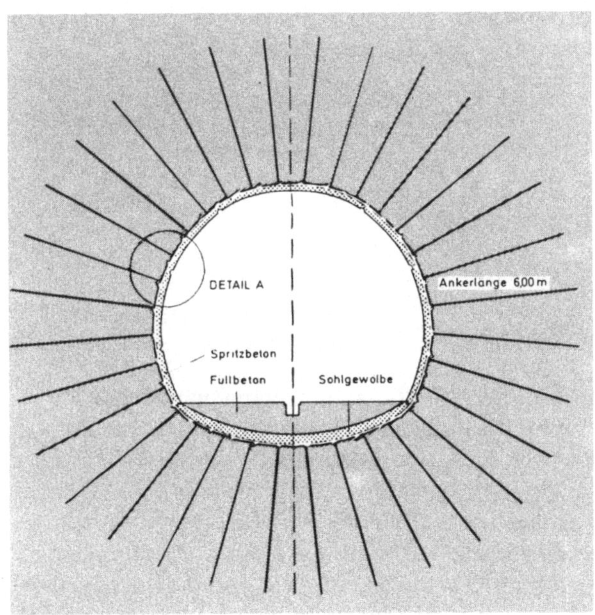

Abb. III.16. Verstärkte Ausführung der Ankerung nach der NÖTM bei Gebirgsgüteklasse V

Als Mittel zur Festlegung dieses optimalen Gleichgewichts dient das *Fenner-Pacher-*Diagramm. Abb. III.18 zeigt dieses Diagramm [73], welches als stark ausgezogene Linie das Abklingen des radialen Gebirgsdrucks am Kontakt Spritzbeton/Gebirge in Abhängigkeit von der radialen Konvergenz ΔR angibt. Diese Linie spaltet sich

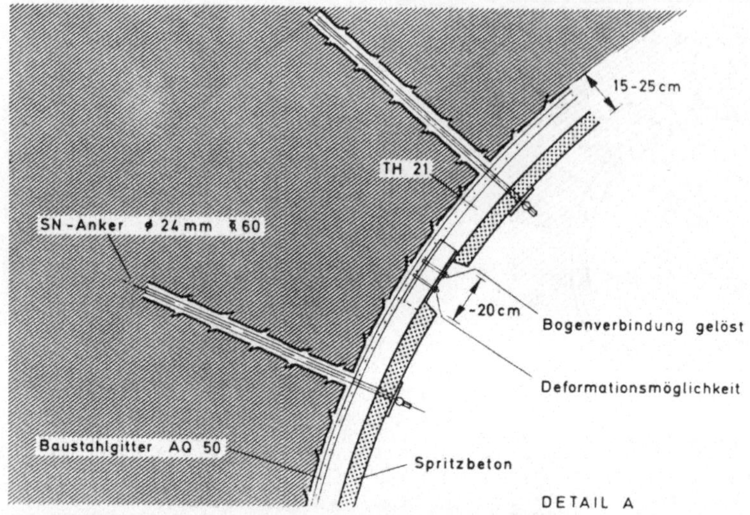

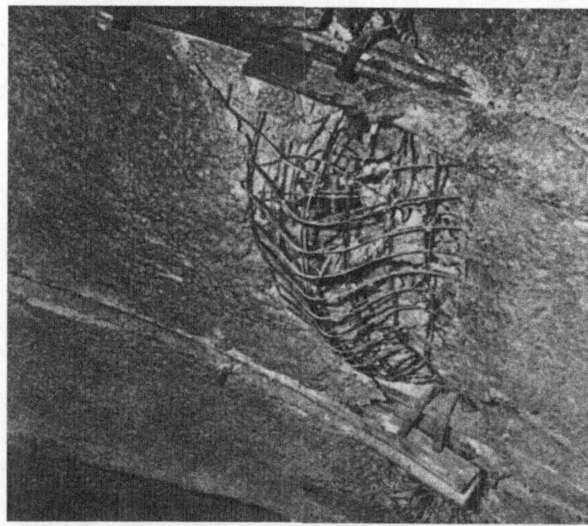

Abb. III.17. Stauchungsfuge bei Gebirgsgüteklasse *V* im Tauerntunnel

in zwei Äste auf, deren unterer die Weiterentwicklung der Gebirgsspannung im Falle keiner Auflockerung wiedergibt und deren oberer das Anwachsen der Gebirgslast angibt, wenn das Gebirge sich soweit auflockert, daß nicht mehr die Verspannur desselben zur Wirkung kommt, sondern das Gewicht der aufgelockerten Zone. Mit zunehmender Konvergenz tritt ab einem gewissen Punkt ein Anwachsen der Auflockerungszone ein, durch welches die Gebirgslast wieder zunimmt. Die strichlierte Linie zeigt die Spannungszunahme im Spritzbeton an, wenn er durch die Konvergen: verformt wird. Der Schnittpunkt A zwischen der Gebirgsdrucklinie und der Ausbaudrucklinie bedeutet das Gleichgewicht zwischen diesen beiden Systemteilen. Es wird allgemein angestrebt, diesen Schnittpunkt durch entsprechende Wahl des Ausbaus möglichst weit nach rechts zu verschieben, jedoch nicht in den Bereich des Auflockerungsdrucks. Eventuell kann seine Lage auch durch eine bestimmte Grenze der tolerierbaren Konvergenz aus Betriebsgründen eingeschränkt werden. Die in Abb. III.18 aufscheinende strichpunktierte Linie gibt den zeitlichen Verlauf der

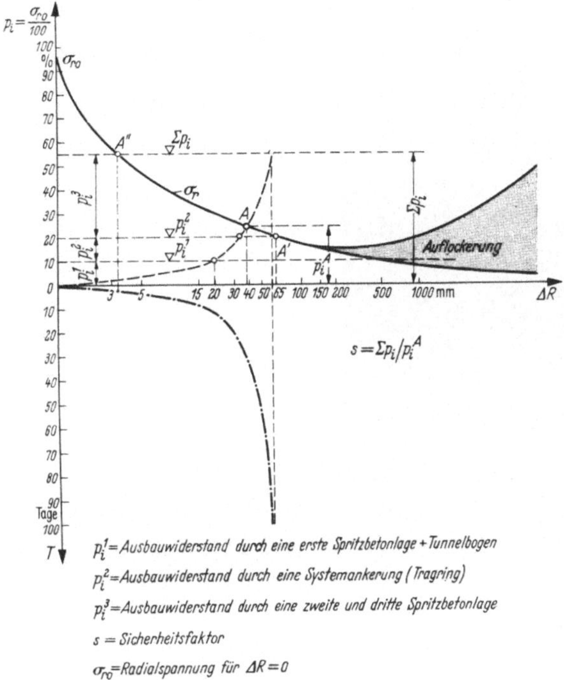

Abb. III.18. Schematische Darstellung der Wechselbeziehungen zwischen Gebirge und künstlichen Elementen ausgedrückt durch die Radialspannung σ_r, Konvergenz ΔR, Ausbauwiderstand p_i und Zeit T

Konvergenz an. Nach ca. 60 Tagen hat sich demzufolge das Gebirge stabilisiert. Die Auswirkungen dieser Stabilisierungsmaßnahmen innerhalb des Gebirges sind in Abb. III.19 dargestellt. Zum Zeitpunkt des Ausbruchs besteht die Tangentialspannung σ_t^0. Die Konvergenz des Hohlraums um den Betrag Δr bewirkt einen Abbau dieser Spannung auf die entsprechenden Beträge σ_t' und σ_r' [78]. Damit sind sie also auf einen Betrag gesenkt worden, der dem Gebirge erlaubt, zumindest im Bereich der freien Oberfläche und mit Hilfe der Ankerung sich selbst zu tragen.

Die Abb. III.20 und III.21 geben einen schematischen Einblick in die Art der Verformungs- und Spannungsmessungen, die zur Überwachung bzw. Korrektur vorgenommen werden [73]. Die Verformungsmessung umfaßt die Dehnung der Gebirgszone um den Hohlraum und die Konvergenz des Hohlraums. Hierzu dienen Mehrfach-Extensometer, mit denen einerseits erfaßt wird, wie weit ins Gebirge hinein die Bewegungen reichen und andererseits, wie die Dehnungen innerhalb der beweg-

ten Zone verteilt sind. Zusammen mit den Konvergenzmessungen geben sie wichtige
Aufschlüsse über die erforderliche Dehnbarkeit der Anker und der Oberflächensicherung. In Verbindung mit den Spannungsmessungen werden Hinweise über den
Grad der Entlastung des Gebirges und der Belastung des Spritzbetons erhalten,
nach denen die Steifigkeit der künstlichen Elemente zu bemessen ist. Die Belastung

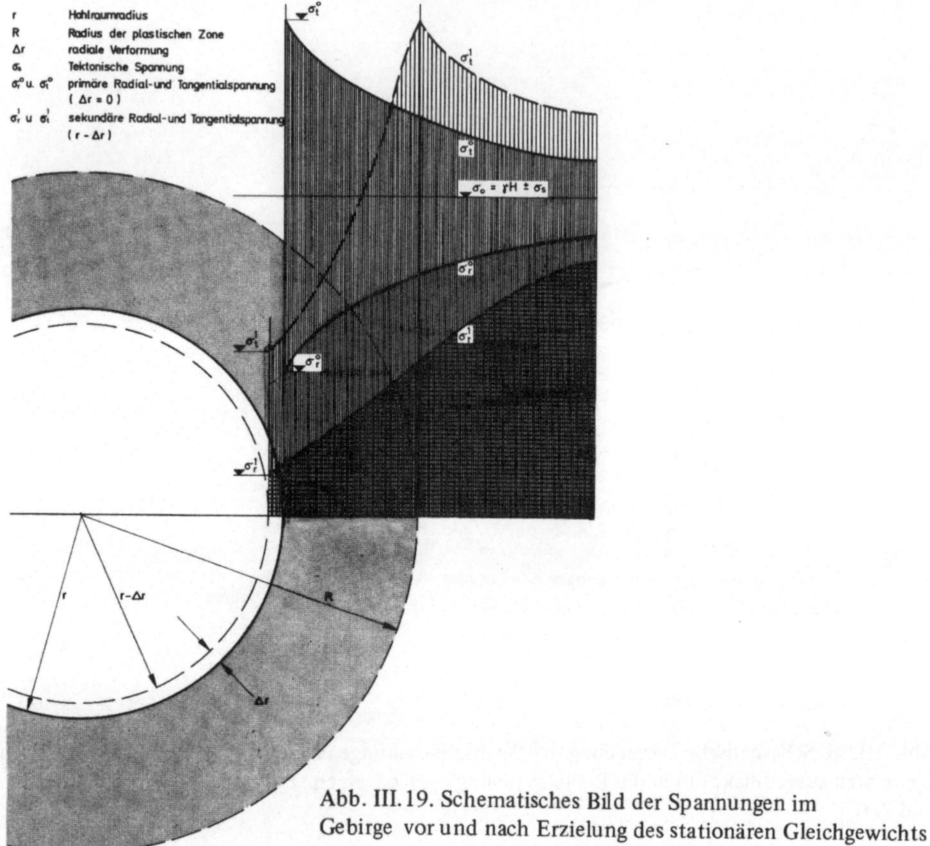

Abb. III.19. Schematisches Bild der Spannungen im
Gebirge vor und nach Erzielung des stationären Gleichgewichts

der Anker kann mit Kraftmeßtellern der Bauart Interfels [73] bewerkstelligt werden
deren Bauweise in Abb. II.46 a dargestellt ist. Diese Meßteller werden zwischen Ankerkopf und Tragplatte angesetzt. Bei vorgespannten Ankern zeigen sie die jeweils
wirksame Ankerkraft. Bei schlaffen Haftankern können sie nur die unmittelbar an
der Gebirgsoberfläche entwickelte Kraft anzeigen. Deshalb eignen sich für schlaffe
Anker eher Dehnungsmeßstreifen, die an mehreren Stellen entlang der Anker angebracht werden können und somit den Verlauf der Kraft entlang des Ankers wieder-
geben können.

Die mit diesen Mitteln ausgeführten Messungen, welche in jedem Fall vor einem
eventuellen Einbau eines Ringbetons zur Verfügung stehen, geben wichtige Aufschlüsse darüber, ob die Ankerung zusammen mit der Oberflächensicherung als endgültiger Ausbau ausreicht, oder ob danach zur endgültigen Beruhigung des Gebirges

ein Ringbeton eingebracht werden muß. Im letztgenannten Fall können aus den Messungen auch wichtige Schlüsse für die Steifigkeit und Stärke dieses Ringbetons gezogen werden.

d) Ein wichtiges viertes Merkmal technischen Charakters ist schließlich die Tatsache der örtlichen Verlegung der künstlichen Ausbaumittel vom Hohlraum ins Gebirge.

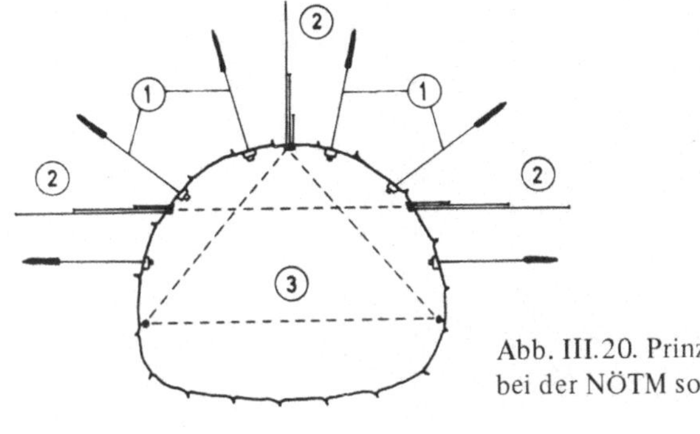

Abb. III.20. Prinzip der Verformungsmessungen (2 und 3) bei der NÖTM sowie die Ankerkraftmessung (1)

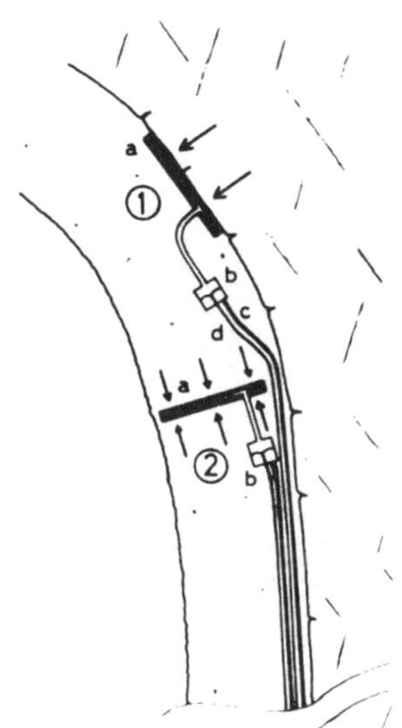

Abb. III.21. Prinzip der Spannungsmessung für radiale (1) und tangentiale (2) Kraftwirkungen

Abgesehen von dem an und für sich geringen Raumbedarf von Gebirgsankern ragen sie nicht nennenswert in den Hohlraum herein und verlegen also nicht den Querschnitt. Dies ermöglicht den Zutritt zur Ortsbrust auch schon während des Ankerns und unmittelbar danach, so daß die Stabilisierungsmaßnahmen keine wesentlichen Verzögerungen im Tunnelbau verursachen. Die damit mögliche Freihaltung des Querschnitts von Hindernissen und die Größe der jeweils freilegbaren Gebirgsoberflächen bedingen darüber hinaus ganz wesentliche Fortschritte in der Tunnelbautechnik, weil die aufgefahrenen Hohlräume bis an die Brust mit verhältnismäßig großen Maschinen befahren werden können. Diese erleichtern und beschleunigen ihrerseits den Betriebsablauf ganz wesentlich, so daß einerseits auf das Gebirgsverhalten schneller und wirkungsvoller reagiert werden kann und andererseits auch der Baubetrieb ins-

gesamt wesentlich rationeller gestaltet werden kann. Einen Eindruck von den diesbezüglichen Möglichkeiten in schwierigem Gebirge gibt Abb. III.22, in der die Anker
abfolge bei Teilausbruch illustriert wird. Die Schnelligkeit des Ankereinbaus wird
bedeutend durch die Einsatzmöglichkeit von größeren Maschinen gefördert. Dadurcl
kann der Gebirgstragring. welcher im Sinne eines geschlossenen Gewölbes bei druck-

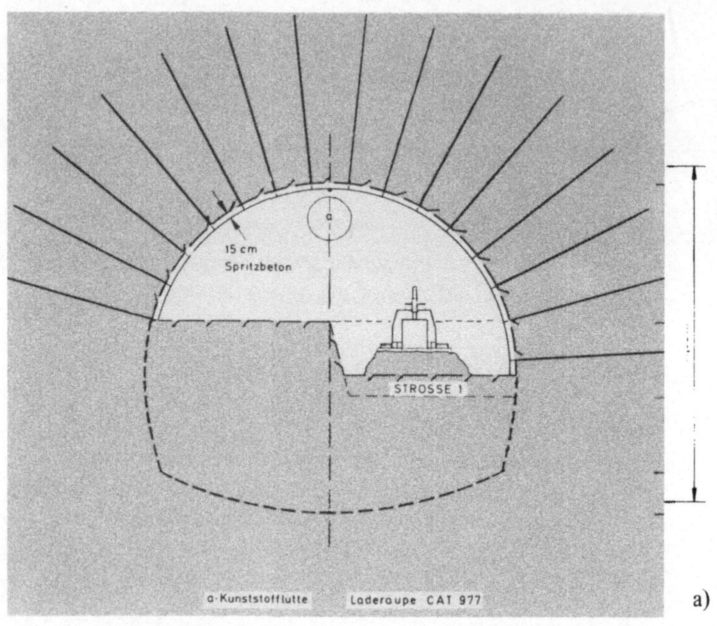

a)

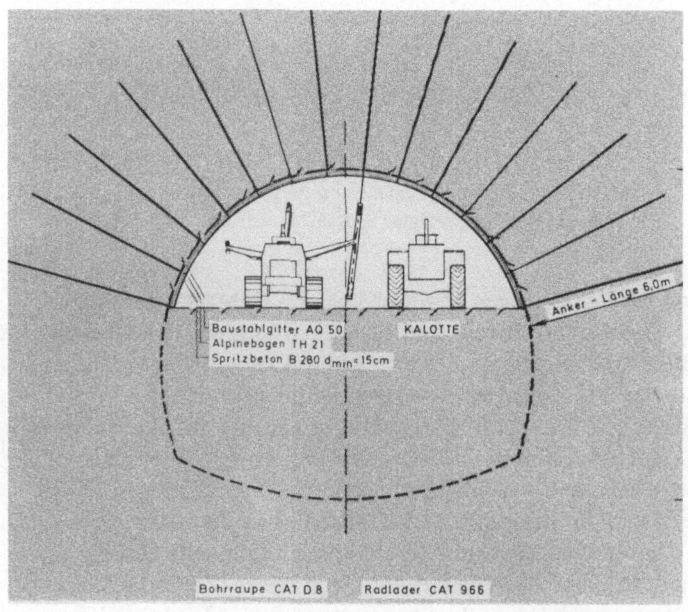

b)

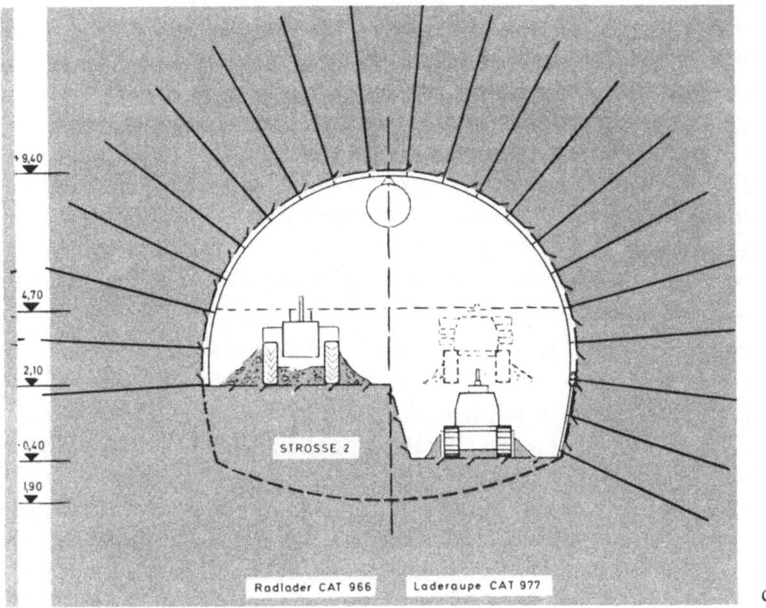

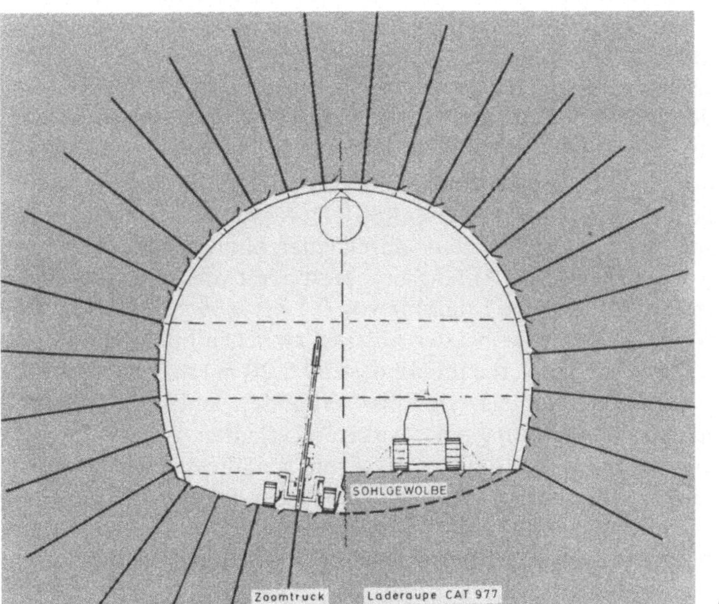

Abb. III.22. Kurzfristige Ankerung zur frühzeitigen Tragringbildung bei Teilausbruch in druckhaftem Gebirge, dargestellt an vier Entwicklungsstufen

haftem Gebirge frühzeitig erforderlich ist, schon unmittelbar nach dem Wegfüllen
des Haufwerks in jedem einzelnen Abschnitt des Teilausbruchs errichtet werden.
Nachdem er einmal errichtet ist, bedarf es auch keines Auswechselns mehr. Dies
ist in herkömmlicher Weise bei Holz oder Stahlausbau erforderlich, wenn dieser

nur vorläufig eingesetzt worden ist und der endgültige Ausbau eingebracht werden muß. Die bei diesem Auswechseln unumgängliche Auflockerung und Beunruhigung des Gebirges kann also hier unterbleiben.

Die soeben erfolgte Darstellung der vier wichtigsten Merkmale der NÖTM beinhalte nicht alle Eigenheiten, in denen sie sich von herkömmlichen Ausbaumethoden unterscheidet. So wurde auch ihr Kostenvorteil nicht behandelt. Es sollten hier vielmehr nur die gebirgsmechanischen und ankerungstechnischen Belange vorgestellt werden. Wohl den besten Nachweis der Zuverlässigkeit dieser Methode gibt die Vielzahl von Tunnelbauwerken, Stollen und Kavernen, welche mit ihr erfolgreich ausgeführt werden konnten, ohne daß wesentliche Unfälle aufgetreten wären, die aus der Behandlungsweise des Gebirges stammen.

Diese Errungenschaften der NÖTM und die dabei in der Praxis vielfach erwiesene Leistungsfähigkeit der Ankerung können jedoch nur durch Techniker mit weitgehender Erfahrung und Schulung erzielt werden. Nicht nur in standfestem bis gebrächen Gebirge hat diese Methode sich bewährt, sondern vor allem auch in druckhaftem un rolligem. Vom Bau des Massenbergtunnels in der Steiermark wird berichtet [67], daß trotz einer Überlagerung von nur 60 m in Gehängelehm und verwittertem Schie fer Gebirgslasten aufgetreten sind, die den Tunnel einstürzen ließen, und zwar selbs bei starkem Aufwand von Baustahlgitter, Tunnelbögen, Spritzbeton, Zementmilch-Einpressungen und Ringbeton von 80 cm Dicke, aber allerdings ohne Anker. Abb. I enthält eine Darstellung dieses Aufwands sowie der Ersatzmaßnahmen mittels Anke rung. Die Prinzipien der NÖTM konnten hier ohne übermäßigen Aufwand an Anke Baustahlgitter, Tunnelbögen und Ringbeton angewendet werden, so daß das Gebirg beruhigt und stabilisiert wurde. Dafür war allerdings ein frühzeitiger Sohlschluß Grundbedingung, der in diesem Fall allerdings nicht als Tragring durch Ankerung sondern durch ein betoniertes Sohlgewölbe erstellt wurde.

Ähnliche Erfolge wurden auch in vielen anderen Fällen erzielt. Ein solcher ist auch beim Bau der Frankfurter U-Bahn aufgetreten [80]. Dort wurde eine Tunnelröhre von 6,35 m Durchmesser in Kreisquerschnitt durch einen bindigen Boden vorgetrieben. Der Boden hatte eine maximale Anfangsdruckfestigkeit von 3 kp/cm^2, einen Reibungswinkel von ca. 20° und eine Kohäsion von 0,1 bis 0,65 kp/cm^2. Die Überlagerung betrug nur wenige Meter, wobei der Abstand zwischen Firste und Fundamenten der darüberliegenden Bauwerke im Mindestfall 6,20 m erreichte. Mit Hilfe eines Probestollens wurden die Gebirgsverhältnisse erkundet, so daß ausreichend zuverlässige Angaben für die Auslegung einer Ankerung erhalten wurden. Danach wurde eine Ankerung vor allem der Ulmen vorgesehen, weil diese einerseits hohe Umfangsspannungen beinhalten und andererseits möglichst unbeweglich gehalten werden müssen, um die Überlagerung nicht zu mobilisieren. Dadurch konnten die für die unterfahrenen Bauwerke gefürchteten Setzungen bei einem unerwartet niedrigen Betrag gehalten werden.

Auch aus dem Eisenbahnnetz von Paris ist eine gleichartige Leistung bekannt [81]. Ein Eisenbahntunnel wurde durch mergelige-tonige Schichten bei 8 bis 16 m Überlagerung getrieben. Im konventionellen Verfahren wurden im Hangbereich trotz Teilausbruchs in Kernbauweise derartige Druckwirkungen offenbar, daß der Kern selbst versagte. Die Einführung der NÖTM konnte Abhilfe schaffen, indem vor allem eine Ankerung der Ulme die wichtigste Rolle bei der Stabilisierung spielte.

Wenn auch zur Zeit die Ankerung mit der Beschichtung aus Spritzbeton einen
wesentlichen Bestandteil der NÖTM darstellen, so soll dies nicht bedeuten, daß
die Methode nur vom Einsatz von Ankern und Spritzbeton abhängt. Entsprechend
der Grundidee, das Gebirge als tragenden Baukörper auszubilden, kann sie denk-
barerweise auch mit anderen Mitteln verwirklicht werden, wenn neue Formen der
Technologie sich als vorteilhafter erweisen. Eine Tendenz solcher Art geht dahin,
die Werkstoffe Stahl und Beton durch Kunststoffe zu ersetzen. Die Ursache hierfür
ist die begrenzte Verformbarkeit und Festigkeit der herkömmlichen Werkstoffe,

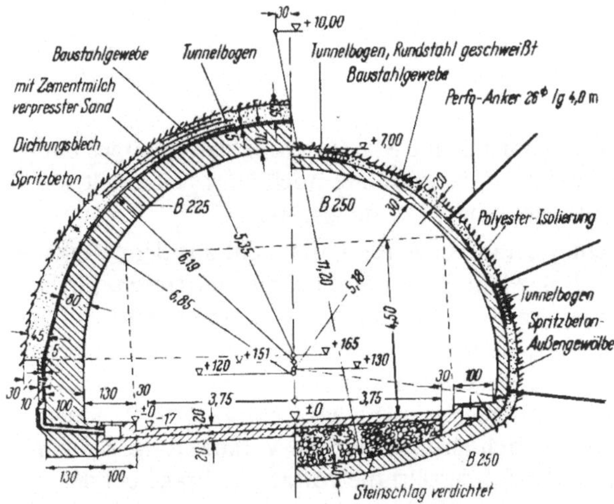

Abb. III.23. Ersatz herkömmlicher Ausbaumethoden durch Maßnahmen der Neuen Österreichischen Tunnelbauweise im Fall des Massenberg-Tunnels

welche in manchen Gebirgsqualitäten nicht ausreichend gut auf die *Fenner-Pacher*-
Kurve des Gebirges abgestimmt werden können. Kunststoffe können jedoch sowohl
hinsichtlich ihrer Verformbarkeit als auch der Festigkeit, der Fließeigenschaften
und der Aushärtungsdauer sehr verschieden eingestellt werden, so daß eine bessere
Anpassung an die Gebirgsqualität möglich erscheint. Da die Ausführung der Stabili-
sierungsmittel einerseits einen Verbund in Form der Bewehrung des Spritzbetons
und der Verbindung der Anker mit der Vergußmasse darstellt, andererseits aber
auch einen Verbund zwischen Ankern und Verzug und insbesondere einen Verbund
zwischen diesen künstlichen Elementen und dem Gebirge, wird diese Ausführungsform vielfach als Verbundverbau bezeichnet. Bei Anwendung von Kunststoffen gilt
dieselbe Charakteristik sowohl für die Oberflächensicherung, die mit Glasfasergewebe
bewehrt werden kann, und die Anker, die ebenfalls mit Glasfaser bewehrt werden
als auch für die Verbindung zwischen der Oberflächensicherung und den Ankern,
und letztlich auch für die Verflechtung dieser Mittel mit dem Gebirge der Ankerungszone. Hier wird der Ausdruck Kunststoff-Verbundverbau angewendet [12–14].

7. Verankerung äußerer Kräfte

Obwohl bei der Verankerung äußerer Kräfte keine Stabilisierung des Gebirges bewirkt wird, soll diese Anwendungsweise von Ankern hier noch kurz behandelt werd
da die beteiligten Wirkungen mit zum gesamten Thema gehören.

Als äußere Kräfte sollen hier solche verstanden werden, die nicht aus dem Verhalte
des Gebirges stammen, sondern als Folge künstlicher Maßnahmen auftreten, für
welche das Gebirge als Widerlager genutzt wird. Solche Kräfte werden meist in Forr
von Ankerungen in das Gebirge geleitet, wenn sie in punktförmige Kräfte aufgegliedert werden können. Anstelle von Stabilisierungswirkungen wird dem Gebirge im
vorliegenden Fall jedoch nur eine Last aufgegeben. Die das Gebirge betreffenden
Probleme mechanischer Natur beziehen sich also nur auf die Verankerung. Bei vorgegebener Größe der einzelnen Ankerkräfte besteht die vorrangige Frage bei der
Auslegung solcher Verankerungen darin, eine geeignete Verankerungszone zu finden. Diese kann entweder in unberührten Gebirgszonen liegen, oder unter Umständ
auch in einer durch vorausgegangene Ankerung stabilisierten Zone. Hierbei ist daran
hinzuweisen, daß es sich nicht nur um die versuchstechnische oder rechnerische Ermittlung der Ankerkapazität mittels Prototypen oder im Labor handeln darf, sonde
daß auch die Gesamtstabilität der Verankerungszone überprüft werden muß. In Einzelfällen kann die Gefahr bestehen, daß die Verankerungszone oder Teile von ihr

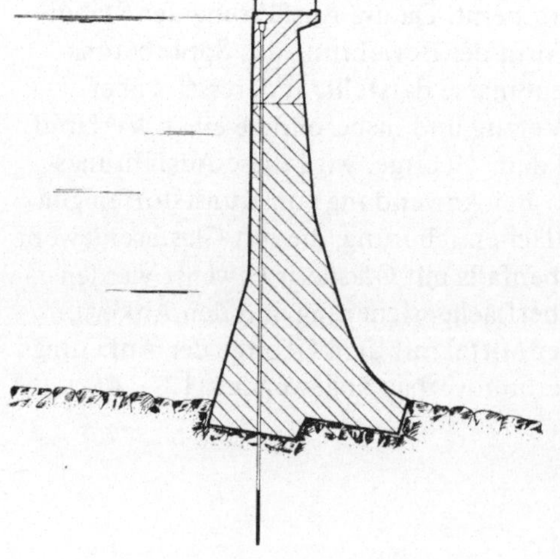

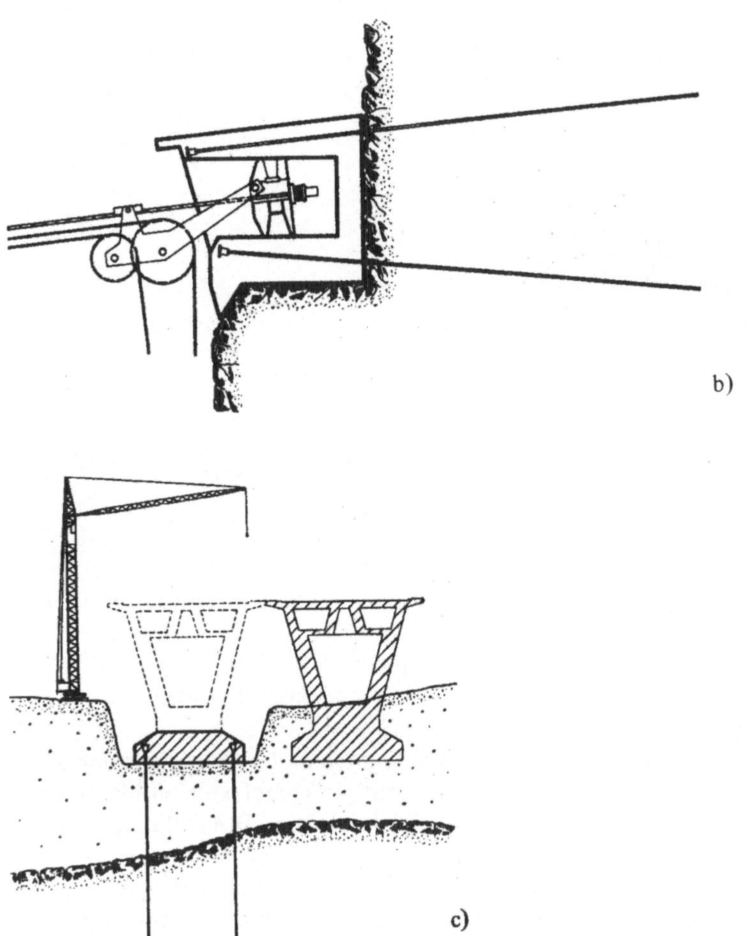

Abb. III.24. Prinzipien der Verankerung äußerer Kräfte. a) Erhöhung der Standsicherheit,
b) Abspannen von Seilbahnen, c) Vorwegnahme von Bauwerksetzungen

durch die Ankerkräfte aus der Ruhelage bewegt werden. Dies ist in geklüftetem Gebirge der Fall, aber auch in Lockergebirge wie in Sanden und Kiesen, bei denen
unter Umständen die Überlagerung zu gering ist, um der Verankerungszone die
ausreichende natürliche Verspannung zu sichern.

Einige typische Beispiele zu den möglichen Anwendungsformen solcher Verankerungen [46] sind in Abb. III.24 angedeutet. Hierbei handelt es sich meist um größere
Kräfte, für welche allgemein Haftanker vorgezogen werden. Dies ist besonders dann
der Fall, wenn Schwingungen aus dem Betrieb maschineller Anlagen zu erwarten
sind. Für Anwendungen in kleinerem Maßstab, wie etwa das manuelle Abspannen
von Maschinen oder Maschinenteilen im Bau- oder Bergbaubetrieb, sind meist
wiedergewinnbare und daher wiederholt verwendbare Anker im Einsatz. Ein Beispiel hierzu bildet der in Abb. II.5 oder II.7 aufscheinende Spreizanker.

IV. Anwendungsfälle aus der Praxis

1. Allgemeines

In diesem Kapitel sollen repräsentative Beispiele aus der Praxis vorgestellt werden,
welche geeignet sind, die sachgerechte Auswahl von Ankern und die Auslegung von
Ankerungen zu erläutern. Es werden hierfür Beispiele ausgewählt, die praktisch erfolgreich waren und daher einen Anhaltspunkt für die Planung von neuen Ankerungen darstellen können.

Die einzelnen Anwendungsfälle in der Praxis sind jedoch in der überwiegenden Meh:
heit dadurch gekennzeichnet, daß sie mehr oder weniger komplexe Kombinationen
aus den in Kapitel III vorgestellten vier Grundeffekten bilden. Die Fälle, in denen
die vier Grundeffekte in reiner Form allein vorliegen, sind sehr selten. Ebenso können die Fälle, in denen nur eines der zwei Grundkonzepte allein auftritt, nämlich
einerseits das Ankern von instabilen Zonen in stabilen, tragfähigen Zonen und
andererseits das Ankern instabiler Zonen in sich, nur selten eindeutig als solche
erkannt werden. Die Mehrzahl der Fälle scheint einen Übergangscharakter zwischen
diesen beiden Konzepten aufzuweisen. Diese Eigenheit rührt nicht sosehr daher, daß
eine Nachbarschaft von stabilen und instabilen Zonen in scharf abgegrenzter Form
vorliegt, sondern häufiger daher, daß die tieferliegenden Bereiche von instabilen
Zonen eher zu geringerer Mobilität neigen, als die oberflächennahen. Sie vermögen
daraus allein schon eine stabilisierende Wirkung auf die oberflächennahen Bereiche
auszuüben, wenn sie durch Anker verbunden sind.

Der Grad, in dem bei praktischen Fällen eine Überlagerung der vier Grundeffekte
und der beiden Grundkonzepte auftritt, entzieht sich der Vorherbestimmung ebenso wie dem Nachweis und ist deshalb nicht berechenbar. Aus diesem Grunde sollen
in diesem Kapitel nur so geartete Fälle aufgezeigt werden, die den idealen Wirkunge
der vier Grundeffekte nahekommen. Solche Fälle lassen sich mit ausreichender
Klarheit dazu nutzen, in konstruktiver Vorgangsweise neue Ankerungen auszulegen.
auch wenn in Kauf genommen werden muß, daß die Natur dem Schema nicht ganz
entsprechen wird. Den Grad der Überlagerung der einzelnen Effekte bei der Planung
abzuschätzen oder aus dem Verhalten der Natur zu bestimmen ist gegenwärtig Sach
des Ermessens und wird von der Geschicklichkeit und der Erfahrung beeinflußt.

2. Arten des Verzugs

Fall 1: Maschendrahtgitter.

Gebirge: Grobblockiger Dolomit mit mäßig ausgebildeter Schichtung, Gebirgsgüteklasse: nachbrüchig.

Verzug: Maschenweite 6 cm. Allgemeiner Vorteil: gute Flexibilität und leichte Handhabung, so daß sattes Anschmiegen an Rauhigkeiten des Ausbruchs möglich. Erfassung der Gesamtfläche zwischen den Ankern bis herab zu Kluftkörpergröße von 6 cm (Abb. IV.1).

Anker: GD-Anker der Ausführung B 27, Rundstab 16 mm, Länge 1,8 m. Ankersetzdichte ca. 1 Stk/m^2 bei Anordnung nach Ermessen. Vorteil des GD-Ankers: Setzmöglichkeit unter Vorlast an jeder Stelle des Bohrlochs auch in härtestem Gestein oder sogar in Stahl. Durch den sofortigen Eingriff des Verankerungsmechanismus, der sich selbsttätig verankert und nicht zwangsgesteuert zur Verspannung im Bohrloch lastfrei bleiben muß, wird das satte Anlegen des Gitters sehr gefördert. Die Gitterspannung kann stufenweise überwunden werden, wenn der Anker beim Einbauen von Hand angetrieben wird. Beim schrittweisen Einschieben des Ankers ins Bohrloch unter Vorlast setzt er sich selbsttätig jedesmal wieder von neuem.

Anmerkung: Das so erreichbare satte Anliegen des Verzugs sichert nicht nur eine gute Unterfangung der freien Oberfläche, sondern reduziert den Aufwand an erforderlichem Spritzbeton, weil hinter dem Gitter keine Hohlräume verbleiben. Hierdurch wiederum wird auch die Packung und Qualität des aufgebrachten Spritzbetons verbessert.

Fall 2: Maschendrahtgitter mit Verzugsleitern.

Gebirge: Grobblockiger Dolomit mit mäßig ausgebildeter Schichtung und mäßiger Festigkeit. Gebirgsgüteklasse: nachbrüchig.

Verzug: Maschendrahtgitter mit Maschenweite von 6 cm und Verzugsleitern der Bauart GD-Anker. Das verhältnismäßig flexible Maschendrahtgitter wird durch die Verzugsleitern versteift, welche der konkaven Krümmung der Ausbruchslinie besser folgen und die Einsparung von Ankern ermöglichen (Abb. IV.2).

Anker: GD-Anker der Ausführung B 27, Rundstab 16 mm, Länge 1,8 m, Ankersetzdichte ca. 0,8 Stk/m^2. Ankeranordnung nach freiem Ermessen. Erforderlich ist jedoch ein genau angeordneter Ankeransatzpunkt in der Fluchtlinie der Verzugsleitern.

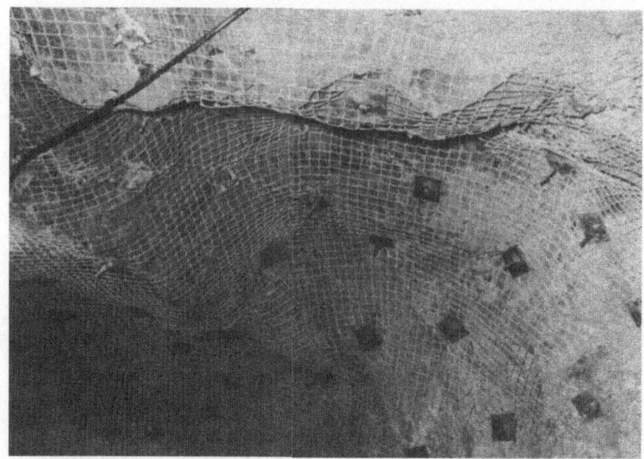

Abb. IV.1. Flexibles Masche
drahtgitter als Verzug

Abb. IV.2. Maschendrahtgitt
verstärkt durch Verzugsleite
aus Stahldraht

Fall 3: Baustahlgitter.

Gebirge: Zentralgneis in den Hohen Tauern (Österreich), dessen Schieferung und
Schichtung mit ca. 25° nach W einfallen. Eine mäßig ausgebildete Klüftung unregel-
mäßigen Verlaufs und unregelmäßiger Orientierung gibt dem Gebirge ein grobblockij
Bruchverhalten. Die Gebirgsfestigkeit ist jedoch größer als der Gebirgsdruck, so daß
die Gebirgsgüteklasse in einem Tunnelquerschnitt von rund 10 m Ausbruchsbreite
und 10 m Ausbruchshöhe als standfest bis leicht nachbrüchig einzustufen ist.

Verzug: Im Bereich der Kalotte des hufeisenförmigen Tunnelprofils wurde Baustahlgitter mit einer Maschenweite von 80 × 80 mm und einer Drahtstärke von 4 mm
angebracht (Abb. IV.3). Durch seine etwas höhere Steifigkeit erlaubt es nur größere
Krümmungsradien, so daß es nicht so leicht in örtliche Vertiefungen eingezogen
werden kann, doch reicht die Biegsamkeit für die verhältnismäßig glatte Ausbruchs-
kontur aus und erlaubt andererseits verhältnismäßig große Ankerabstände.

Anker: Zum Einsatz kommen GD-Anker aus einem Rundstab von 16 mm Durchmesser und 1,8 m Länge in einer Ankersetzdichte von 0,6 Stk/m².

Fall 4: Stahlbänder im Bergbau.

Gebirge: In gut geschichtetem und grobbankigem Gebirge, dessen Kluftsystem durch große Abstände ausgezeichnet ist und welches den Zerfall der freigelegten Fläche nur in Einheiten der größeren Kluftkörper ermöglicht, ist ein feinmaschiger Verzug nicht erforderlich. Gesteinsschichten, die ein solches Gebirge aufbauen, sind z. B. Kalke, Mergel, Schiefertone, Sandsteine. Sie zeigen insbesondere dann wenig Neigung zum Zerfall, wenn die Hohlraumbegrenzung mit den natürlichen Schichtgrenzen zusammenfallen.

Abb. IV.3. Baustahlgitter als Verzug

Verzug: Als Verzug eignet sich vorteilhaft Überschuß- oder Abfallmaterial aus anderen Produktionsvorgängen, wie etwa Stahlblech-Bänder, die in Abb. IV.4 dargestellt sind. Sie können noch durch Einschieben von Planken aus Holz oder profiliertem Stahlblech in ihrer Wirksamkeit verstärkt werden. Stahl als Werkstoff wird jedoch vorgezogen, weil er wegen der Brandgefahr und der Lebensdauer von Vorteil ist.

Anker: Wegen des meist gutartigen Gebirges werden in diesem Zusammenhang vorwiegend Spreizanker oder vorgespannte Haftanker eingesetzt.

Fall 5: Unterfangung obertägiger Gebirgsflächen durch Betonbalken.

Gebirge: Dolomitgestein, das auch in bis zu 80° steilen Felswänden von über 100 m Höhe frei standfest ist und nur durch Kluftsysteme mittlerer Kluftabstände mäßig

a)

b)

Abb. IV.4. Stahlbänder als Verzug. a) Stahlblech im Hangenden von
Steinkohlenflözen (97), b) perforiertes Stahlblech als leichter Verzug (19)

durchtrennt ist, wird durch einige Zonen stärkerer Zermalmung und Schieferung
durchgezogen.

Verzug: Im Zuge der Ankerung des Gebirges, das als Untergrund für die Talsperre
zu dienen hatte, wurde eine Unterfangung der stärker zergliederten Gesteinszonen
durch Druckverteilungsbalken vorgenommen. Die Verteilungsbalken wurden stahl-
bewehrt, damit auch Biegekräfte aufgenommen werden können. Abb. IV.5 zeigt
einen Teil der umfangreichen Arbeiten an der linken Talflanke [93], luftseitig unter
dem Damm.

Anker: Es wurden PZ-Anker eingesetzt, welche aus Zugelementen in Form einzelner Stäbe oder aus Stabbündeln bestehen und als Haftanker mit Zementmörtel ver-

Abb. IV.5. Muster von Druckverteilungsbalken an der Vajont-Talsperre

gossen wurden. Der Einbau erfolgte unter Endverguß oder auch verzögertem Vollverguß, wobei das Zugelement gegen Korrosion durch eine Isolierschicht geschützt
wurde. Die Ankerlängen variierten je nach der Konfiguration der Gebirgszone in
Größen von 18,5 bis zu 56 m und die Ankerkräfte lagen zwischen 50 und 100 t,
wobei Bohrlochdurchmesser von 76 mm bis 100 mm erforderlich waren. Eine Eigenheit der PZ-Anker liegt darin, daß die Stabbündel noch innerhalb des Bohrlochs am
Bohrlochmund durch Klemmechanismen zusammengefaßt werden und nur ein einzelner Zugbolzen mit Schraubgewinde an der Gebirgsoberfläche abgesetzt wird.
Viele der hier eingesetzten Anker wurden mit Kraft- und Dehnungsmeßeinrichtun-
gen ausgestattet, damit die Entwicklung der Kräfte und Bewegungen des Gebirges
beobachtet werden konnten.

3. Aufhängungs-Effekt

Fall 1: Aufhängung einer Oberflächensicherung.

Als gutes Beispiel für die Aufhängung einer Oberflächensicherung kann der in
Abschnitt 2 dargestellte Einsatz eines Baustahlgitters in der Kalotte eines Tunnelausbruchs (Fall 3) angesehen werden. Die dort verwendeten Anker dienen nicht
sosehr der Errichtung eines Balkens oder eines Gewölbes, weil das Gebirge an sich
standfest ist. Die dabei allfällig beobachtete Nachbrüchigkeit bezieht sich nur auf
die unmittelbare Oberfläche, an der die Schieferung und teilweise auch die Klüftung
das Ablösen kleinerer Kluftkörper begünstigen. Diese Erscheinungen erreichen jedoch nicht ein solches Ausmaß, daß ein vollflächiger Verschluß der freien Fläche
erforderlich wäre, für den als technische Lösung der Spritzbeton zur Verfügung
steht.

Fall 2: Aufhängung eines Schachtringes.

Ort: Lüftungsschacht zum Tauerntunnel der Tauernautobahn, Österreich.

Gebirge: In einer mächtigen Schicht aus dunkel gefärbtem Phyllit mit Serizit-Quarzit-
schiefern der alpinen Schieferhülle, die mit ca. 35° nach N einfällt, wurde ein 590 m
tiefer, vertikaler Lüftungsschacht von 11,3 m Ausbruchsdurchmesser abgeteuft. Das
Gebirge konnte als gebräch bis leicht druckhaft eingestuft werden. Klüfte von mechanischer Bedeutung traten nicht in den Vordergrund. Die Schieferung war sehr
intensiv ausgebildet, verlief konkordant und bestimmte die Mobilität des Gebirges.
Der Schacht wurde nach den Prinzipien der Neuen Österreichischen Tunnelbauweise
am vollen Umfang mit SN-Ankern von 24 mm Durchmesser in 60 mm Bohrlöchern
geankert. Die Ankerlänge betrug 8 m, die Abstände innerhalb eines Rings 1,2 m und
zwischen den Ringen 1,0 m. Die Anker der aufeinanderfolgenden Ringe wurden
gegeneinander um den halben Ankerabstand versetzt angeordnet. In jedem Anke-
rungs-Ring wurde ein Stahlring aus TH-Bögen mitgeankert. Als Verzug diente Spritzbeton von 20 bis 30 cm Stärke mit einem Baustahlgitter.

Ankerung: Der Schachtfuß mündete in zwei gegenüberliegende horizontale Lüftungs-
stollen. Die dabei entstehende Verschneidung zwischen Schacht- und Stollenröhren
mußte durch einen kreisförmigen Betonring stärkerer Ausführung unterfangen werden, welcher seinerseits in das Gebirge geankert wurde. Ein Schema dieser Anordnun
ist in Abb. IV.6 dargestellt. Der Betonring wurde durch zwei Reihen von Seilankern
der Bauart VSL aufgehängt, wobei jedoch auch noch der außerhalb des Betonrings
befindliche Bereich der Verschneidung mit auf 15 t vorgespannten SN-Ankern von
6 und 8 m Länge befestigt wurde. Die Seilanker bestanden aus 9 Litzen, waren 20 m
lang und wurden auf 100 t vorgespannt. Abb. IV.7 zeigt den Zustand nach dem Vorspannen.

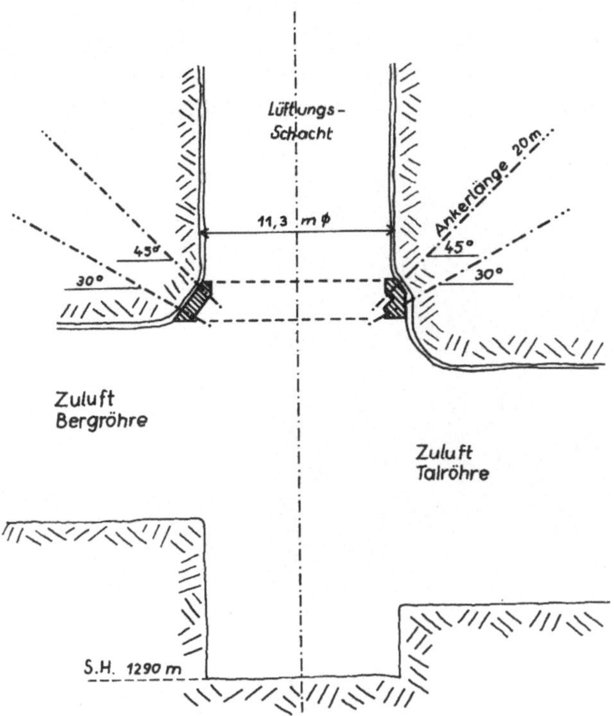

Abb. IV.6. Aufhängung eines Schachtrings durch Anker

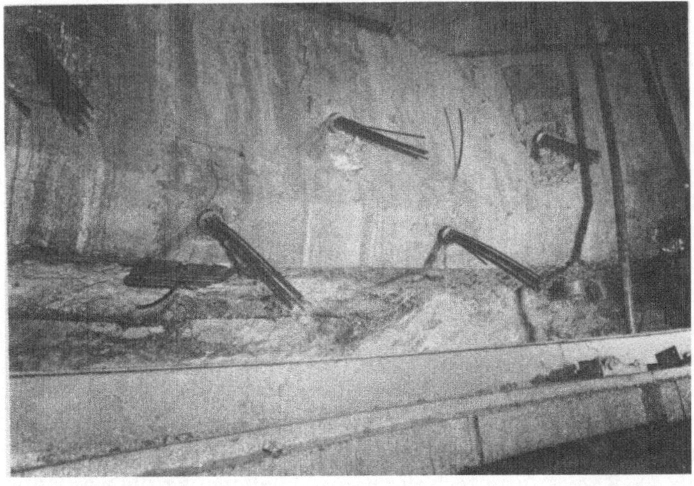

Abb. IV.7. Abgesetzte Seilanker nach dem Vorspannen auf 100 t

Fall 3: Sohlestabilisierung in Abbaustrecken des Kohlenbergbaus.

Ort: Zeche Hugo im Ruhrgebiet von Westdeutschland.

Gebirge: Tonschieferschichten, die teilweise bituminös und teilweise schwach bis mittelmäßig sandig durchsetzt sind, bilden das Liegende von Steinkohleflözen im

Abb. IV.8. Sohlehebung i
Abbaustrecke trotz
Zementinjektion

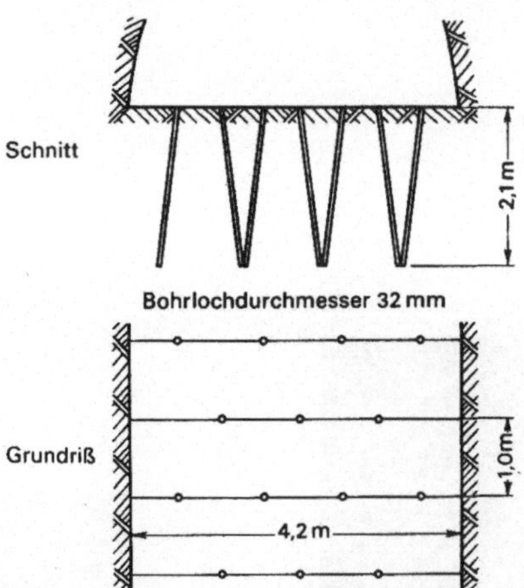

Abb. IV.9. Ankerungsschema zur Sohleankerung

Ruhrgebiet. Wenn die Flöze abgebaut werden, bildet das Liegende auch die Sohle der Abbaustrecken. In diesen lassen der hohe Gebirgsdruck von ca. 950 m Überlagerung und die geringe Festigkeit des Schiefers sowie auch seine nachgewiesene Quellfähigkeit im Kontakt mit der Luftfeuchtigkeit oder Wasser die Sohle hochquellen [94]. Verschiedene Maßnahmen wurden getroffen, um diese Sohlehebungen zu unterbinden. Darunter auch Zementinjektionen, die jedoch ebenfalls keinen Erfolg hatten, wie Abb. IV.8 zeigt. Von technisch ausreichendem Erfolg war jedoch nur eine Ankerung.

Ankerung: Unmittelbar beim Auffahren der Strecke wurden bis zu 9 m hinter der
Ortsbrust nach dem Wegladen des Haufwerks Klebanker nach dem Schema der
Abb. IV.9 eingebracht. Es wurden Stahlstangen von 20 mm Durchmesser und 2 m
Länge als schlaffe Haftanker mit jeweils 2 Becorit-Patronen von 24 mm Durchmesser

Abb. IV.10. Durch Ankerung
stabilisierte Streckensohle

und 750 mm Länge eingebaut. Aus den Erfahrungen dieses Falls hat sich ergeben,
daß eine Vorspannung der Anker nicht erforderlich ist, weil vorwiegend die Schräg-
stellung der Bohrlöcher und der Vollverguß für die Wirksamkeit sorgen. Deshalb
konnte auch von der Verwendung der Ankerplatten von 200 mm × 200 mm × 10 mm,
welche in Abb. IV.10 gezeigt sind, in der Folge abgegangen werden. Durch das Ein-
sparen der Ankerplatten konnten die Anker auch bis dicht an die Ortsbrust heran
eingebaut werden, weil sie so in die Sohle versenkt werden konnten und das Lade-
gerät beim Wegfüllen des Haufwerks nicht mehr behinderten.

4. Nagelungs-Effekt

Fall 1: Stützmauer für gleitgefährdete Verkehrswege.

Ort: Steyrtal-Bundesstraße bei Agonitz, Österreich [90].

Gebirge: Grobbankige Schichtkalke und dünnlagig geschichtete Plattenkalke der alpinen Obertrias streichen O–W und fallen flach geneigt aus einem Berghang heraus gegen S. Im Schichtkalk schwanken die Kluftabstände zwischen 0,5 und 1,5 m, wobei die Klüfte vorwiegend steil stehen, parallel oder spitzwinkelig zur Schichtung streichen und zum Teil lettig belegt, zum Teil auch durch Kalzit gefüllt sind. Eine weitere Kluftschar größerer Bedeutung streicht quer zur Schichtung steht steil und hat Kluftabstände von 1 bis 3 m. Die Schichtfugen sind ebenfalls zum Teil lettig belegt, so daß die Rauhigkeit ausgeglichen wird und bei Wasserzutritt gute Schmierwirkung entwickelt wird. Wasser tritt örtlich in beachtlichem Ausmaß aus dem Hang aus. Der Hang war bisher stabil, weil die Schichtenfolge in keinem bedeutenden Ausmaß angeschnitten worden war. In diesem Hang war eine eingleisige Bahnstrecke angelegt und 15 m tiefer eine Autostraße mit zwei Fahrspuren.

Ankerung: Im Zuge einer Verbreiterung der Autostraße mußte die bergseitige Böschung näher an die Bahnlinie herangerückt werden, so daß die Gefahr eines Abgleitens der Böschung ernsthafte Konsequenzen für den Untergrund der Bahnlinie nach sich zog. Der Untergrund der Bahnlinie mußte stabilisiert werden, wofür die Errichtung einer Stützmauer aus Stahlbeton und eine Ankerung nach dem Schema der Abb. IV.11 gewählt wurde.

Die Stützmauer mußte nur mit einer einzigen Ankerreihe befestigt werden, da sie durch die Stahlbewehrung ausreichende Unterfangung der freigelegten Gebirgsoberfläche ermöglichte. Die Stützmauer wurde in 50 cm starkem Stahlbeton in einer maximalen Höhe von 10 m und einer Länge von 126,5 m ausgeführt und war mit der Steigung von 1 : 5 geneigt.

Die Ankerung sollte nicht nur zur Befestigung der Stützmauer, sondern vorwiegend zur Nagelung der Gebirgsschichten dienen. Zu diesem Zweck wurden die Anker mit nur 1° steigend und in einer Länge von 10 m angeordnet, so daß die Haftstrecke in Schichten lag, welche wegen ihrer Einspannung nicht mehr gleiten konnten. Aus den gebirgsmechanischen Berechnungen ergab sich eine erforderliche Ankeranzahl von 53 Stück bei einer Ankerkraft von 34 t mit einem Sicherheitsfaktor von 1,5, so daß die Ankerbruchlast bei 51 t lag.

Als Anker wurden Perfo-Anker eingesetzt, die jeweils aus einem 40 mm starken Torstahl-Stab bestanden und auf 20 t vorgespannt wurden. Dabei betrug die Haftstrecke 3 m, der Bohrlochdurchmesser 63 mm. Zur Ermöglichung der Vorspannung

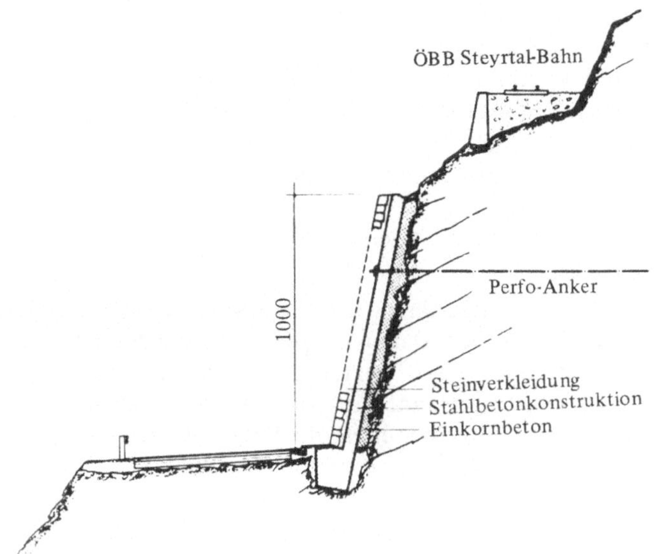

Abb. IV.11. Situation der Verkehrsbauten, des Gebirgsaufbaus und der Ankerung

Abb. IV.12. Ansicht der geankerten Stützmauer vor der endgültigen Verkleidung

wurde der Zementmörtel auf der Haftstrecke im Sand-Zementverhältnis von 1 : 1 mit frühhochfestem Zement hergestellt, während die Spannstrecke mit einem verzögerten Mörtel ausgefüllt wurde. Es wurde jedoch jeweils ein ganzes Perfo-Rohr von 10 m Länge mit beiden Mörtelsorten gefüllt und in einem Vorgang eingeführt. Das Eintreiben der Ankerstange erfolgte mit vier schweren Handhämmern, die von vier Mann gehandhabt wurden.

Die verzögerte Reaktion des Vergußmörtels entlang der Spannstrecke ermöglichte
ein Vorspannen der Anker bis zu 7 Tagen nach dem Einbringen. Hierbei wurden
die Anker auf 32 t belastet, was eine Auslängung von 8,4 mm ergab. Von dieser
Auslängung wurden 4,6 mm durch Einsetzen von Beilageplatten ausgeglichen, so
daß beim Absetzen eine Vorspannung von 20 bis 21 t verblieb. Das Absetzen gegen
den Betonsockel erfolgte mit einer Stahlplatte von 400 × 400 mm, die eine rechnerische Druckspannung am Kontakt zum Beton von 32 kp/cm² erzeugte. Abb. IV.12
zeigt die Ansicht der Mauer nach dem Absetzen, nach welchem die herausragenden
Teile der Anker mit einem IGOL-Asphaltlack geschützt wurden und schließlich die
Stahlbetonmauer mit einer Natursteinverblendung abgedeckt wurde.

Fall 2: Befestigung der Tagbauböschung durch Seilanker.

Ort: Magnesit-Tagbau Bürgl in Hochfilzen, Österreich.

Gebirge: An einem nach NO abfallenden Berghang lag eine Magnesitlagerstätte, die
im Profil in Abb. IV.13 dargestellt ist [100]. Daraus ist erkenntlich, daß die Lagerstätte gegen SW hin durch die Störung „Blatt 1" begrenzt ist, von welcher sie von
einer darunterliegenden Dolomitschicht getrennt wird. Blatt 1 hat sich als potentielle Gleitfläche erwiesen, da sie zum Teil einen mylonitisierten, gut schmierenden
Belag aufweist und bereits im Bereich seitlich des gezeigten Profils als Gleitbahn
für eine Rutschung gedient hat.

Der Magnesit ist überdies noch im Bereich der Tagbau-Etagen E 17, E 18, E 19,
E 20 durch steilstehende Zerrklüfte untergliedert, die mit a, b, c gekennzeichnet
sind. Im Bereich oberhalb der Zerrkluft a geht der Magnesitkörper jedoch in Dolomit über, so daß er nicht mehr bauwürdig ist. Er sollte deshalb an Ort und Stelle
belassen werden, während gleichzeitig die darunterliegenden Etagen im Erzkörper
ungestört abgebaut werden sollten. Hierfür war jedoch angesichts der gefährlichen
Kluftsysteme eine Stabilisierungsmaßnahme erforderlich, für die eine Ankerung
vorgenommen wurde.

Ankerung: Auf Grund von geomechanischen Berechnungen wurde die zusätzlich
erforderliche Widerstandskraft in der Gleitbahn errechnet, die den bestehenden
Sicherheitsfaktor um 4% erhöhen konnte. Daraus ergab sich eine resultierende
Ankerkraft, die bei der angenommenen Ankerneigung gegenüber der Gleitbahn
insgesamt 3380 t ergab. Diese Kraft wurde auf insgesamt 26 Anker aufgeteilt, von
denen jeder eine Vorspannung von 130 t erhielt. Von den 26 Ankern wurden jeweils 4 mit 55 m Länge auf Etage 19, 10 mit 65 m Länge auf Etage 18 und 12 mit
35 m Länge auf Etage 17 angeordnet. Dabei wurden die Anker jeweils paarweise
an einem Druckverteilungsbalken abgesetzt, der 4 m breit und 2 m dick aus Stahlbeton hergestellt wurde, und wie Abb. IV.14 zeigt, in den x-Stellen der Etagen
errichtet wurde. Die horizontalen Abstände zwischen den Betonbalken betrugen
auf der obersten Etage 20 m, auf den unteren zwei jeweils 15 m. Bei der Neigung
von −25° und den angegebenen Längen reichten die Anker jeweils in den festen
Untergrund des liegenden Dolomits, in dem sie auf einer Verankerungsdistanz von
3 m mit Zementmörtel vergossen wurden.

Entwurf, Herstellung und Einbau der Anker erfolgte direkt durch den Bergbaubetrieb. Als Zugelemente wurden abgelegte Tragseile von 52 mm Durchmesser in
rundum verschlossener Machart verwendet. Ihre Bruchlast betrug fabriksneu 265 t.

Abb. IV.13. Gebirgsaufbau und Anordnung
der Seilanker im Tagbau Bürgl

a)

b)

Abb. IV.14. Ansicht von a) Druckverteilungsbalken auf den Etagen nach der Ankerung und
b) Absetzmechanismen der Seilanker

Jeder Anker wurde aus einem solchen Seil hergestellt, dessen Haftstrecke zur besseren Kraftübertragung mit einem Draht spiralförmig umwickelt und verlötet wurde. Nach dem Vorspannen wurde auch die Spannstrecke mit Zementmörtel vergossen. Der Absetzmechanismus ist ebenfalls in Abb. IV.14 dargestellt, worin besonders die Seilflasche zu erkennen ist, die aus einer zylindrischen Hülse bestand und mit Blei ausgegossen wurde. Die zwei Beine des bockartigen Absetzgerüsts enthalten teleskopartig verschraubbare Gewindebolzen, mit Hilfe derer ein Nachstellen der Vorspannung möglich ist. An vier solchen Ankern wurden Kraftmeßdosen eingebaut, um die Wirkung zusammen mit zusätzlichen, geodätischen Messungen beobachten zu können.

Während fünfjähriger zuverlässiger Wirkung der Anker war es möglich, den Tagbaubetrieb in dieser Hinsicht störungsfrei zu Ende zu führen.

Fall 3: Temporäre Stabilisierung schieferiger   Gleitmassen in Tagbauböschung.

Ort: Magnesit-Tagbau Bürgl in Hochfilzen, Österreich.

Gebirge: An einem nach NO abfallenden Berghang wurde eine Magnesitlagerstätte im Tagbau abgebaut. Sie lag auf einer ungefähr parallel zum Berghang mit ca. 35° einfallenden Porphyroid-Schicht, welche hier den Magnesit vom darunterliegenden Dolomit trennte (Abb. IV.15). Der Porphyroid war in mechanischer Hinsicht gekennzeichnet durch intensive Schieferung und zeigte ganz im Gegensatz zu den sonstigen Erscheinungsformen solcher Gesteinsart deutlich plastisches und bei Wasserzutritt quellendes Verhalten. Neben der Gleitgefahr des Porphyroids auf seinem Liegendkontakt zum Dolomit bestand zusätzlich die Gefahr des Zergleitens oder langsamen Fließens bei Einfluß der Atmosphärilien, wenn er im Zuge des Bergbaus freigelegt wurde. Ein Kluftsystem innerhalb dieser Schicht war wegen des pseudoplastischen Verhaltens nicht ausgeprägt.

Im Zuge des Abbaus der Lagerstätte konnte eine Freilegung des Porphyroids zumindest an den oberen Etagen nicht vermieden werden, doch zeigte sich bald, daß dieser sich allmählich in den darunter umgehenden Tagbau bewegen würde, wenn keine Gegenmaßnahmen getroffen würden.

Da ein vollständiges Stabilisieren untragbar teure Baumaßnahmen erfordert hätte, wurde als Ersatz eine vorübergehende Ankerung gewählt, die die Bewegung des Porphyroids bis nach Ende der Tagbautätigkeit hinauszögern sollte.

Ankerung: Im Bereich seiner Freilegung wurde der Porphyroid durch eine Flächenankerung, wie im Schema der Abb. IV.15 gezeigt, teilweise in sich und teilweise an den liegenden Dolomit genagelt. Es wurden GD-Anker von 20 mm Stabdurchmesser und 12 t Vorspannung in einem qudratischen Raster von 3 × 3 m angeordnet. Dabei wurden die Ankerlängen abwechselnd mit 4 m und mit 12 m gewählt, in manchen Bereichen auch mit 25 m, so daß eine Nagelung an den Dolomit erreicht wurde. Die Anker wurden rechtwinkelig zum Liegendkontakt orientiert. Bei den größeren Längen wurden die Zugelemente aus Einzelstücken von jeweils 4 m durch Gewindemuffen aneinandergekuppelt. Als Verzug diente Maschendrahtgitter von 100 × 100 Maschenweite und 3 mm Drahtdurchmesser, welches noch durch Verzugsleitern der Type GD-Anker versteift wurde, die aus jeweils zwei Distanzstäben in ca. 3 cm Abstand voneinandergehalten waren. Abb. IV.16 zeigt den Zustand dieser Ankerung nach einer Lebensdauer von ca. 5 Jahren, während welcher der Tagbau plangemäß zu Ende geführt werden konnte.

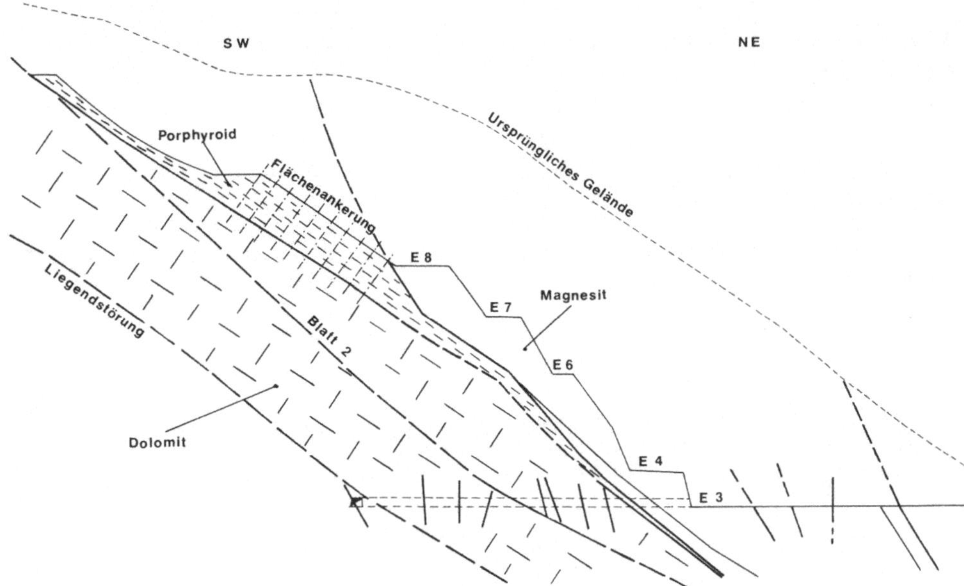

Abb. IV.15. Lage des Magnesits, Porphyroids und der Ankerungszone im Tagbau Bürgl

Abb. IV.16. Flächenankerung zur Stabilisierung des Porphyroids

Fall 4: Hebung des Böschungswinkels in Tagbau.

Ort: Kupferbergbau Twin Buttes, U.S.A.

Gebirge: Unter einer alluvialen Kiesdecke von ca. 150 m Mächtigkeit liegt eine
Schichtfolge von Festgesteinen, die aus feldspatreichem Quarzit, Konglomeraten,
Tuffen, Andesiten und Dazit besteht. Das Festgestein ist von im wesentlichen zwei
Kluftscharen durchzogen, die folgend beschrieben werden können [20]:

	Schar A	Schar B
Vorherrschender Charakter	Klüfte	Störungen (bewegt)
Generelles Streichen	N 50°W	N 75°E
Generelles Einfallen	37°E	80°W
Relative Häufigkeit	mäßig	überwiegend
Lineare Erstreckung	3 bis 30 m	30 bis 300 m
Angenäherter Kluftabstand	1,5 m	0,7 m

Einige hierzu gehörige Meßwerte der mechanischen Eigenschaften an diesen Flächer sind:

Art der Fläche		Reibungswinkel (Grad)	Kohäsion kp/cm^2
Klüfte	Höchstwert	34 ± 5	$1,0 \pm 0,4$
	Restwert	32 ± 5	$0,45 \pm 0,25$
Störungen	Höchstwert	32 ± 9	$0,5 \pm 0,3$
	Restwert	31 ± 6	$0,2 \pm 0,15$

In diesem Gebirge wurde ein Tagbau betrieben, dessen südliche Böschung mit ca. 38° nach NNO geneigt war. Diese Böschung reichte noch bis 60 m unter den Kontakt zur überlagernden Kiesdecke, wobei dieser Teufenunterschied in vier Etagen von jeweils 15 m Höhe untergliedert war.

Wegen einer bereits früher aufgetretenen Rutschung in dieser Böschung, die einen Umfang von 3×10^6 t bewegte und betriebliche Schwierigkeiten herbeiführte, mußte die angrenzende Zone geankert werden, wobei ein Teil dieser zu ankernden Zone bereits in beträchtlicher Bewegung war. Die gesamte Zone befand sich oberhalb des Grundwasserspiegels.

Ankerung: Eine Zone von 60 m horizontaler Erstreckung wurde durch das Einbringen von 40 Mehrfachseilankern geankert, wobei die einzelnen Anker 30 und 45 m lang mit 5° Neigung nach aufwärts angeordnet wurden, wie es schematisch in Abb. IV.17 dargestellt ist. Die Anker wurden reihenweise auf die vier Arbeitsböschungen der Etagen unterhalb der Kiesdecke verteilt, wobei je Reihe von unten nach oben fortschreitend 7, 8, 12 und 13 Anker angebracht wurden. Die Ankerabstände waren dabei von unten nach oben jeweils 7,5 m, 7,5 m, 6,0 m, 6,0 m und 4,5 m. Eine Verankerungsdistanz von einheitlich 10,5 m in Bohrlöchern von 3,5" und 5" erlaubte die Vorspannung von 75 t bis 230 t. Die Zahl der je Anker angesetzten Kabel (1/2" Durchmesser) variierte von 6 bis 16, so daß sich daraus die Verschiedenartigkeit der Vorspannungen ergab. Die Höhe der angebrachten Vorspannung entspricht jeweils 60% der Nennlast, wobei beim Setzen eine Auslängung auf 70% derselben erforderlich war. Alle Anker wurden nach dem Vorspannen auch entlang der Spannstrecke völlig mit Zementmörtel vergossen.

Der Aufbau der Anker ist im Prinzip in der Abb. II.6 dargestellt. Die einzelnen Litzen der Anker wurden mit PVC-Schläuchen so überzogen, daß nur die Verankerungsdistanz frei blieb. Insgesamt 11 der 40 Anker wurden mit Kraftmeßdosen ausgestattet, um die langfristige Wirksamkeit beobachten zu lassen.

Die gesamte erfaßte Zone der Böschung konnte durch diese Ankerung erfolgreich stabilisiert werden.

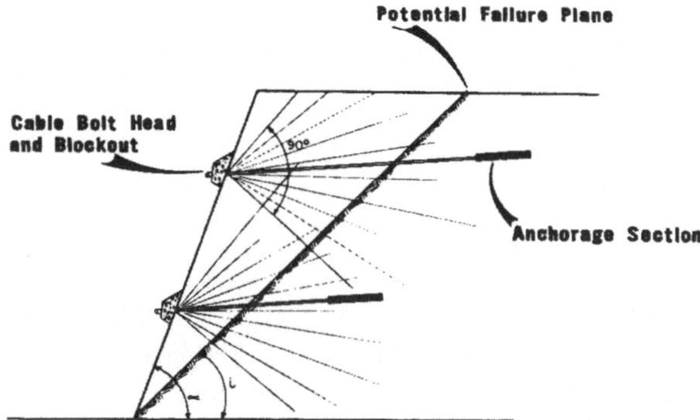

Abb. IV.17. Neigung der Seilanker in der Tagbauböschung

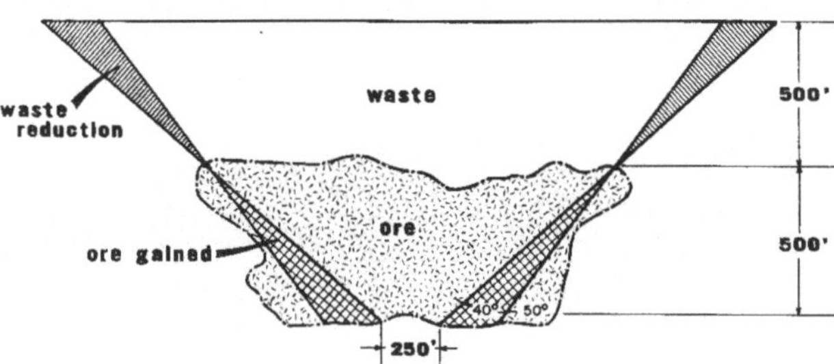

Abb. IV.18. Erhöhung des
Böschungswinkels durch
Ankerung

Eine besonders beachtenswerte Möglichkeit, die sich aus dieser Art der Ankerungstechnik ergibt, ist die der Rationalisierung von Tagbaubetrieben, wie dies in Abb. IV.18 schematisch dargestellt ist. Durch den Einsatz von Ankern in der Tagbauböschung in Form einer Nagelung kann nämlich unter Umständen eine Erhöhung des Böschungswinkels möglich werden. Hierdurch ergibt sich nicht nur eine Einsparung an Abraumarbeiten, sondern auch eine Vermehrung der zu gewinnenden Substanz, weil auch die Endböschung der Lagerstätte steiler gestaltet werden kann.

5. Balkenbildungs-Effekt

Fall 1: Firstankerung in geschichtetem Gebirge.

Ort: Kupferbergbau White Pine in Michigan [86].

Gebirge: Schichtenfolge nach Abb. IV.19 mit Einfallen von ca. 10°. Mäßig ausgebildete Klüftung. Schichtgrenzen auch deutlich ausgebildet und mechanisch wirksam Schichtungsfugen auch innerhalb der Schichten mäßig ausgebildet. Gebirgsgüteklasse nach visueller Beurteilung von 9 m breiten Örtern für oberen Schieferton und eingelagerten Schieferton leicht gebräch und für oberen Sandstein und unteren Sandstein nachbrüchig. Überlagerung ca. 250 m.

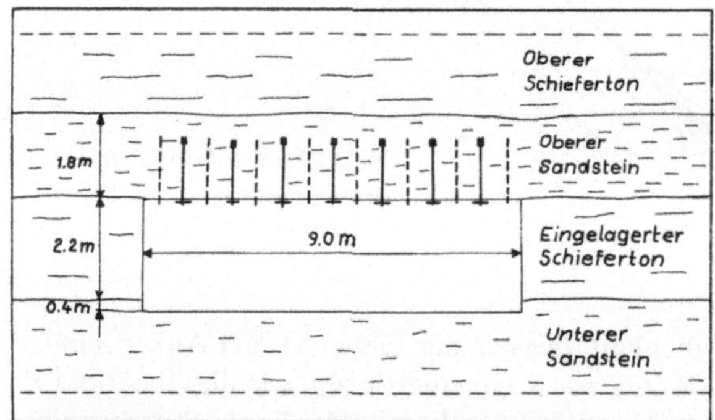

Abb. IV.19. Schichtenfolge und Ankerungsschema im Kupferbergba White Pine

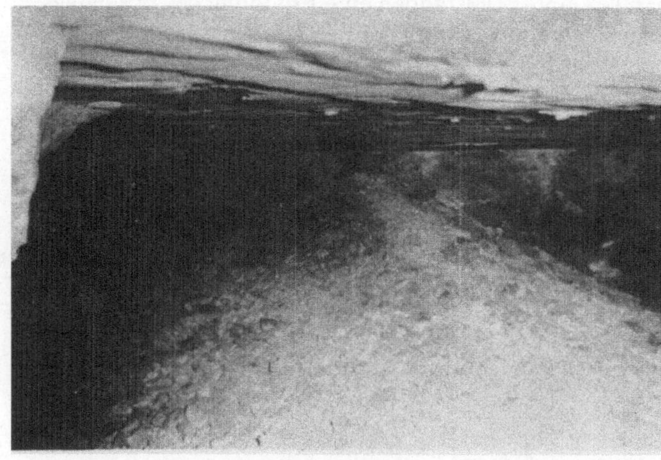

Abb. IV.20. Blick in ein geankertes Abbauort nach dem Sprengen

Gesteinseigenschaften für die einzelnen Schichten:

	Einachsige Druckfestig-keit(kp/cm²)	Zugfestigkeit (kp/cm²)	E-Modul (kp/cm²)	Poissonsche Zahl
Oberer Schieferton	1400	–	500 000	0,09
Oberer Sandstein	1200	45	380 000	0,11
Eingelagerter Schieferton	1400	–	500 000	0,09
Unterer Sandstein	1200	45	270 000	0,11

Ankerung: Ankerabstand 1,2 m, Reihenabstand 1,2 m, Ankerlänge 1,5 m, Stab-durchmesser 16 mm mit Spreizkeilanker und aufgestauchtem Rundkopf mit Innen-vierkant, Bruchlast 12 t, Vorspannung ca. 5 t. Kein Verzug, Orientierung der Anker bankrecht (Abb. IV.19 und Abb. IV.20).

Fall 2: Vertikaler Balken in geschichtetem Gebirge.

Ort: Bergbau Millstätter Alpe in Österreich.

Gebirge: Die Abb. IV.21 zeigt in einem geologischen Profil die Magnesitlagerstätte, welche konkordant eingelagert ist in eine Schichtfolge der Grauwackenzone. Die

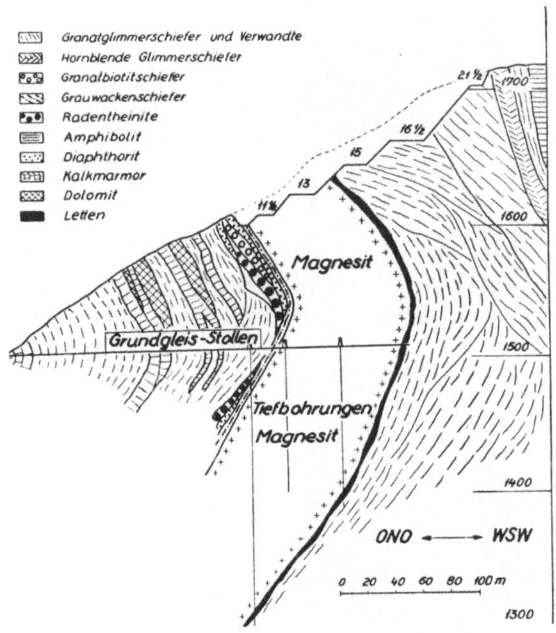

Abb. IV.21. Aufbau der Lagerstätte Millstätter Alpe mit überkippter Zone infolge Talzuschubs

oberflächennahen   Partien der Schichten sind durch einen Talzuschub überkippt. Im bergseitigen Kontakt der Lagerstätte befindet sich eine Lettenzwischenschicht, die im Bereich des Talzuschubs stark druckhaftes Verhalten aufweist. Der Abbau der Lagerstätte und insbesondere das Auffahren von Abbaustrecken im Magnesit entlang des Kontakts fördern das Hereindrängen der Lettenschicht in die Hohlräume.

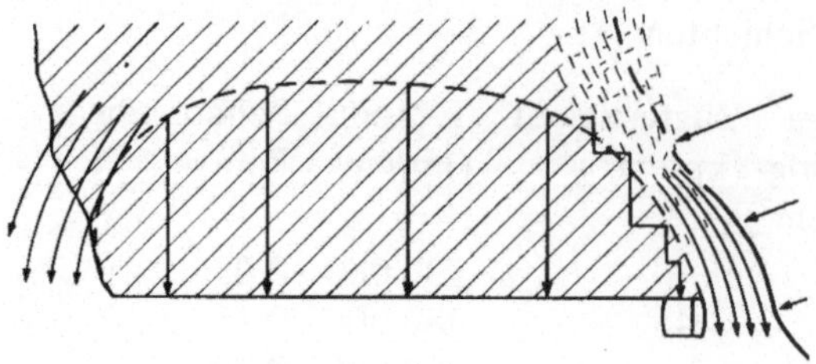

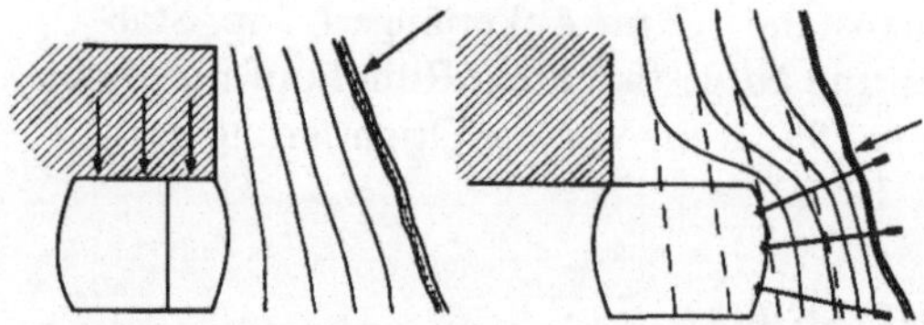

Abb. IV.22. Gebirgsdruck und Abbau-
druck in den bergseitigen Abbaustrecken

Abb. IV.23. Durch hohen
verformter Stahlringausba

Abb. IV.24. Stabilisierter
Streckenulm durch schlafi
Haftanker und Baustahlgit

Die Wirkungsweise ist in Abb. IV.22 dargestellt [87]. Demnach wird der seitliche
Gebirgsdruck aus dem Talzuschub noch überlagert durch die bergseitige Auflager-
zone des Gewölbes, welches sich über den Magnesitkörper zufolge des Abbaus
spannt. Wie aus Abb. IV.23 ersichtlich ist, konnten auch starke Stahlbögen in
ringförmig geschlossener Weise dem Druck nicht standhalten.

Ankerung: Der bergseitige Ulm der Abbaustrecken wurde systematisch geankert
und mit einem Maschendrahtgitter und Verzugsleitern abgesichert. Das Ankerungsschema ist in Abb. IV.22 illustriert. Zum Einsatz gelangten schlaffe Haftanker mit
Zementmörtel-Verguß in der Länge von 1,8 m. Die Abstände zwischen den Ankern
und deren Reihen betrugen 0,8 m. Frühzeitiges Einbauen der Anker sofort nach
dem Ausbruch konnte die Auflockerung des Ulms soweit hintanhalten, daß der
Stabilisierungseffekt stellenweise auch ohne Verwendung von Stahlbögen eintrat,
wie dies in Abb. IV.24 ersichtlich ist [99]. Zu den dadurch erzielten Verbesserungen
gehörten die Bewahrung größerer freier Querschnitte der Abbaustrecken, Einsparung
an Stahlausbau und weitgehende Ausschaltung von Nachreißarbeiten.

**Fall 3: Balkenbildung mit gewölbter Unterfläche in geschichtetem Gebirge beim
Tunnelbau.**

Ort: Katschberg-Tunnel, Baulos Nord, Österreich.

Gebirge: Im vorwiegend standfesten Zentralgneis, der schwach geschiefert und ge-
klüftet ist und mit ca. 30° nach O einfällt, war eine konkordante Schieferschicht von
ca. 4 m Mächtigkeit eingelagert. Diese konnte nach ihrem Verhalten als deutlich
nachbrüchig eingestuft werden.

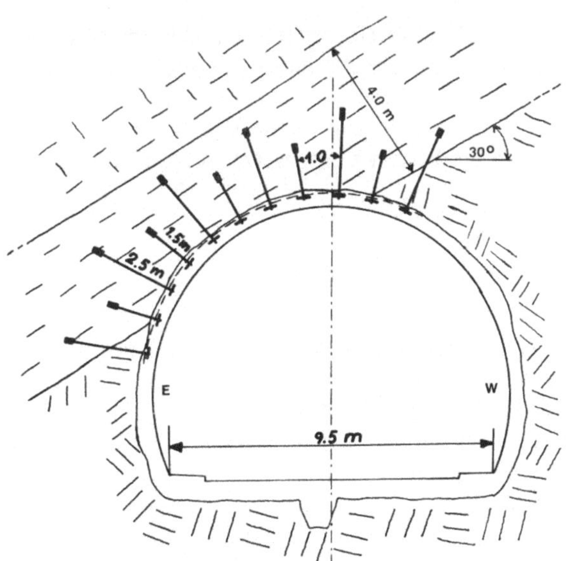

Abb. IV.25. Schema der Situation
im Katschberg-Tunnel

Ankerung: Die Schieferschicht wurde von dem in Abb. IV.25 gezeigten Tunnelprofil
in der Kalotte zwischen 9°° und 13°° angeschnitten, so daß die Schieferung den
Hohlraum tangierte und teilweise in diesen hereingerichtet war. Ihre Stabilisierung
bzw. Konservierung mußte durch die Ankerung ausgehend vom Ausbruch in Gewöl-

beform bewirkt werden, wobei der Gebirgsdruck hinsichtlich Richtung und Angriff punkt nicht bekannt war. In der Auslegung mußte darauf geachtet werden, vor allem auch die Mobilität oder die Gleitmöglichkeit am Liegendkontakt und die Ab- lösung vom Hangendkontakt zu verhindern, so daß auch die angrenzenden Zonen des Gneis mit in die Ankerung einbezogen wurden (Abb. IV.26). Hierdurch wurde die Schieferschicht in Form eines geschichteten Balkens von schräger Lage und ge- wölbter Unterfläche verfestigt.

Abb. IV.26. Ausgeführte An
mit Verzug aus Baustahlgitte

Zur Verwendung gelangten GD-Anker von 16 mm Durchmesser in der abwechseln- den Länge von 1,5 und 2,5 m nach dem Schema der Abbildung, wobei jedoch die genaue Wahl der Ansatzpunkte nach den Rauhigkeiten der Ausbruchsfläche erfolgte Die Ankersetzdichte betrug ca. 0,8 Stk/m². Als Verzug wurde Baustahlgitter von 100×100 mm Maschenweite und 4 mm Drahtstärke eingesetzt. Auf Spritzbeton konnte verzichtet werden.

Fall 4: Streckenfirste in tertiärem Braunkohlenbergbau.

Ort: Braunkohlenbergbau Trimmelkam in Österreich [95].

Gebirge: In einer Teufe von 100 bis 120 m befinden sich drei Braunkohlenflöze des Obermiozäns, die durch tonige Zwischenschichten voneinander getrennt sind, wie dies in Abb. IV.27 dargestellt ist. Das Flözeinfallen liegt bei ca. 10°. Die Tonschich- ten sind stark plastisch und manchmal von sandigen und glimmerigen Einlagerungen durchsetzt, wobei auch Schwimmsandnester relativ häufig sind. Die Plastizität des Gebirges hat eine Klüftung noch nicht ermöglicht. Wegen des schwierigen Verhal- tens der tonigen Zwischenschichten werden Strecken nur innerhalb der Kohleflöze aufgefahren, so daß an der Firste und in der Sohle festere Schichten anstehen.

Ankerung: Der herkömmliche Holzausbau wurde durch die Druckhaftigkeit des Gebirges und insbesondere durch den Abbau-Druck aus dem Strebbau meist vor seiner erwünschten Lebensdauer zerstört, so daß eine Ankerung der Firste vorge- sehen wurde, die sich auch in der Form der Abb. IV.27 bewährt hat. Diese First-

ankerung wurde mit jeweils zwei Spreizhülsenankern der Bauart GHH in einer
Reihe bewerkstelligt, wobei als Unterfangung der Firste ein Holzbalken von
1800 × 200 × 40 mm verwendet wurde. Die Anker hatten einen Stab aus St 52
bei einem Durchmesser von 20 mm und einer Länge von 1600 mm. Sie wurden
mit einem Drehmomentschlüssel auf 25 bis 34 mkp vorgespannt, was einer Vorspannkraft von 2 bis 3 t entspricht. Die Verankerungsdistanz war dabei in die
Kohle des Oberflözes verlegt, welches eine Ankerkapazität von 10 t bei 180 mm
Gleitweg aufwies.

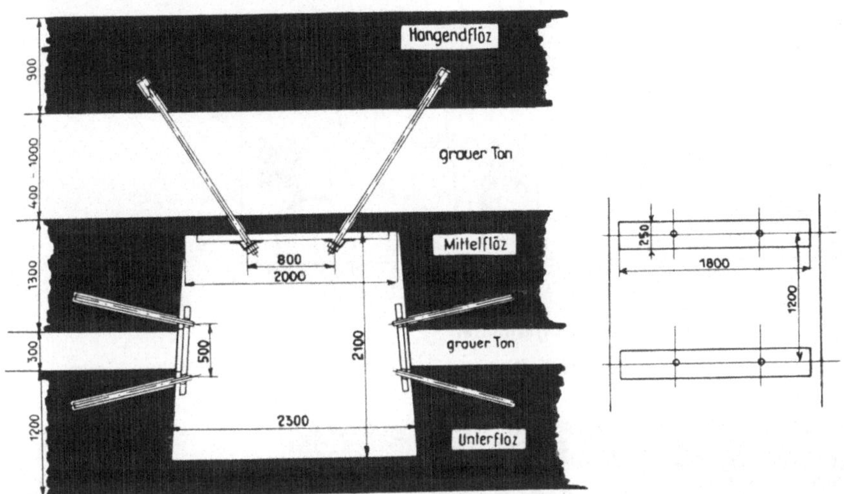

Abb. IV.27. Schichtenfolge und Ankerungsschema in der tertiären Braunkohle

Da auch ein Hereinschieben der Streckenstöße im Bereich der Tonzwischenschicht
auftrat, wurden diese ebenfalls durch Ankerung gesichert, wobei allerdings Schlitzkeilanker aus Holz verwendet wurden.

Auf diese Weise wurde die Ankerung immer dicht bis an die Ortsbrust herangeführt,
was bis auf eine Entfernung von 0,5 m möglich war, da die Auffahrung mit schnei-
denden Maschinen ausgeführt wurde.

Fall 5: Ankertürstock im Steinkohlenbergbau.

Ort: Zeche Zollverein im Ruhrgebiet Westdeutschlands.

Gebirge: Im Steinkohlenbergbau des Ruhrgebietes handelt es sich um Karbon-
Schichten, in denen der Abbau von Steinkohle in einer Teufe von 600 bis 950 m
umgeht. Im gegebenen Fall handelt es sich um das Flöz Ernestine, das von einem
leicht sandigen Schieferton von 240 bis 480 kp/cm^2 Druckfestigkeit überlagert
wird. Das Gebirge ist dort in Strecken von 12 m^2 nachbrüchig bis gebräch. Die
Kohle wird im Strebbau abgebaut, so daß der begleitende Abbaudruck die Abbaustrecken stark beeinflußt. Hierdurch wird das Gebirge in den Abbaustrecken bei
Wirksamwerden des dynamischen Gebirgsdrucks stark gebräch bis druckhaft.

Der Ausbau der Haupt- und Abbaustrecken war herkömmlicherweise mit Stahlbögen
erfolgt, die jedoch dem dynamischen Druck nicht standhalten konnten und im Zuge
von teuren Nachreißarbeiten ausgewechselt werden mußten. Als eine der vielen ins

Auge gefaßten Alternativen hat sich das Ankern als überaus erfolgreich erwiesen
[96, 97]. Ähnliche Erfahrungen sind auch von anderen Gruben [103] und aus dem
saarländischen und dem französischen Steinkohlenbergbau [98] überliefert.

Ankerung: In den 4 m breiten und ca. 2,7 m hohen Abbaustrecken von rechteckigem
Querschnitt wurde die Firste nach dem Schema der Abb. IV.28 geankert. Die Ab-

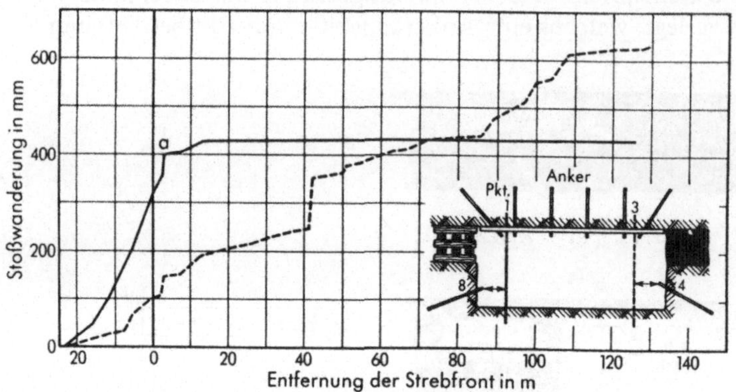

Abb. IV.28. Ankerungsschema und laterale Konvergenz in Abbaustrecken des Ruhrgebietes

Abb. IV.29. Geankerte Firste einer Abbaustrecke im Ruhrgebiet

stände der Anker innerhalb einer Reihe betrug 0,8 m und zwischen den Ankerreihen
ebenfalls 0,8 m. Als Anker wurden Stahlstangen von 22 mm Durchmesser und
1 800 mm Länge aus Ankerstangenstahl RN 90 verwendet, welcher eine Streckgrenze
von 36 kp/mm² und eine Bruchfestigkeit von 60 bis 70 kp/mm² aufweist. Die Anker
wurden auf ihrer ganzen Länge mit Kunststoff aus Patronen der Bauart Becorit oder
Nilos vergossen. Die Kunststoffpatronen hatten eine Länge von 500 und 750 mm
sowie einen Durchmesser von 24 mm. Sie besaßen eine Hülle aus Glas und enthielten
als Kunststoff ein Polyester-Harz, das mit Gesteinsmehl vermengt war.

Als Mittel zur Unterfangung der Firste wurden Stahl-Kappen aus U-Profil (U-14 aus St 37) von 2,5 m Länge so angeordnet, daß sie einander in der Streckenmitte um 0,5 m überlappten. Hierdurch ergab sich je Ankerreihe eine Kappe von 4,5 m Länge. Zusätzlich wurden zwischen zwei jeweils benachbarten Kappen noch Verzugsbleche in Streifenform eingelegt.

Die Anker waren am Kopfende mit aufgerolltem Gewinde versehen, so daß sie mittels einer Mutter auf ein Drehmoment von ca. 30 kpm „vorgespannt" werden konnten. Auch die Streckenstöße im Liegenden der Kohle wurden mit schräg nach abwärts geneigten Ankern derselben Bauart stabilisiert.

Die Vorteile des Ersatzes eines herkömmlichen Bogenausbaus durch die Ankerung lagen in der Freihaltung des Streckenquerschnitts, welches besonders für die Phase des Strebdurchgangs von Bedeutung ist, weil die Umkehr- oder Antriebsstation des Strebförderers in der Strecke gelagert ist und so ohne besondere Handhabung von Ausbauelementen einfach weitergerückt werden konnte. Weitere Vorteile liegen in der Ermöglichung der Konvergenz beim Strebdurchgang, währenddessen die Kohle gewonnen wird und die geankerte Firste unabhängig von ihrer Stellung gegenüber der Sohle als gesamte Einheit sich absenken kann. Solche Konvergenzen betrugen im gegebenen Fall 70% der Flözmächtigkeit, also ca. 0,9 m. Dabei traten jedoch auch laterale Bewegungen der Streckenstöße auf, die bis zu 0,6 m betragen konnten, wie Abb. IV.28 im Diagramm zeigt. Die Ansicht einer derart geankerten Streckenfirste ist in Abb. IV.29 gegeben.

6. Gewölbebildungs-Effekt

Fall 1: Förderstrecke im Bergbau.

Ort: Grube Kreuth der Bleiberger Bergwerks-Union Aktiengesellschaft in Österreicl
Gebirge: Dolomit mit mäßig ausgebildeter Schichtung und mittelmäßig starker
Klüftung, welche jedoch die Festigkeit des Gebirges gegenüber jener des Gesteins
stark herabsetzt. Gebirgsgüteklasse: leicht gebräch, beurteilt an Streckenquerschnit·
ten von ca. 7 m².

Abb. IV.30. Übergang vor
ausbau zu Ankerung mit (
bildung

Ankerung: Entsprechend der Abb. IV.30 wurde der unzureichende Holzausbau
durch eine Systemankerung abgelöst, die im Zuge von Nachrißarbeiten eingebracht
wurde. Eingesetzt wurden GD-Anker der Bauart B 27, aus Rundstahl 16 mm (Bruo
last 15 t) in der Länge von 1,8 m und in Verbindung mit Maschendrahtgitter. Die
Ankerung erfolgte in beiden Ulmen und der Firste zur Bildung eines Gewölbes,
welches sich auch in der Folge stabil verhielt. Die Ankerabstände waren ca. 0,9 m,
wobei eine Einordnung in Reihen nicht möglich war, weil zur besseren Wirksamkei
des Verzugs die Ankeransatzpunkte nach den gegebenen Vertiefungen des Ausbruo
gewählt werden mußten.

Fall 2: Straßentunnel nach der Neuen Österreichischen Tunnelbauweise (NÖTM).

Ort: Arlberg Straßentunnel Südröhre zwischen Langen und St. Anton in Österreicl
(Tunnelstation 461 m des Bauloses 03).

Gebirge: Das Altkristallin, welches von der 16 km langen Tunnelstrecke durchörtert wird, besteht aus einer mächtigen Folge von Schichten, die durch starke Schieferung ausgezeichnet ist. Die hier im besonderen behandelte Stelle der Tunnelachse wird von einem ebenfalls stark geschieferten Glimmergneis aufgebaut, dessen Schieferung in Vortriebsrichtung gesehen von links oben nach rechts unten einfällt und in sehr spitzem Winkel zur Tunnelachse streicht. Wegen des hangparallelen Verlaufes der Tunneltrasse liegt die Hauptmasse der Überlagerung bis zu einer Höhe von ca. 1000 m in Vortriebsrichtung gesehen rechts von der Tunnelachse, so daß die direkte Überlagerung nur ca. 120 m und die Entfernung zur Erdoberfläche 80 m beträgt. Trotz dieser Lage erwies sich das Gebirge als druckhaft, was besonders auf die starke Schieferung und den hohen Gehalt an Glimmer zurückgeführt wird.

Klüfte von mechanisch bedeutsamer Wirksamkeit treten nur in Form größerer Störungen auf, welche meist auch von Mylonitisierung und stärkerer Zerstörung des Gebirgsverbands in ihrer Nähe begleitet sind, aber im vorliegenden Beispiel nicht hervortreten.

Ankerung: Der Tunnelausbruch erfolgte im Hufeisen-Profil mit einer Höhe von 11 m und einer größten Breite von 11 m ($100,4$ m² Ausbruchsquerschnitt). Die Ausbaumaßnahmen waren in zwei Stufen untergliedert, nämlich in die unmittelbaren Stützmaßnahmen nach den Prinzipien der NÖTM und in das Einbringen eines Innenbetons, welches erst nach der Stabilisierung und Beruhigung des Gebirges erfolgen durfte.

Die unmittelbaren Stützmaßnahmen umfaßten das Ankern, das Einbringen von Tunnelbögen, das Auftragen von Spritzbeton mit oder ohne Baustahlgitter.

Zum Zweck der Angebotserstellung und der Bauabrechnung war das Gebirge nach technischen Gesichtspunkten in fünf Gebirgsgüteklassen untergliedert worden, deren jeder ein bestimmter Umfang an Stützmaßnahmen zugeordnet war. Der entsprechende Aufwand an Ankern, Tunnelbögen, Spritzbeton und Baustahlgitter für die einzelnen Gebirgsgüteklassen war ähnlich ausgelegt wie beim Tauerntunnel, welcher in Kapitel III, Abschnitt 6.4 beschrieben ist.

Für die Abgrenzung der einzelnen Gebirgsgüteklassen während der Auffahrung war nicht nur die Erfahrung der ausführenden Baufirmen ausschlaggebend, sondern in vorrangigem Maß die meßtechnische Beobachtung des Gebirgs- und Ausbauverhaltens. Erst die Messungen konnten objektive Auskunft darüber geben, daß die Intensität der Ankerung und die Steifigkeit der Oberflächensicherung mit der Beziehung zwischen Druckentwicklung und Bewegung des Gebirges übereinstimmte und also als technisch optimal anzusehen war. Das wesentliche zusätzliche Kriterium zur genannten Übereinstimmung war das zeitliche Abklingen der Gebirgsgewegungen und somit die Stabilisierung des Gebirges, welches die erwünschte Wirksamkeit des Gebirgstragrings nachwies.

Das hier zu besprechende Beispiel soll neben seiner Aussage über die Stabilisierungsmaßnahmen vor allem darlegen, auf welche Weise die begleitende meßtechnische Information zur allfälligen Korrektur beitragen kann. Hierzu soll der Meßquerschnitt der Tunnelstation 461 m beachtet werden, dessen Konvergenzverhalten in Abb. IV.31 dargestellt ist.

In diesem Meßquerschnitt wurde ein Gebirge angetroffen, welches im Teilausbruch (Kalotte, Strosse I und Strosse II) aufgefahren wurde und während des alleinigen Bestands des Kalottenausbruchs eine Beruhigung der Konvergenz zeigte (April bis

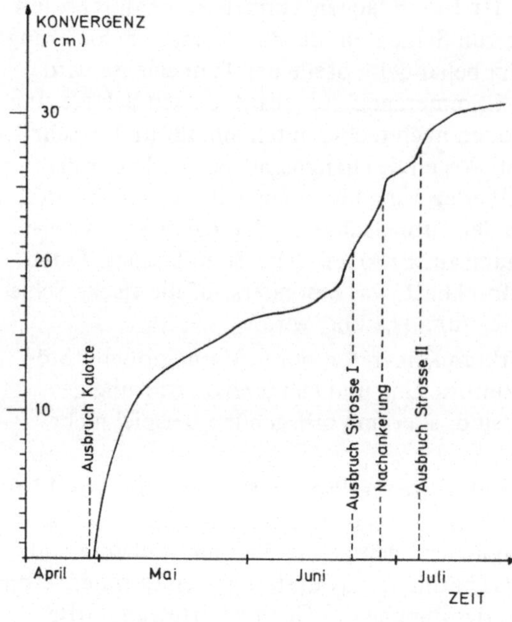

Abb. IV.31. Verlauf der horizontalen Konvergenz im Meßquerschnitt 461 m der Südröhre des Arlberg-Straßentunnels, Baulos 03

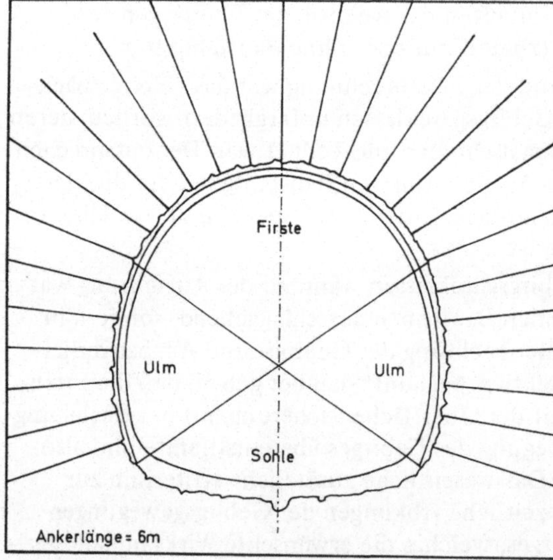

Abb. IV.32. Stabilisierungsmaßnahmen im Regelprofil nach der NÖTM für Gebirgsgüteklasse IV im Arlberg-Straßentunnel

Mitte Juni). Als jedoch Mitte Juni der nachfolgende Ausbruch der Strosse I sich dem Meßquerschnitt näherte, begann die Konvergenz sich zu beschleunigen und zeigte unmittelbar nach Durchgang des Strossenausbruchs eher eine beschleunigende Tendenz, als eine verzögernde. Hier wurde als sofortige Gegenmaßnahme eine Nachankerung des Gebirgstragrings eingebracht, welche binnen eines Tages die Konvergenzkurve zum Verflachen brachte und damit die Voraussetzung für die Einbringung des Ringbetons erfüllte.

Der Umfang der Ausbaumaßnahmen ist aus Abb. IV.32 und Abb. IV.33 ersichtlich.
Im Zuge der ursprünglichen Ausbauarbeiten waren 6 m lange Haftanker aus einem
profilierten Rundstab der Bauart Dywidag mit 26,5 mm Durchmesser eingesetzt

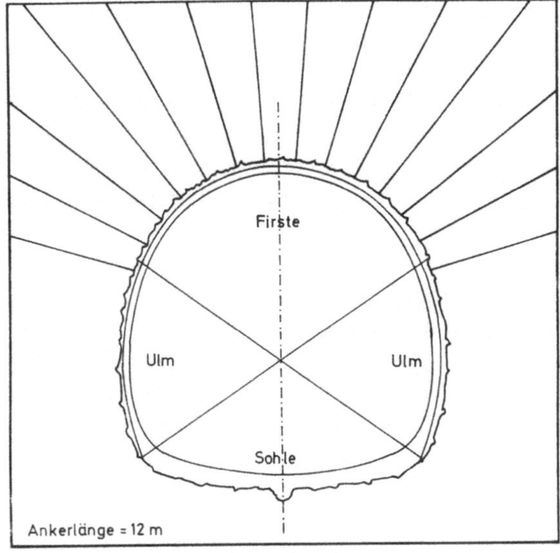

Abb. IV.33. Zusatzankerung zur
Beruhigung des Gebirges

Abb, IV.34. Ansicht der
zusätzlich geankerten Kalotte

worden. Bei einer Bruchlast von 60 t wurden sie nach dem Verguß mit 15 t vorge-
spannt. Ihre räumlich Anordnung wurde so getroffen, daß jeder Ankerkranz in den
Tunnelquerschnitt eines Tunnelbogens aus dem Profil THÖ 21 fiel, zwischen welchen
Abstände von 1,00 m vorgesehen waren. Dies ergab 25 Anker je Laufmeter der
Tunnelachse (Abb. IV.32). Die Ausbruchsfläche wurde mit Baustahlgitter der Di-
mension AQ 50 und Spritzbeton in der Stärke von 15 bis 25 cm gesichert.

Die in Abb. IV.33 dargestellte Maßnahme der Nachankerung umfaßte im Bereich der Kalotte 14 Anker von 12 m Länge und 26,5 mm Durchmesser. Die Anordnung dieser Anker geschah in Querschnittsebenen, die im halben Abstand der Tunnelbögen lagen. Eine Illustration hierzu ist in Abb. IV.34 gegeben.

Ergebnis: Durch die verhältnismäßig einfache Maßnahme der Nachankerung, welche einerseits feinfühlig gewählt werden kann und andererseits leicht und schnell durchführbar ist, konnte innerhalb kurzer Frist eine ausreichende Beruhigung des Gebirges erzielt werden. Die sorgsame und ununterbrochene Beobachtung und Interpretation der Meßwerte war eine wichtige Voraussetzung für die rechtzeitige Korrektur. Eine weitere Korrektur dieser Art beim Ausbruch der Strosse II zeigte sich nicht erforderlich, weil die Konvergenzbeschleunigung keine gefährlichen Beträge erreichte und später (Juli) wieder abnahm.

Fall 3: Nachträgliche Verstärkung eines Tunnelgewölbes.

Ort: Tauerntunnel Oströhre der Tauernautobahn, Österreich.

Gebirge: Ein unter 800 bis 1000 m Überlagerung stehender grauer bis schwarzer Phyllit der alpinen Schieferhülle von großer Mächtigkeit zeigte ein Einfallen von ca. 35°N. Der hohe Gebirgsdruck und die intensive Schieferung ließen den Phyllit

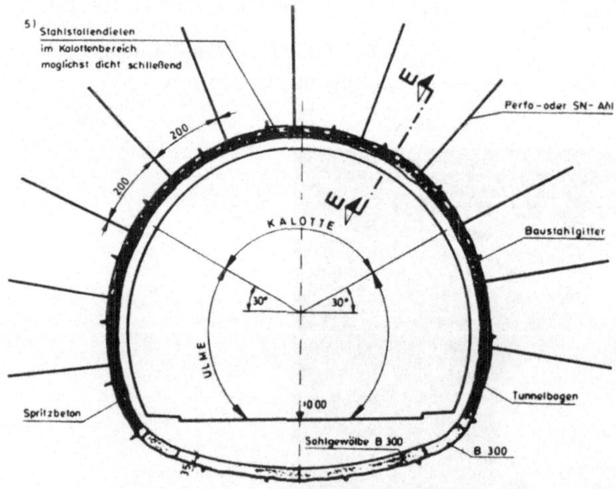

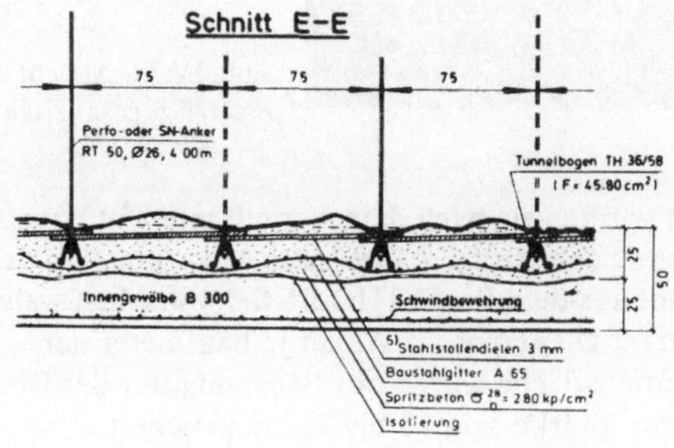

Abb. IV.35. Standard-Schema der Ankerung in Gebirgsgüteklasse IV nach der NÖTM im Tauern-Straßentı

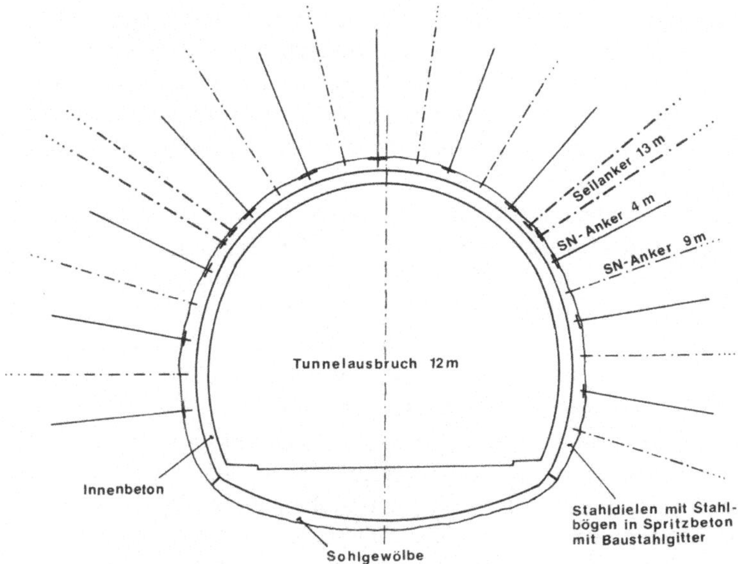

Abb. IV.36. Zusätzliche Ankerung zur Bewältigung des unerwartet schwierigen Gebirges

Abb. IV.37. Anblick der ausgeführten Zusatzankerung

als äußerst druckhaft erscheinen. Er wurde erwartungsgemäß in die Gebirgsgüte-klasse „druckhaft" eingestuft und mit der für diese Güteklasse projektierten Anke-rung von 4 m langen Haftankern geankert. Doch erwies sich die Druckhaftigkeit des Gebirges so stark, daß die Konvergenz sich nicht befriedigend beruhigte und insbesondere die Basisbreite der Kalotte durch starke laterale Konvergenz zu sehr vermindert wurde. Deshalb wurden als unmittelbare Maßnahmen die 4 m-Anker durch 6 m-Anker ersetzt, was jedoch nicht ausreichte, so daß nach der ersten Anke-rung noch eine zweite erforderlich wurde, welche hier beschrieben wird.

Ankerung: Die Tunnelachse verlief N–S , so daß die Schieferung an der Brust in den Hohlraum herein geneigt war. Die ursprünglich projektierte Systemankerung (Abb. IV.35) wurde nachträglich verstärkt, wobei die zusätzlichen Anker durch den bereits aufgebrachten Spritzbeton und das Baustahlgitter der ersten Ankerung hindurch gesetzt wurden. Die Ansatzpunkte der Anker wurden jeweils zwischen den bereits eingebauten Tunnelbögen vorgesehen. Das Schema der Zusatzankerung ist in Abb. IV.36 dargestellt.

Die zusätzlichen 9 m-Anker wurden als SN-Anker ausgeführt, deren Ankerstab 36 Durchmesser aufwies. Sie wurden im Abstand von 2,5 × 2,5 m angeordnet und im Zuge eines verzögerten Vollvergusses mit 30 t Vorspannung versehen.
Zur Beruhigung der Fußpunkte des Kalottengewölbes wurden flach angeordnete Seilanker in zwei horizontalen Reihen bei ca. 10°° angesetzt. Zur Verwendung gelangten 13 m lange VSL-Anker in einem Abstand von jeweils 2,40 m innerhalb einer Reihe, die auf jeweils 60 t vorgespannt wurden (Abb. IV.37).

Diese Maßnahmen reichten aus, um die nachträgliche Stabilisierung zu erwirken, wobei besonders zu vermerken ist, daß die Ankerungstechnik die Korrekturmaßnahmen sehr einfach gestaltete. Es mußten hierfür keine bestehenden Bauteile ausgewechselt oder verstärkt werden. Auch erfolgte keine Behinderung des Tunnelquerschnitts und schließlich erforderte die fertiggestellte Ankerung weiters weder Ausbruchsarbeiten, noch beanspruchte sie selbst bemerkenswerten Raum.

Fall 4: Großkaverne für Wasserkraftwerk.
Ort:Pumpspeicherwerk Waldeck II in Westdeutschland.
Gebirge: Die bestehende Schichtenfolge des Unterkarbons im Rheinischen Schiefergebirge besteht aus einer Wechsellagerung von sandgebänderten dunklen Schiefertonen und Grauwackesandsteinen, die fein- bis grobkörnig und stellenweise auch konglomeratisch aufgebaut sind [88]. Die Schichten fallen mit ca. 20° nach NE ein, zeigen geschlossene und zum Teil verzahnte Schichtgrenzen, aber auch schichtparallele Gleitflächen innerhalb der Schichten, an denen mäßige Verschiebungen stattgefunden haben. Die Schichtfolge wird durchtrennt von bis zu 7 Kluftscharen, von denen jedoch nur drei bedeutend hervortraten. Sie sind jedoch größtenteils durch

Tabelle IV.1. Gebirgseigenschaften für Kaverne Waldeck II

	Verformungsmodul (Großversuch) (kp/cm^2)	Gesteinsdruck-festigkeit (kp/cm^2)	Reibungswinkel $\parallel$ Schichtung	Reibungswinkel $\perp$ Schichtung	Kohäs (kp/cı $\parallel$ Schichtung
Schieferton mit Sandbändern	ca. 20 000	ca. 500 (Schieferton)	20	37	1,5
Schieferton mit Grauwacke in Wechsellagerung	ca. 40 000	–	20	37	1,5
Grauwacke	45000–100 000	ca. 800	20	37	1,5

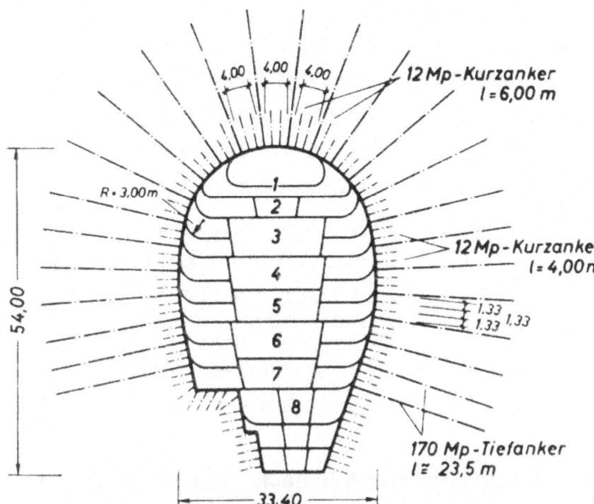

Abb. IV.38. Kontur und Ankerungsschema

Abb. IV.39. Ansicht der ausgeführten Ankerung

Karbonate so verheilt, daß sie keine bemerkenswerte Wasserführung aufweisen und
die Beweglichkeit des Gebirges nicht fördern. Die Brucherscheinungen des Gebirges
bei der Auffahrung lassen dieses jedoch als grobbankig und grobblockig erscheinen,
mit einigen plattigen Ausbildungsformen. Mehrere größere Störungen treten auf,
von denen einige auch eine schichtparallele Abscherung mit NW-SE Streichen bewirkt haben. Eine weitere Störungsfolge von einiger Bedeutung streicht NE-SW mit
mittelsteilem Einfallen nach SE. Diese hat Kluftkörperverschiebungen von wenigen
Metern verursacht. Einige technische Kennzahlen des Gebirges sind in Tab. IV.1
angegeben.

Ankerung: In dieser Schichtfolge wurde eine Kaverne von 1390 m² Ausbruchsquerschnitt (Abb. IV.38) und 106 m Länge aufgefahren, deren Längsachse ins Einfallen der Schichten fiel. Die Gebirgsoberfläche wurde mit einer Doppelschicht von insgesamt 20 cm Dicke eines Spritzbetons mit zwei Baustahlgittereinlagen abgebunden. Die oberflächennahe Gebirgszone wurde mit 12 t Ankern von 4 m Länge an den Ulmen und von 6 m Länge in der Kalotte geankert, wie Abb. IV.38 zeigt.

Diese Anker bestanden aus kunststoffumkleideten Stahlstangen von 16 mm Durchmesser und wurden auf einer Haftstrecke von 70 cm Länge mit einer kunststoffgefüllten Glaspatrone vergossen. Die Vorspannung von 12 t konnte innerhalb 20 Min. nach dem Eintreiben aufgebracht werden [89].

Darüber hinaus war vorgesehen, die Gesamtstruktur in Form eines Gewölbes mit schweren Ankern von 170 t Vorspannung und 23,5 m Länge bei 4 m Abstand zwischen den schweren Ankern aufzubauen.

Hierzu wurden im Hauptteil der Kaverne Drahtbündelanker nach dem System Losinger verwendet, die jeweils aus 33 Drähten von 8 mm Durchmesser mit einer Streckgrenze von 140 bis 160 kp/mm² bestanden (tatsächliche Bruchlast = 265 t). Für die Haftstrecke von 4,5 m Länge wurden die Einzeldrähte durch abwechselndes Bündeln und Spreizen onduliert. Die Spannstrecke der Anker wurde mit zwei Plastikrohren umhüllt. Die Bohrlöcher von 116 mm Durchmesser wurden erst nach Aufbringen der ersten Schicht Spritzbeton mit dem ersten Baustahlgewebe gebohrt. Danach erfolgte mit verschiedener Häufigkeit die Prüfung der Bohrlöcher auf Wasseraufnahmefähigkeit und auf die Richtung sowie die visuelle Inspektion der Gesteinsfolge im Bohrloch mittels Fernsehkamera. Es folgte darauf das Betonieren des Absetzblocks am Bohrlochmund und das Einbauen der Anker. Nach dem Abbinden des Zementmörtels in der Haftstrecke wurde auch die Spannstrecke außerhalb der Plastikrohre vergossen. Die tatsächliche Vorspannung wurde auf 170 t nur beim Spannen ausgeübt, beim Absetzen jedoch auf 132 t reduziert.

Abb. IV.39 bietet eine Ansicht der fertiggestellten Ankerung, wobei auch zu erkennen ist, daß diese die gewölbten Stirnflächen der Kaverne mit einschloß.

V. Normen für Gebirgsanker

Da Normen wegen ihrer teilweise konservierenden Natur erst bei einem gewissen
Reifegrad der Entwicklung einsetzen können, sind sie auf dem Gebiet der Gebirgsanker noch nicht sehr weit fortgeschritten. Besonders der Fragenkreis der Ankerung
im Sinne der Zusammenwirkung mehrerer Anker mit dem Gebirge ist noch nicht
aufgegriffen worden.

Hinsichtlich der Anker als strukturelles Element hat jedoch in verschiedenen Ländern
schon eine Ausarbeitung von Normen oder Normvorschlägen stattgefunden. In
diesen werden vor allem die Nomenklatur, die Größenangaben, das Prinzip des
Aufbaus und der Wirkungsweise sowie auch die Berechnung und Prüfung erfaßt.

Als Ziel gilt die Vereinheitlichung der Bezeichnung, der Bauform und der Maßnahmen,
welche zur Erleichterung der Verständigung und der Arbeit dienen soll.

Wie bereits angedeutet, können in Normen nur jene Errungenschaften aufgenommen
werden, die einer abgeschlossenen Entwicklung entspringen, zumindest soweit eine
solche im Vergleich des vorangegangenen mit dem zukünftigen Zeitraum absehbar
ist.

Normen sind daher keine Darstellungen technischer Problematik und dienen nicht
direkt der Lösung einer solchen. Ebenso sind sie ihrem Wesen nach keine Hilfsmittel
zur Ausbildung, wie etwa Lehrbehelfe, sondern vielmehr Hilfsmittel der Verfahrenstechnik, die den Ablauf der praktischen Arbeit durch Einheitlichkeit fördern sollen.

Im Hinblick darauf, daß sie die laufenden Fortschritte der Technik auf keinen Fall
behindern sollen, sondern vielmehr als möglich mit berücksichtigen sollen, muß
daher ihre Abfassung weitgehend allgemeiner Form sein. Demnach ist ihre Über-
arbeitung und Neufassung von Zeit zu Zeit in Abhängigkeit vom technischen Fortschritt erforderlich.

Um einen Einblick in den Stand und Umfang solcher Arbeit zu geben, sind nach-
stehend als repräsentatives Beispiel die einschlägigen Blätter DIN zusammengestellt.

Diese Blätter werden wiedergegeben mit Genehmigung des Deutschen Normenaus-
schusses. Maßgebend ist die jeweils neueste Ausgabe des Normblattes im Normfor-
mat A 4, das bei der Beuth Verlag G.m.b.H., D-1000 Berlin 30 und D-5000 Köln,
erhältlich ist.

Zu den bereits voll gültigen Normblättern DIN 21521 vom Juli 1972, DIN 21522
vom Juli 1972 und DIN 4125 Blatt 1 vom Juni 1972 wurde auch die erst im Entwurf
vorliegende Erweiterung DIN 4125 Blatt 2 vom Mai 1974 hinzugefügt.

DK 622.281.74	DEUTSCHE NORMEN	Juli 1

<table>
<tr><td rowspan="2">Anker
für den Gruben- und Tunnelausbau</td><td>DIN</td></tr>
<tr><td>21 521</td></tr>
</table>

Roof bolts for mining and tunnel support

Anker im Sinne dieser Norm bestehen aus Ankerstange, Spreizhülse bzw. Klebepatrone und Befestigungsmutter. Man unterscheidet Spreizanker, bei denen durch mechanisches Spreizen der Spreizhülse die Haftung des Ankers im Bohrloch erreicht wird, und Klebeanker, bei denen eine Klebepatrone verwendet wird, die einen Kunstharzmörtel enthält, der den Anker mit der Bohrlochwandung verklebt.

Maße in mm

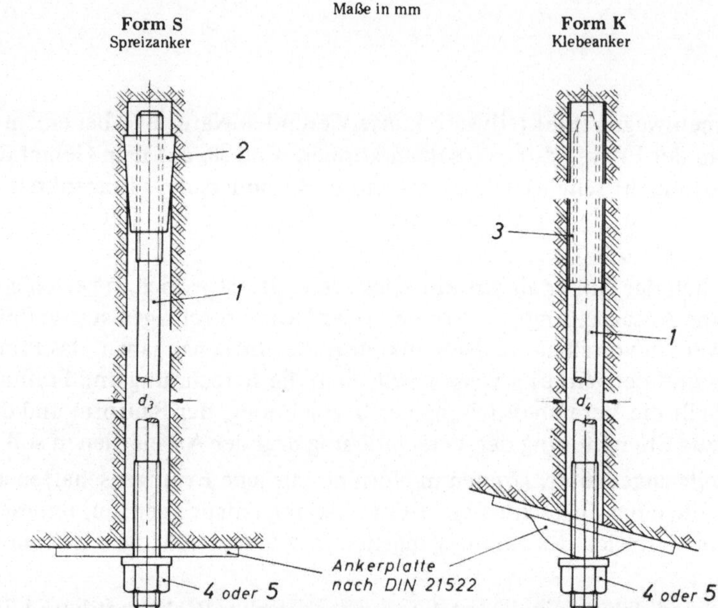

Bezeichnung eines Spreizankers (S) mit Gewinde d_1 = M 24 und Länge l_1 = 2000 mm aus 39 Mn 4 (B):

Anker S M 24 × 2000 DIN 21 521 — B

Lfd. Nr	Benennung	Bezeichnung	
		Kurzbezeichnung	
		Form S	Form K
1	Ankerstange	1 S . . . x . . . [1]) DIN 21 521	1 K . . . x . . . [1]) DIN 21 521
2	Spreizhülse [2])	—	—
3	Klebepatrone	—	2 — 300 DIN 21 521
4	Bundmutter	4 — . . . [1]) DIN 21 521	
5	Sechskantmutter	5 — . . . [1]) DIN 21 521	

[1]) [2]) Siehe Seite 2

Fortsetzung Seite 2 und Erläuterungen Seite 4

Fachnormenausschuß Bergbau im Deutschen Normenausschuß (DNA)

Seite 2   DIN 21 521

1. Ankerstange

Im Bergbau werden Ankerstangen mit Gewinde M 20 und M 24 bevorzugt, im Tunnelbau überwiegend solche mit M 16 und M 18.

Für Spreizanker (S)

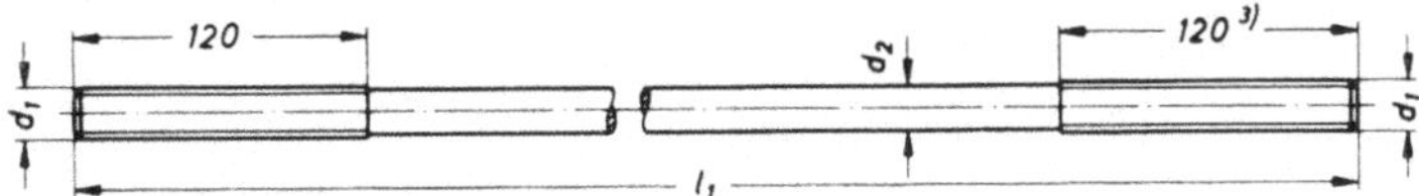

Für Klebeanker (K)

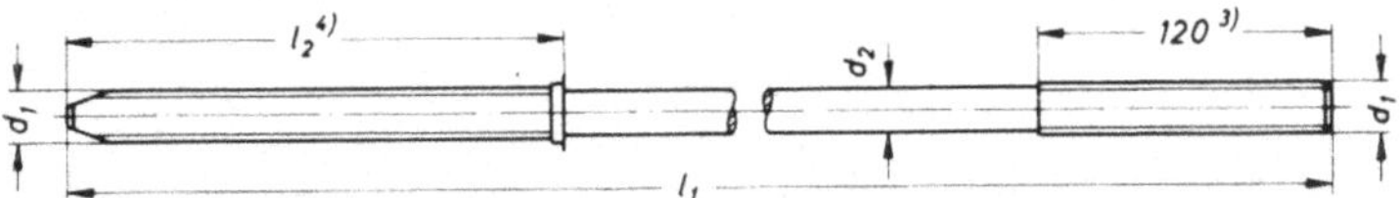

Bezeichnung einer Ankerstange (lfd. Nr 1) für Spreizanker (S) mit Gewinde d_1 = M 24 und Länge l_1 = 2000 mm aus 39 Mn 4 (B):

Ankerstange 1 S M 24 × 2000 DIN 21 521 − B

Gewinde[5] d_1	d_2[5]	d_3[6]	d_4[6]	Länge l_1							
				800	1000	1250	1600	1800	2000	2500	3150
M 16	14	32	−	x	x	x	x	x	−	−	−
M 18	16	34	−	x	x	x	x	x	x	−	−
M 20	18	36	30	−	x	x	x	x	x	x	−
M 24	22	40	32	−	−	x	x	x	x	x	x

Genormte Längen sind durch „x" gekennzeichnet.

Werkstoff (Kennbuchstabe bei Bestellung angeben):
    A = St 50-2 nach DIN 17 100
    B = 39 Mn 4 nach DIN 21 544

Ausführung: Die Ankerstangen Form S und Form K können an dem unteren Ende zum leichten Rauben bzw. Setzen mit einem Zweikant versehen werden.

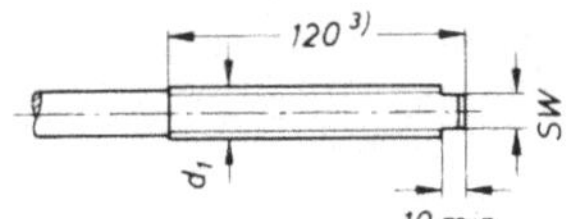

Gewinde d_1		SW
M 16	M 18	12
M 20	M 24	14

Die Bezeichnung einer Ankerstange für Spreizanker (1 S) mit Zweikant (S) lautet dann z. B.:

Ankerstange 1 SS M 24 × 2000 DIN 21 521 − B

---

[1]) Gewinde d_1 und Länge l_1 in der Kurzbezeichnung angeben.

[2]) Die Ausführung der Spreizhülse ist nicht festgelegt; sie hängt von den jeweiligen Einsatzbedingungen ab und ist bei Bestellung zu vereinbaren.

[3]) Beim Einbau in Verbindung mit Seilen als Widerlager kann die Gewindelänge auf besondere Vereinbarung auch 200 mm betragen.

[4]) Die Länge l_2 ist abhängig von der Anzahl der Patronen und vom Bohrlochdurchmesser.

[5]) Gewinde nach DIN 13 Blatt 1, möglichst gerollt; bei geschnittenem Gewinde erhöhen sich die Stangendurchmesser d_2 um jeweils 2 mm.

[6]) Richtwert (entspricht dem genormten Bohrkopfdurchmesser)

2. Spreizhülse

nicht festgelegt, siehe Fußnote [2])

3. Klebepatrone

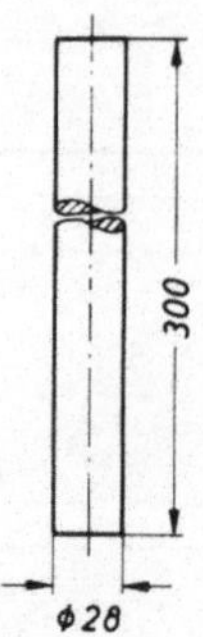

Bezeichnung einer Klebepatrone (lfd. Nr 3) von 300 mm Länge:

Klebepatrone 3 — 300 DIN 21 521

4. Bundmutter

Für Ankerstangen mit Gewinde d_1 = M 20 und M 24 werden im Bergbau Bundmuttern verwendet.

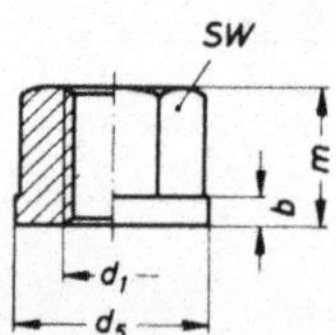

Bezeichnung einer Bundmutter (lfd. Nr 4) mit Gewinde d_1 = M 20:

Bundmutter 4 — M 20 DIN 21 521

Gewinde d_1	b	d_5	m	SW
M 20	6	38	28	32
M 24	7	46	30	39

Festigkeitsklasse 5 nach DIN 267 Blatt 4

5. Sechskantmutter

Für Ankerstangen mit Gewinde d_1 = M 16 und M 18 wird eine Sechskantmutter mit einheitlicher Schlüsselweite verwendet.

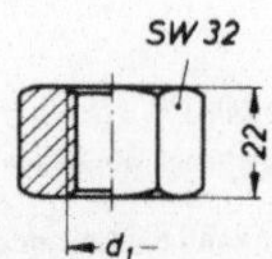

Bezeichnung einer Sechskantmutter (lfd. Nr 5) mit Gewinde d_1 = M 16:

Sechskantmutter 5 — M 16 DIN 21 521

Festigkeitsklasse 5 nach DIN 267 Blatt 4

Erläuterungen

Als im Jahre 1955 die Vornorm DIN 21 521 über Anker erarbeitet wurde, war damit die Absicht verbunden, durch Festlegung der verschiedenen Ausführungen eine Weiterentwicklung bezüglich der Abmessungen in bestimmte Bahnen zu lenken.

Die neue Norm DIN 21 521 enthält zwei verschiedene Ankertypen, den Spreizanker und den Klebeanker. Beim mechanischen Spreizanker kam es vornehmlich darauf an, die Ausführung der Ankerstangen hinsichtlich der Längen und deren Zuordnung zum Durchmesser und Gewinde und zur Gewindelänge zu vereinheitlichen, während die Ausführung der Spreizhülse nicht festgelegt wurde, da sie weitgehend von den Gebirgsverhältnissen und dem Bohrlochdurchmesser abhängig ist. Für die Klebeanker wurden ebenfalls die Abmessungen der Ankerstangen und der Klebepatrone festgelegt.

Bei beiden Ankerstangen sind die unteren Enden einheitlich ausgeführt, wobei wahlweise je eine Schlüsselfläche in Form eines Zweikants vorgesehen ist, die ein leichteres Rauben oder Setzen ermöglichen soll.

Als Werkstoff kann wahlweise St 50-2 nach DIN 17 100 oder 39 Mn 4 nach DIN 21 544 verwendet werden.

Als Befestigungsmuttern wurden für die Anker M 16 und M 18 eine erhöhte Sechskantmutter mit 32 mm Schlüsselweite und für die Anker M 20 und M 24 eine Bundmutter, deren Abmessungen im einzelnen aufgeführt sind, festgelegt.

Für Ankerplatten wurde eine besondere Norm DIN 21 522 aufgestellt, da es sich hier um ein Zubehörteil handelt, das in manchen Fällen auch durch andere Widerlager (z. B. Unterzüge, Flachseile) ersetzt werden kann. Wie bei der Normung der Ankerstangen wurden auch hier die kleineren Größen aufgenommen, obwohl diese vornehmlich im Stollen- und Tunnelbau verwendet werden.

DK 622.281.74 DEUTSCHE NORMEN **Juli 1972**

Ankerplatten
für den Gruben- und Tunnelausbau

DIN 21 522

Roof bolt plates for mining and tunnel support

Ankerplatten werden als Zubehörteile für den Gruben- und Tunnelausbau in Verbindung mit Ankern nach DIN 21 521 verwendet.

Maße in mm

Form A (Flachplatte)

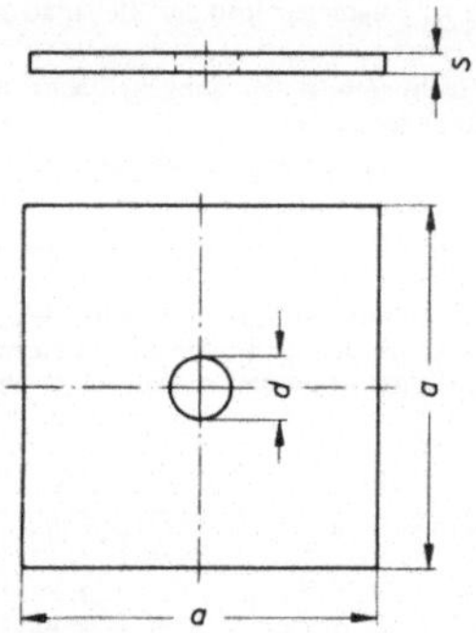

Form B (Kugelplatte)

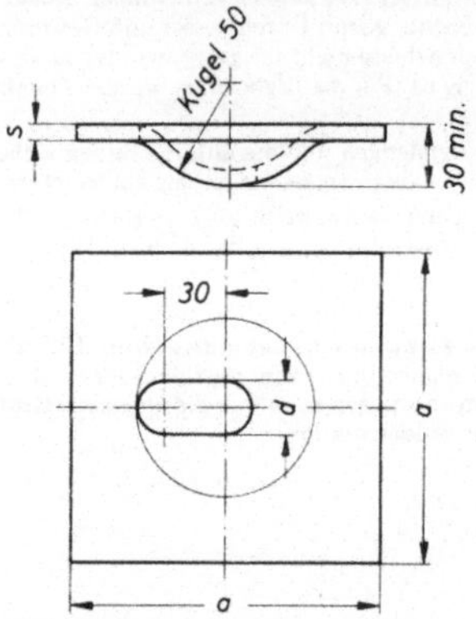

Bezeichnung einer Ankerplatte Form B mit a = 200 mm und d = 26 mm aus St 37-1:

Ankerplatte B 200 × 26 DIN 21 522 — St 37-1

a ±5 Form A	a ±5 Form B	d +0,6 0	s ±1,2	Für Ankerstange nach DIN 21 521 mit Gewinde	
100 150 200	150 200	20	6	M 16	M 18
		26	8	M 20	M 24

Im Bergbau werden bevorzugt Ankerplatten a = 150 mm und 200 mm, im Tunnelbau Ankerplatten a = 100 mm und 150 mm eingesetzt.

Werkstoff (bei Bestellung angeben): St 37-1, St 52-3 nach DIN 17 100

Erläuterungen siehe DIN 21 521

Fachnormenausschuß Bergbau im Deutschen Normenausschuß (DNA)

Alleinverkauf der Normblätter durch Beuth-Vertrieb GmbH, Berlin 30 und Köln
7.72

DK 624.023.943	DEUTSCHE NORMEN	Juni 1972

<table>
<tr><td></td><td>Erd- und Felsanker
Verpreßanker für vorübergehende Zwecke
im Lockergestein
Bemessung, Ausführung und Prüfung</td><td>DIN
4125
Blatt 1</td></tr>
</table>

Soil and rock anchors; temporary soil anchors, analysis, structural design and testing

Die Ausführung und Prüfung von Verpreßankern erfordern gründliche Kenntnis und Erfahrung in dieser Bauart. Mit der Herstellung von Verpreßankern dürfen nur solche Unternehmen betraut werden, die diese Voraussetzungen erfüllen und eine fachgerechte Ausführung gewährleisten. Dies erfordert auch den Einsatz zuverlässiger Führungskräfte (Bauleiter, Poliere usw.), die bereits bei Arbeiten zur Herstellung von Verpreßankern mit Erfolg tätig waren und ausreichende Kenntnisse für die ordnungsgemäße Ausführung solcher Arbeiten besitzen. Für die ausschlaggebenden Arbeiten darf nur geschultes Fachpersonal herangezogen werden.

In dieser Norm sind die von außen auf einen Verpreßanker einwirkenden Kräfte als Lasten bezeichnet.

Inhalt

Deutscher Normenausschuß, Berlin 30

1. Geltungsbereich

Die Norm gilt für die Bemessung, Ausführung und Prüfung von Verpreßankern, deren Tragfähigkeit durch Spannen überprüft werden kann und die nur für vorübergehende Zwecke — in der Regel nicht länger als 2 Jahre — in Gebrauch sind; sie gilt nicht für Zugpfähle (siehe DIN 1054, DIN 4014 und DIN 4026) und Felsanker.
Bei Verpreßanker für dauernde Zwecke (Daueranker) sind weitere Anforderungen zu beachten; hierfür ist ein Folgeblatt zu DIN 4125 in Vorbereitung.
Für Felsanker ist ein Folgeblatt zu DIN 4125 in Vorbereitung.
Anmerkung: Die Norm enthält allgemeine technische Anforderungen. Abweichungen bedürfen nach den bauaufsichtlichen Vorschriften im Einzelfall einer Zustimmung der obersten Bauaufsichtsbehörde oder der von ihr bestimmten Behörde, sofern nicht eine allgemeine bauaufsichtliche Zulassung erteilt ist.

2. Begriffe (siehe Bild 1)

2.1. Verpreßanker sind Erdanker, bei denen durch Einpressen von Zementschlämme oder -mörtel um den hinteren Teil eines in den Boden eingebrachten Stahlzuggliedes ein Verpreßkörper hergestellt wird, der über Stahlzugglied und Ankerkopf mit dem zu verankernden Bauteil kraftschlüssig verbunden wird. Eine vom Verpreßanker aufzunehmende Kraft wird nicht — wie bei Ankerpfählen ohne Fuß — über die ganze Länge, sondern im Bereich des Verpreßkörpers in den Boden eingeleitet.

Fortsetzung Seite 2 bis 9

Fachnormenausschuß Bauwesen im Deutschen Normenausschuß (DNA)
Arbeitsgruppe Einheitliche Technische Baubestimmungen (ETB)

2.2. Die **Krafteintragungslänge** l_0 ist der Anteil der Ankerlänge, über den die Ankerkraft in den Boden übertragen wird; sie entspricht der Länge des Verpreßkörpers, soweit dieser nicht unterbrochen ist.

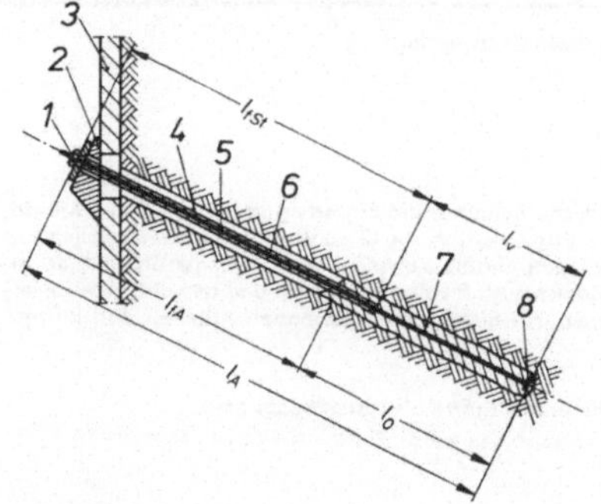

1   Ankerkopf
2   Auflagerkonstruktion
3   Baugrubenwand
4   Bohrloch
5   Hüllrohr
6   Stahlzugglied
7   Verpreßkörper
8   Ankerfuß
l_{fSt} freie Stahllänge
l_v Verankerungslänge des Stahlzuggliedes
l_{fA} freie Ankerlänge
l_0 Krafteintragungslänge
l_A Ankerlänge
Bild 1.   Benennungen (Beispiel: Verankerung einer Baugrubenwand)

2.3. Die **freie Ankerlänge** l_{fA} ist der Abstand zwischen Ankerkopf und Verpreßkörper.

2.4. Die **Verankerungslänge des Stahlzuggliedes** l_v ist der Anteil der Stahllänge, über den die Ankerkraft vom Stahl auf den Verpreßkörper übertragen wird.

2.5. Die **freie Stahllänge** ist der Anteil der Stahllänge, der sich unter der Last unbehindert dehnen kann. Die aus den Verschiebungen rechnerisch ermittelte freie Stahllänge l_{rSt} kann größer oder kleiner sein als die vorgesehene freie Stahllänge l_{fSt} (siehe Abschnitt 9.3.3).

2.6. Durch die **Grundsatzprüfung** wird die grundsätzliche Eignung einer Verpreßankerbauart festgestellt (siehe Abschnitt 7.1). Das wesentliche Ergebnis dieser Prüfung ist die Kontrolle der einwandfreien Herstellung des Verpreßkörpers durch Ausgraben, insbesondere um die ausreichend zentrische Lage des Stahlzuggliedes im Verpreßkörper und die einwandfrei durchgeführte Verpressung festzustellen. Außerdem werden — wie bei der Eignungsprüfung — Kraft-Verschiebungskurven zur Beurteilung der freien Stahllänge und der bleibenden Verschiebungen im Boden sowie Aufschlüsse über die Tragfähigkeit des Verpreßkörpers gewonnen, die es ermöglichen, Anker gleicher oder verschiedener Bauart hinsichtlich ihres Verhaltens unter Last miteinander zu vergleichen.

2.7. Durch die **Eignungsprüfung** wird auf der Baustelle die Eignung einer Verpreßankerbauart bei den örtlich gegebenen Bodeneigenschaften überprüft (siehe Abschnitt 7.2). Festgestellt werden dabei die Tragfähigkeit des Verpreßkörpers und die zugehörigen bleibenden Verschiebungen sowie die rechnerische freie Stahllänge l_{rSt}.

2.8. Durch die **Abnahmeprüfung** werden Tragfähigkeit und Verhalten jedes eingebauten Ankers kontrolliert (siehe Abschnitt 8).

2.9. Die **Grenzkraft** ist jene Kraft, unter der im Zugversuch der Grundsatz- oder Eignungsprüfung (siehe Abschnitt 7) die Verschiebung des Ankerkopfes noch eindeutig abklingt, höchstens aber die vom Stahlzugglied an der gewährleisteten Mindeststreckgrenze aufnehmbare Kraft.

3. Bautechnische Unterlagen

Es sind folgende Unterlagen zur Beurteilung der Verpreßanker erforderlich:

a) Nachweis der Bodenverhältnisse im Einflußbereich des Verpreßkörpers (siehe Abschnitt 7.2);

b) Ausführliche Beschreibung und Darstellung des gesamten Bauablaufes und der dabei vorgesehenen Maßnahmen;

c) Nachweis der Eignung der Verpreßankerbauart unter Berücksichtigung der Ergebnisse der Grundsatzprüfung [1] [2];

d) Nachweis der Eignung der Verpreßankerbauart für den Anwendungsfall (siehe Abschnitt 7.2);

e) Standsicherheitsnachweise und Konstruktionszeichnungen.

4. Anforderungen

4.1. Die bodenmechanische Eignung der Ankerbauart ist durch die Grundsatzprüfung nach Abschnitt 7, ihre konstruktive Eignung (z. B. die des Spannverfahrens) unter Beachtung der Abschnitte 4.2 bis 4.7 nachzuweisen [2].

4.2. Die Ausbildung der Ankerköpfe muß die nachträgliche Kontrolle der Ankerkraft und ein Nachspannen ermöglichen, solange dies erforderlich ist (siehe z. B. Abschnitt 8.8). Außerdem müssen die Ankerköpfe in der Lage sein, Nebenspannungen durch unvorhergesehene Biegung (z. B. bei Verformung des Baugrubenverbaues oder bei Winkelabweichung von der geplanten Achsrichtung des Ankers) mit ausreichender Sicherheit aufzunehmen. Entsprechende Nachweise sind zu erbringen [2].

4.3. Für Stahlzugglieder sind Baustähle nach DIN 17 100 (St 37-2, St 37-3, St 52-3), Betonstähle nach DIN 488 Blatt 1 oder zugelassene Spannstähle zu verwenden.

4.4. Soll eine festgelegte Vorspannkraft erhalten bleiben, dann ist eine Ankerkonstruktion mit einem ausreichenden Dehnweg zu wählen.

4.5. Der Gesamtquerschnitt eines Stahlzuggliedes muß mindestens 225 mm², der Einzelstabquerschnitt 75 mm² betragen, sofern nicht ein gegenüber Abschnitt 4.6 erhöhter Korrosionsschutz nach Abschnitt 4.7 und 4.8 vorgesehen wird.

4.6. In dem Bereich, in dem der Stahl nicht vom Beton umhüllt ist, insbesondere auch am Ankerkopf und am Übergang zum Verpreßkörper, muß er gegen Korrosion geschützt werden (z. B. geeignete Kunststoffhülle mit dichten Anschlüssen). Es darf nur ein Korrosionsschutz verwendet werden, dessen Wirksamkeit durch das Vorspannen und durch die mechanischen Beanspruchungen bei der Herstellung der Anker nicht beeinträchtigt wird.

---

[1] Soweit nicht bereits bei der Baubehörde hinterlegt.

[2] Zum Beispiel im Rahmen einer allgemeinen bauaufsichtlichen Zulassung oder einer Zustimmung im Einzelfall.

Bei Stahlzuggliedern aus Baustählen nach DIN 17 100 oder Betonstählen nach DIN 488 Blatt 1 kann auf diesen Korrosionsschutz verzichtet werden, wenn die Wanddicke von Rohren mindestens 8 mm bzw. der Durchmesser von Einzelstäben mindestens 16 mm beträgt.

4.7. Bei Ankern, die dem Zutritt aggressiver Wässer ausgesetzt oder aus anderen Gründen besonders korrosionsgefährdet[3] sind (z. B. durch elektrische Felder), und bei Ankern in Böden, die stark aggressive Stoffe enthalten oder in die derartige Stoffe eindringen (z. B. Tausalze) oder injiziert worden sind, sind besondere Maßnahmen erforderlich, z. B. sorgfältiger Korrosionsschutz im Bereich der Anschlüsse des Stahlzuggliedes an den Ankerkopf und den Verpreßkörper, Korrosionsschutz im Bereich des Verpreßkörpers[4]. Unter diesen Verhältnissen ist auch bei Stahlzuggliedern aus Baustahl nach DIN 17 100 bzw. Betonstahl nach DIN 488 Blatt 1 ein geeigneter Korrosionsschutz erforderlich. Der Gesamtquerschnitt eines Stahlzuggliedes muß dann mindestens 300 mm², der Einzelstabquerschnitt mindestens 110 mm² betragen.

4.8. In der Verankerungslänge muß die Betondeckung der Stahleinlagen im Falle des Abschnittes 4.6 mindestens 2 cm, im Falle des Abschnittes 4.7 mindestens 3 cm betragen, es sei denn, auf Grund der Grundsatzprüfung oder der Zulassung werden andere Maße der Betondeckung oder andere Maßnahmen für den Korrosionsschutz festgelegt.

5. Bemessung und Nachweise

5.1. Die zulässige Ankerkraft ist wie folgt zu ermitteln:

a) Die für den Verpreßkörper zulässige Kraft erhält man aus der Grenzkraft (siehe Abschnitt 2.9) nach Abschnitt 5.2.

b) Die für das Stahlzugglied zulässige Kraft erhält man aus den zulässigen Stahlspannungen nach Abschnitt 5.3.

Der kleinere der beiden Werte ist maßgebend.

5.2. Die für den Verpreßkörper zulässige Kraft beträgt mit der Bezeichnung A_g für die Grenzkraft bei Annahme von:

a) aktivem Erddruck $A_{zul} = A_g/1{,}5$

b) Erdruhedruck $A_{zul} = A_g/1{,}33$

Bei Annahme von erhöhtem aktiven Erddruck oder abgemindertem Erdruhedruck nach den Empfehlungen des Arbeitskreises „Baugruben" ist A_{zul} zwischen diesen Grenzen linear zu interpolieren.

Wird die vom Anker aufzunehmende Kraft nicht durch Erddruck, sondern durch andere Lasten verursacht (z. B. durch Wasserdruck, Auftrieb oder Seilkräfte), ist die für den Verpreßkörper zulässige Kraft in der Regel nach a) zu bestimmen.

5.3. Die zulässigen Spannungen im Stahlzugglied betragen mit den Bezeichnungen

β_S für die Streckgrenze und

β_Z für die Zugfestigkeit

bei Annahme von

a) aktivem Erddruck $\sigma_{zul} \leqq \dfrac{\beta_S}{1{,}75}$

b) Erdruhedruck $\sigma_{zul} \leqq \dfrac{\beta_S}{1{,}33}$ oder $\sigma_{zul} \leqq \dfrac{\beta_Z}{1{,}75}$

Der kleinere der beiden Werte σ_{zul} ist maßgebend. Bei Annahme von erhöhtem aktiven Erddruck oder abgemindertem Erdruhedruck ist die zulässige Spannung σ_{zul} zwischen diesen Grenzen linear zu interpolieren.

Wird die vom Anker aufzunehmende Kraft nicht durch Erddruck, sondern durch andere Lasten verursacht (z. B. durch Wasserdruck, Auftrieb oder Seilkräfte), ist die zulässige Spannung im Stahlzugglied in der Regel nach a) zu bestimmen.

5.4. Werden die Anker für den vollen oder einen abgeminderten Erdruhedruck bemessen, muß außerdem gewährleistet sein, daß bei Annahme eines umgelagerten aktiven Erddruckes die zulässige Kraft nach Abschnitt 5.2 a) und die zulässigen Spannungen nach Abschnitt 5.3 a) nicht überschritten werden.

5.5. Bei Eignungs- und Abnahmeprüfungen ist das Überspannen der Ankerstähle bis zu $0{,}9 \cdot \beta_S$ zulässig; es muß jedoch gewährleistet sein, daß diese Last von der dadurch beanspruchten Konstruktion aufgenommen werden kann, wobei Bauteile aus Stahl ebenfalls bis zu $0{,}9 \cdot \beta_S$ beansprucht werden dürfen. Für Bauteile aus Stahlbeton genügt bei Bemessung auf Biegung bzw. Biegung mit Längskraft ein Sicherheitsbeiwert von $\nu = 1{,}3$ anstelle von $\nu = 1{,}75$ gegen die Bruchlast; für die Rechenwerte der Schub- und Torsionsspannungen sind jedoch die in DIN 1045 festgelegten Grenzen einzuhalten.

5.6. Die Länge und Neigung der Anker ergibt sich aus Standsicherheitsuntersuchungen am Gesamtsystem, bestehend aus dem Bauwerk, den Ankern und dem von ihnen erfaßten Bodenkörper. Z. B. muß zur Auftriebssicherung durch die Anker ein Bodenkörper mit ausreichend großem Gewicht herangezogen werden.

5.7. Durch konstruktive Maßnahmen ist sicherzustellen, daß der Ausfall eines Ankers in einer Ankergruppe noch nicht zum Versagen des Bauteils führt, der durch die Ankergruppe gesichert werden soll. Wenn hierfür in besonderen Fällen ein statischer Nachweis notwendig ist, darf dieser unter Berücksichtigung aller Reserven geführt werden, z. B. Ausnutzung der Stahlspannungen bis zur Streckgrenze, Berücksichtigung der Gewölbebildung im Erdboden usw.

5.8. Bei Baugruben gilt für die Lastannahmen und die Erddruckermittlung DIN 4124; gegebenenfalls siehe die Empfehlungen des Arbeitskreises „Baugruben". Ein- und Rückbauzustände sind bei der Besprechung der Ankerkräfte zu berücksichtigen.

Für die Standsicherheitsuntersuchung nach Abschnitt 5.6 kann bei Baugrubenwänden der Bruch in der tiefen Gleitfuge, das Aufbrechen des Verankerungsbodens oder der Geländebruch maßgebend sein.

Die Standsicherheit in der tiefen Gleitfuge ist, sofern kein genauerer Nachweis mit gekrümmten Gleitflächen geführt wird[5], bei einfachen Verankerungen nach den Empfehlungen des Arbeitsausschusses „Ufereinfassungen" und bei mehrfachen Verankerungen durch ein entsprechendes Näherungsverfahren[6] nachzuweisen. Das Aufbrechen des Verankerungsbodens kann bei dicht nebeneinander liegenden Verpreßankern und geringer Bodenüberdeckung eintreten. Zum Nachweis der Geländebruchsicherheit siehe DIN 4084 Blatt 1.

---

[3] Rehm: Korrosionsschutz für Verpreßanker, veröffentlicht in „Vorträge der Baugrundtagung 1970 in Düsseldorf", herausgegeben von der Deutschen Gesellschaft für Erd- und Grundbau e. V., Essen

[4] In Zweifelsfällen ist eine in Korrosionsfragen erfahrene Prüfstelle hinzuzuziehen.

[5] Jelinek, R. und Ostermayer, H.: Zur Berechnung von Fangedämmen und verankerten Stützwänden. Bautechnik, Heft 5 und 6/1967.

[6] Ranke, A. und Ostermayer, H.: Beitrag zur Stabilitätsuntersuchung mehrfach verankerter Baugrubenumschließungen, Bautechnik, Heft 10/1968.

Verformungen des Bodens können unzuträgliche Bewegungen des Baugrubenverbaus zur Folge haben, auch wenn die Standsicherheit gewährleistet ist. Dies gilt vor allem für tiefe und langgestreckte Baugruben in bindigen oder setzungsempfindlichen Böden. Gegebenenfalls ist hierfür ein besonderer Nachweis zu führen.

6. Bauausführung

6.1. Während der Arbeiten ist laufend zu überprüfen, ob die Bestimmungen der Abschnitte 4.7 und 7.2 zu berücksichtigen sind.

6.2. Die Verpreßanker sollen im gleichen Verfahren und mit gleichen Abmessungen — insbesondere mit etwa gleicher Länge des Verpreßkörpers — wie die Anker der Grundsatz- oder Eignungsprüfung (siehe Abschnitt 7) ausgeführt werden.

6.3. Die Anker müssen unter der vorgegebenen Neigung gerade eingebracht werden. Die vollständige Umhüllung der Einzelstäbe mit Zementmörtel ist zu gewährleisten.

Die Ankerköpfe sind so einzubauen, daß Nebenspannungen im Stahlzugglied durch unvorhergesehene Biegung möglichst vermieden werden.

6.4. Der Verpreßkörper darf sich nicht auf die zu verankernde Konstruktion abstützen. Durch geeignete Maßnahmen ist dafür zu sorgen, daß der Verpreßkörper nicht wesentlich länger als vorgesehen ausfällt und damit die Ankerkraft nicht im Bereich der geplanten freien Ankerlänge in den Boden übertragen werden kann. Werden diese Forderungen nicht eingehalten, so liegt kein Verpreßanker im Sinne dieser Norm vor, es sei denn, die Krafteinleitung in den Boden außerhalb der vorgesehenen Krafteintragungslänge wird durch besondere Maßnahmen vermieden.

Bei Bauarten, bei denen ein Hohlraum, z. B. das Bohrloch, im Bereich der freien Ankerlänge vorhanden ist, darf dieser verfüllt werden, sobald die Tragfähigkeit des Ankers durch die Abnahmeprüfung nachgewiesen ist (siehe Abschnitt 8). Eine vollständige Verfüllung der Bohrlöcher oder eine gleichwertige Maßnahme ist notwendig, wenn der Baugrund im Bereich der Anker durch strömendes Wasser aufgeweicht, ausgewaschen und seine Lagerungsdichte verringert werden kann. Voraussetzung ist jedoch, daß die Krafteintragung vom Anker in den Boden nicht beeinflußt wird.

6.5. Für Zusätze im Einpreßgut gelten die Bestimmungen für das Einpressen von Zementmörtel in Spannkanäle[7].

6.6. Für den Korrosionsschutz bis zum Einbau sind die in den Zulassungsbescheiden für Spannstähle festgelegten Bedingungen zu beachten.

6.7. Ist auf Grund der Bodenverhältnisse im Gebrauchszustand mit andauernden Bewegungen oder einer Abnahme der aufgebrachten Vorspannkraft zu rechnen, kann es erforderlich werden, die Ankerkraft auch noch nach der Abnahmeprüfung zu überwachen sowie lotrechte und waagerechte Verschiebungen kritischer Punkte laufend aufzuzeichnen.

6.8. Die für die Tragfähigkeit maßgebenden Daten der Herstellung sind zu sammeln und zu den Bauakten zu nehmen. Hierzu gehören beim Bohren der Anker festgestellte Bodenschichtgrenzen, Zusammensetzung des Verpreßgutes (Zementsorte, Wasserzementwert, Zusatzmittel), Verpreßmenge, Verpreßdruck, Verpreßlänge und Besonderheiten der Herstellung sowie die Protokolle der Abnahmeprüfung (siehe Abschnitt 8).

6.9. Beim Vorspannen ist der Raum hinter dem Ankerkopf in Ankerrichtung von Personen freizuhalten und abzusichern.

7. Grundsatz- und Eignungsprüfung

7.1. Für jede Ankerbauart müssen Grundsatzprüfungen in einer Bodenart der folgenden Gruppen vorgenommen werden:

a) mit Zementsuspension nicht injizierbare nichtbindige Böden,

b) mit Zementsuspension nicht injizierbare bindige Böden.

Anker dürfen nur in der Gruppe ausgeführt werden, für die eine Grundsatzprüfung vorliegt. Das Herstellen der Anker, das Durchführen der Zugversuche sowie das Ausgraben der Anker muß von einem sachverständigen Institut überwacht werden, das auch die erforderlichen Bodenuntersuchungen durchführt. Grundsatzprüfungen sollen an flach geneigten Ankern durchgeführt werden.

7.2. Sind die Eigenschaften des Bodens im Bereich der Krafteintragungslänge nicht genau ermittelt oder ungünstiger als bei der Grundsatzprüfung nach Abschnitt 7.1,

z. B. in Gruppe a): Lagerungsdichte D kleiner

b): Fließgrenze w_L größer

Konsistenzzahl I_c kleiner,

so sind die Grenzkräfte am Ort durch Eignungsprüfungen festzustellen, es sei denn, derartige Eignungsprüfungen sind schon an anderen vergleichbaren Böden ausgeführt worden. Eignungsprüfungen sind auch dann durchzuführen, wenn sich das Bohrverfahren oder der Bohrdurchmesser gegenüber der Ausführung beim Grundsatzversuch wesentlich ändert, oder wenn auf Grund günstigerer Bodenverhältnisse gegenüber dem Grundsatzversuch höhere Grenzkräfte nachgewiesen werden sollen.

Im Unterschied zur Grundsatzprüfung müssen die Anker bei der Eignungsprüfung nicht ausgegraben werden.

7.3. Sowohl bei der Grundsatz- als auch bei der Eignungsprüfung sind mindestens an drei Ankern je Bodenart Zugversuche nach Abschnitt 7.4 durchzuführen.

7.4. Etwa eine Woche nach dem Verpressen wird der Zugversuch vorgenommen. Dabei sind die Verschiebungen des luftseitigen Ankerendes in Kraftrichtung von einem unverschieblichen Meßpunkt aus zu messen (siehe Bild 2 a, Kraft-Verschiebungskurve). Die Zugkraft wird, ausgehend von einer im allgemeinen aus meßtechnischen Gründen erforderlichen Vorlast A_0 von maximal $0,1 \cdot \beta_S \cdot F_e$, stufenweise so erhöht, daß sich für den Stahl Spannungsstufen von höchstens $0,15 \cdot \beta_S$ ergeben. Nach der Spannungsstufe, die etwa dem Wert $0,3 \cdot \beta_S$ entspricht sowie nach jeder höheren Spannungsstufe wird stufenweise bis auf die Vorlast A_0 entlastet, um Aufschluß über die bleibenden Verschiebungen zu erhalten und die freie Stahllänge errechnen zu können. Die bei Kräften unterhalb der Vorlast auftretenden Verschiebungen werden nicht gemessen.

Bei der Grundsatzprüfung wird die Zugkraft höchstens bis zum Erreichen der Streckgrenze des Stahles gesteigert; bei der Eignungsprüfung bis höchstens $0,9 \cdot \beta_S \cdot F_e$.

Vor jeder Entlastung werden die Verschiebungen unter konstanter Kraft in nichtbindigen Böden bis zum Abklingen, mindestens jedoch 5 Minuten lang, bei der Spannungsstufe von etwa $0,6 \cdot \beta_S$ mindestens 15 Minuten lang (zugehörige Verschiebung Δs_1 nach Bild 2), bei der Spannungsstufe von etwa $0,9 \cdot \beta_S$ mindestens eine Stunde lang (zugehörige Verschiebung Δs_2 nach Bild 2), beobachtet. In bindigen Böden ist bei den Spannungsstufen $0,6 \cdot \beta_S$ und $0,9 \cdot \beta_S$ die Beobachtung

---

[7] Richtlinien für das Einpressen von Zementmörtel in Spannkanäle. Fassung November 1970, abgedruckt in „Beton und Stahlbetonbau", Heft 4, April 1971.

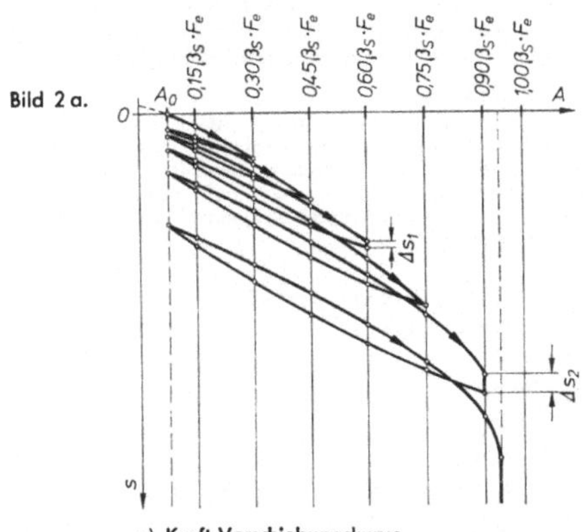

Bild 2.   Grundsatz- bzw. Eignungsprüfung

so lange durchzuführen, bis die Verschiebung während der letzten zwei Stunden weniger als 0,2 mm beträgt (siehe Bild 2 b, Zeit-Verschiebungskurven).

Ist die vorgesehene rechnerische Ankerkraft (Gebrauchslast) kleiner als $0,6 \cdot \beta_S \cdot F_e$, so muß die maximale Prüflast mindestens der 1,5- bzw. 1,33fachen Gebrauchslast (nach Abschnitt 5.2) entsprechen. Die einzelnen Laststufen sind sinngemäß aufzuteilen, bei der Gebrauchslast beträgt die Beobachtungszeit mindestens 15 Minuten, bei der 1,5- bzw. 1,33fachen Gebrauchslast mindestens 60 Minuten. Die übrigen Bedingungen der Versuchsdurchführung gelten ebenfalls sinngemäß.

Die im Zugversuch auftretenden Kräfte sind mit Kraftgebern zu bestimmen, die Verschiebungen über Meßuhren mit einer Skaleneinteilung von 0,01 mm. Werden die Kräfte ausnahmsweise über den hydraulischen Pressendruck ermittelt, muß hierfür eine Spannpresse mit Angaben über die tatsächlich wirksame Kraft in Abhängigkeit vom hydraulischen Druck für die Belastung und Endlastung verwendet werden. Der hydraulische Druck muß dabei mit einem geeichten Feinmeßmanometer (Klasse 0,6 der Eichordnung) gemessen werden. Die Meßeinrichtungen sind in regelmäßigen Abständen zu überprüfen.

7.5. Die Grenzkraft ist entsprechend Abschnitt 2.9 festzulegen. Für die Bestimmung der zulässigen Ankerkraft nach Abschnitt 5.1 muß vom niedrigsten Versuchswert ausgegangen werden.

7.6. Die rechnerische freie Stahllänge l_{rSt} und die Reibungsverluste beim Vorspannen sind aus der Kraft-Verschiebungskurve abzuleiten. Ein Verfahren zur Bestimmung dieser Größen kann Abschnitt 9 entnommen werden.

7.7. Bei der Grundsatzprüfung ist nach dem Zugversuch die tatsächliche Form, Länge und Beschaffenheit des Ankers und insbesondere des Verpreßkörpers durch Ausgraben festzustellen. Geht hieraus die Krafteintragungslänge nicht eindeutig hervor, so ist durch ergänzende Versuche oder Untersuchungen festzustellen, über welche Strecke der überwiegende Teil der Kraft in den Boden eingeleitet wird.

7.8. Über die Grundsatzprüfung wird ein Prüfbericht ausgestellt, der neben einer Beschreibung der Ankerherstellung, den Ergebnissen der Zugversuche und des Befundes beim Freilegen der Anker auch eine ausreichende Beschreibung

des Bodens enthält. Die nach Abschnitt 7.6 und 7.7 festgestellten freien Stahllängen und freien Ankerlängen sind anzugeben; sie dürfen von den vorgesehenen freien Stahl- und Ankerlängen nicht wesentlich abweichen. Die Reibungsverluste beim Vorspannen sollen gering bleiben; zur Beurteilung der zulässigen Abweichungen kann das in Abschnitt 9 angegebene Kriterium angewendet werden.

Außerdem ist festzustellen, ob die Anforderungen des Abschnitts 4 erfüllt sind.

7.9. Die Ergebnisse der Eignungsprüfung sind ebenfalls in einem Bericht zusammenzustellen und zu den Bauakten zu nehmen. Die Grenzkräfte nach Abschnitt 7.5 sollen mit den bei Ankern dieser Bauart unter ähnlichen Bedingungen festgestellten Werten verglichen werden. Die nach Abschnitt 7.6 festgestellten freien Stahllängen sind anzugeben. Sie dürfen sich nicht wesentlich von den vorgesehenen freien Stahllängen unterscheiden. Die Reibungsverluste beim Vorspannen sollen gering bleiben; zur Beurteilung der zulässigen Abweichungen kann das in Abschnitt 9 angegebene Kriterium angewendet werden. Außerdem ist auch im Rahmen der Eignungsprüfung festzustellen, ob die Anforderungen des Abschnitts 4 erfüllt sind.

8. Abnahmeprüfung

8.1. Jeder Anker ist auf den 1,2fachen Wert der rechnerischen Ankerkraft A_r anzuspannen. Die hier auftretenden Ankerkopfverschiebungen (Gesamtverschiebungen) sind in nichtbindigen Böden mindestens 5 Minuten, in bindigen Böden bis zum weitgehenden Abklingen, jedoch mindestens 15 Minuten lang, zu beobachten und zu messen. Wie bei den Prüfungen nach Abschnitt 7 ist von einer Vorlast A_0 auszugehen.

8.2. An den ersten zehn Ankern sowie an mindestens einem von je zehn weiteren Ankern sind darüber hinaus die Verschiebungen des luftseitigen Ankerendes in Zugrichtung auch mindestens bei den Stufen der 0,4-, 0,8-, 1,0- und 1,2fachen rechnerischen Ankerkraft von einem unverschieblichen Meßpunkt aus zu messen.

Bei der 1,2fachen rechnerischen Ankerkraft sind die Beobachtungszeiten nach Abschnitt 8.1 einzuhalten. Anschließend wird der Anker stufenweise bis auf die Vorlast A_0 entlastet, um Aufschluß über die bleibende Verschiebung zu erhalten (siehe Bild 3).

Seite 6   DIN 4125 Blatt 1

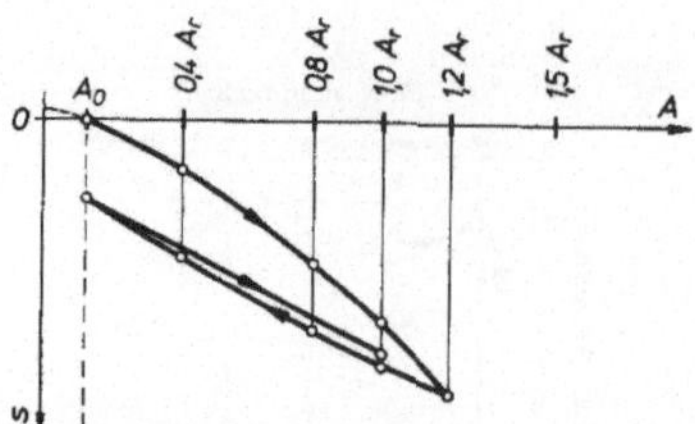

Bild 3.   Abnahmeversuch (Kraft-Verschiebungskurve)

8.3. Bei vorgespannten Ankern wird anschließend die jeweils gewählte Vorspannkraft, höchstens aber die rechnerische Ankerkraft, aufgebracht:

a) durch Entlasten bei Ankern, die nach Abschnitt 8.1 geprüft worden sind,

b) durch erneutes Anspannen bei Ankern, die nach Abschnitt 8.2 geprüft worden sind.

Dabei ist der voraussichtliche Schlupf im Ankerkopf zu berücksichtigen.

8.4. Mindestens 5 % der Anker sind bis zur 1,5- bzw. 1,33-fachen rechnerischen Ankerkraft nach Abschnitt 5.2, höchstens jedoch bis zur Spannungsstufe $0,9 \cdot \beta_S$ zu prüfen. Zu diesem Zweck können die nach Abschnitt 8.2 geprüften Anker weiter belastet werden. Bei der maximalen Prüfkraft sind die Beobachtungszeiten nach Abschnitt 8.1 einzuhalten.

8.5. Betragen die Abstände zwischen den Verpreßkörpern weniger als 1 m, so kann eine Ankergruppenprüfung erforderlich werden, um die gegenseitige Beeinflussung der Einzelanker zu überprüfen. Hierfür sind mehrere benachbarte Anker gleichzeitig unter Last zu halten und zu beobachten.

8.6. Bei Prüfung nach Abschnitt 8.1 sind die Abnahmebedingungen in der Regel erfüllt, wenn bei 1,2facher rechnerischer Ankerkraft die Verschiebungen innerhalb der Beobachtungszeit abgeklungen sind und wenn sich die Gesamtverschiebungen von jenen der Grundsatz- oder Eignungsprüfung und der Abnahmeprüfungen nach Abschnitt 8.2 und Abschnitt 8.4 bei der gleichen Laststufe nicht wesentlich unterscheiden.

Bei Prüfung nach den Abschnitten 8.2 und 8.4 sind die Kraftverschiebungskurven und Zeitverschiebungskurven der Abnahmeversuche mit den Ergebnissen der Grundsatz- und Eignungsprüfung zu vergleichen und zu beurteilen (siehe Abschnitt 9). Die Abnahmebedingungen sind in der Regel erfüllt, wenn unter der maximal aufgebrachten Last die Verschiebungen innerhalb der Beobachtungszeit abgeklungen sind und wenn durch die Dehnung die vorgesehene freie Stahllänge nachgewiesen wurde. Werden die in Abschnitt 9 empfohlenen Grenzlinien der elastischen Verschiebungen über- oder unterschritten oder unterscheiden sich die bleibenden Verschiebungen wesentlich von denen der Grundsatz- oder Eignungsprüfung, so ist ein sachverständiges Institut hinzuzuziehen.

8.7. Sind die Abnahmebedingungen nach Abschnitt 8.6 nicht erfüllt, so ist für diese Anker die Grenzkraft als diejenige Kraft, unter der die Verschiebung des Ankerkopfes noch eindeutig abklingt, neu festzulegen. Es ist zu untersuchen, ob ein Ersatzanker hergestellt werden muß. In schwierigen Fällen ist ein sachverständiges Institut hinzuzuziehen.

8.8. Wenn mit Verpreßankern für vorübergehende Zwecke gesicherte Baugrubenwände infolge unvorhergesehener Umstände länger als zwei Jahre stehen, sind nach Ablauf dieser Frist die Abnahmeprüfungen nach Abschnitt 8 etwa alle sechs Monate zu wiederholen.

9. Auswertung, Darstellung und Beurteilung der Zugversuche bei Grundsatz-, Eignungs- und Abnahmeprüfungen

9.1. Allgemeines

Zur Auswertung der Versuchsergebnisse wird das nachfolgend beschriebene Verfahren empfohlen. Es ermöglicht mit einer für die Praxis ausreichenden Genauigkeit die Beurteilung eines Verpreßankers in bezug auf Tragfähigkeit, freie Stahllänge, bleibende Verschiebungen und Reibungsverluste beim Vorspannen.

9.2. Formelzeichen und Grenzlinien

9.2.1. Formelzeichen

a) Kräfte

A_0 Vorlast

A_r rechnerische Ankerkraft (Gebrauchslast)

A_g Grenzkraft

R_v Reibungsverlust beim Vorspannen

b) Verschiebungen des luftseitigen Ankerendes in Kraftrichtung

s Gesamtverschiebungen. Da nach Abschnitt 7.4 die bei Kräften unterhalb der Vorlast auftretenden Verschiebungen nicht gemessen werden, entsprechen die bei der Kraft A gemessenen Verschiebungen jeweils der Kraftgröße $(A - A_0)$

s_e elastische Verschiebungen

s_{bl} bleibende Verschiebungen

c) Werte des Stahlzuggliedes

F_e Gesamtquerschnitt

β_S Streckgrenze des Ankerstahles

E Elastizitätsmodul des Ankerstahles

9.2.2. Grenzlinien

Empfohlene Grenzlinien entsprechen Linien, zwischen denen die Kurve der ermittelten elastischen Verschiebungen verlaufen soll, damit sich die rechnerisch ermittelte freie Stahllänge l_{rSt} nicht wesentlich von der vorgesehenen freien Stahllänge l_{fSt} unterscheidet und der Reibungsverlust R_v innerhalb zulässiger Grenzen bleibt.

a) **Die obere Grenzlinie a** ist gegeben durch die Gleichungen:

für Verankerungslänge des Stahles $l_v > 0$

$$s_e = \frac{A - A_0}{E \cdot F_e} \left(l_{fSt} + \frac{l_v}{2} \right)$$

für Verankerungslänge des Stahles $l_v = 0$

$$s_e = 1,1 \cdot \frac{A - A_0}{E \cdot F_e} \, l_{fSt}$$

(Die obere Grenzlinie entspricht der Ankerdehnung bei einer um die halbe vorgesehene Verankerungslänge bzw. um 10 % vergrößerten freien Stahllänge.)

b) **Die untere Grenzlinie b** ist gegeben für $A \gtrsim 0,75 \, A_g + A_0$ durch die Gleichung:

$$s_e = 0,8 \cdot \frac{A - A_0}{E \cdot F_e} \, l_{fSt}$$

(Dies entspricht der Ankerdehnung bei einer um 20 % verringerten freien Stahllänge.)

DIN 4125 Blatt 1   Seite 7

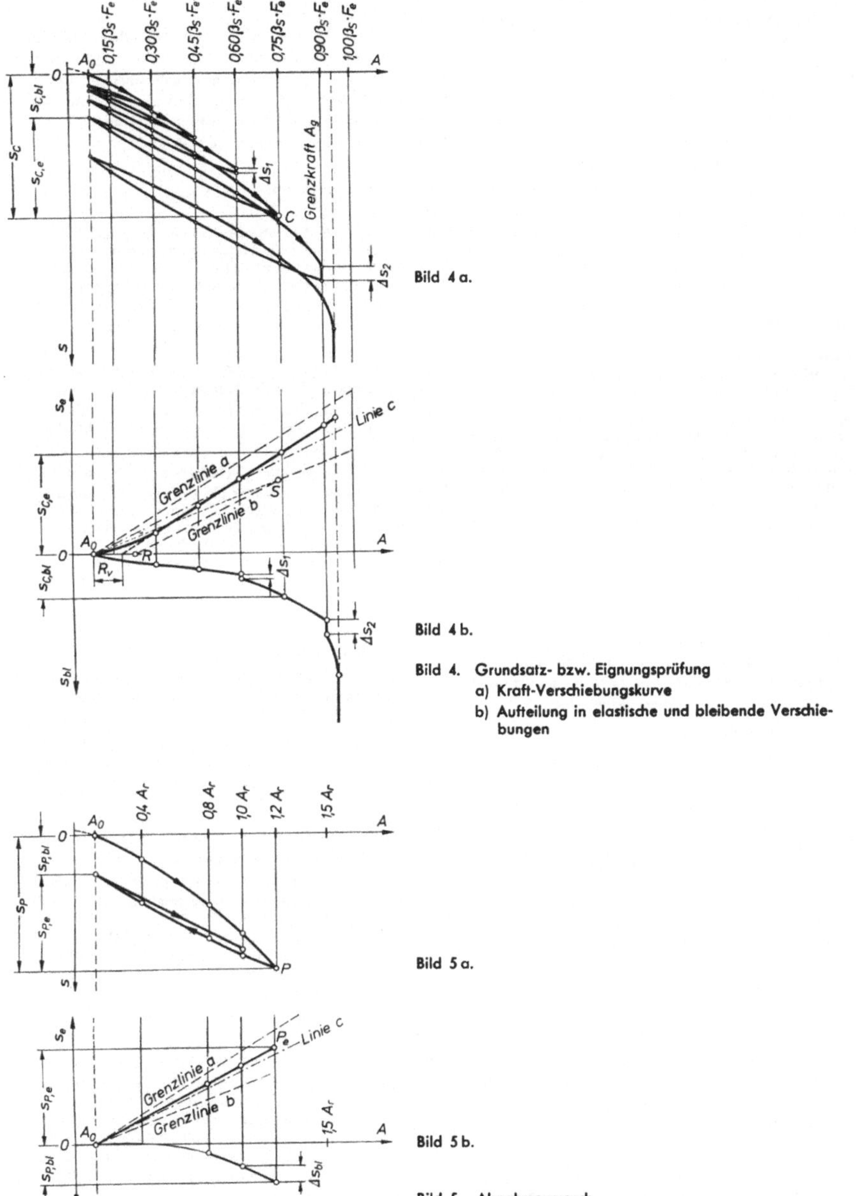

Bild 4. Grundsatz- bzw. Eignungsprüfung
a) Kraft-Verschiebungskurve
b) Aufteilung in elastische und bleibende Verschiebungen

Bild 5. Abnahmeversuch
a) Kraft-Verschiebungskurve
b) Aufteilung in elastische und bleibende Verschiebungen

Seite 8   DIN 4125 Blatt 1

für $A \leq 0{,}75\,A_g + A_0$ als Linienzug $\overline{A_0RS}$; die Koordinaten der Punkte R und S ergeben sich in Abhängigkeit von A_g und A_0 aus folgender Tabelle:

Punkt	Verschiebungsachse s_e	Kraftachse A
R	0	$0{,}15\,A_g + A_0$
S	$0{,}6\,A_g\,\dfrac{l_{fSt}}{E \cdot F_e}$	$0{,}75\,A_g + A_0$

(Der Linienzug $\overline{A_0RS}$ berücksichtigt Dehnungsbehinderungen infolge von Reibungsverlusten beim Vorspannen.)

c) In der Regel empfiehlt sich ein Vergleich der Linie der elastischen Verschiebungen s_e mit einer m i t t l e r e n
L i n i e c, welche der elastischen Dehnung eines Stahlzuggliedes mit der vorgesehenen Länge l_{fSt} entspricht.

9.3. Auswertung der Grundsatz- und Eignungsprüfung

9.3.1. Darstellung

Die Ergebnisse der Zugversuche werden mit allen Zwischenentlastungen als Kraft-Verschiebungskurven aufgetragen (siehe Bild 4 a). Die gemessenen Verschiebungen des Ankerkopfes werden in die elastischen und in die bleibenden Anteile aufgeteilt. Hierzu ist wie folgt vorzugehen (siehe Bild 4 b): Bei einer bestimmten Ankerkraft erhält man nach Bild 4 a die gesamte Verschiebung s, die bei Entlastung auf A_0 um den elastischen Anteil s_e auf den Anteil der bleibenden Verschiebungen s_{bl} zurückgeht. Diese beiden Anteile der elastischen und bleibenden Verschiebungen werden bei der entsprechenden Ankerkraft in Bild 4 b nach oben und unten getrennt aufgetragen. In Bild 4 b ist als Beispiel die Verschiebung s_C bei der Ankerkraft $0{,}75 \cdot \beta_S \cdot F_e$ eingetragen (Punkt C). Durch Entlastung erhält man die elastischen und bleibenden Verschiebungen $s_{C,\,e}$ und $s_{C,\,bl}$, die dann bei der Ankerkraft $0{,}75 \cdot \beta_S \cdot F_e$ dargestellt sind.

9.3.2. Ermittlung der Grenzkraft

Aus der Kurve der bleibenden Verschiebungen (siehe Bild 4 b) wird die Grenzkraft nach Abschnitt 2.9 bestimmt. Im Bild ist beispielsweise das Versagen des Ankers bei $0{,}94 \cdot \beta_S \cdot F_e$ dargestellt, wobei die Verschiebung des Ankerkopfes nicht mehr abklingt. Als Grenzkraft wird in diesem Falle die Kraft bei der vorausgegangenen Laststufe $0{,}9 \cdot \beta_S \cdot F_e$ festgestellt, bei der die Verschiebungen noch eindeutig abgeklungen sind.

Wird die Grenzkraft im Versuch nicht erreicht, so gilt die größte aufgebrachte Ankerkraft, höchstens aber die Tragkraft des Stahlzuggliedes an der Streckgrenze als Grenzkraft.

9.3.3. Ermittlung der freien Stahllänge und des Reibungsverlustes

Aus der Kurve der elastischen Verschiebungen erhält man näherungsweise die rechnerische freie Stahllänge l_{rSt} (siehe Abschnitt 2.5 und Bild 1) und den Reibungsverlust beim Vorspannen R_v. Die rechnerische freie Stahllänge ergibt sich aus der Steigung des etwa geradlinigen Abschnitts der Kurve der elastischen Verschiebungen s_e zu:

$$l_{rSt} = \frac{\Delta s_e}{\Delta A} \cdot E \cdot F_e$$

Die Verlängerung dieses geradlinigen Kurvenabschnitts schneidet auf der Kraftachse die Strecke vor $(R_v + A_0)$ ab;

die Kraft R_v entspricht dabei näherungsweise dem Reibungsverlust beim Vorspannen.

Nach Abschnitt 7.8 und Abschnitt 7.9 darf sich die rechnerisch ermittelte freie Stahllänge l_{rSt} von der vorgesehenen freien Stahllänge l_{fSt} nicht wesentlich unterscheiden. Als Kriterium hierfür wird empfohlen, daß die Kurve der elastischen Verschiebungen s_e in Bild 4 b zwischen der oberen Grenzlinie a und der unteren Grenzlinie b verläuft.

9.4. Abnahmeprüfung

9.4.1. Darstellung

Die Ergebnisse der Zugversuche sind im Bild 3 bzw. Bild 5 a aufgetragen. Da nur eine Zwischenentlastung nach der 1,2-fachen rechnerischen Ankerkraft (Punkt P im Bild 5 a) eingeschaltet ist, können auch nur für diese Belastung der elastische Anteil $s_{p,\,e}$ und der bleibende Anteil $s_{p,\,bl}$ der Gesamtverschiebung s_p getrennt aufgetragen werden.

Nimmt man jedoch entsprechend der Darstellung im Bild 5 b für den Verlauf der elastischen Verschiebungen anstelle einer unbekannten Kurve als Näherung die Gerade $\overline{A_0P_e}$ an, so erhält man durch Abzug der so angenommenen elastischen Verschiebungen s_e von den gesamten Verschiebungen s eine angenäherte Kurve der bleibenden Verschiebungen s_{bl}. Dabei muß die Summe der elastischen und bleibenden Verschiebungen immer die Gesamtverschiebung ergeben. Die empfohlene Näherung reicht aus, um die Größenordnung der elastischen und bleibenden Verschiebungen im Bereich der maximalen Prüfkraft und damit das Tragverhalten des Ankers mit ausreichender Genauigkeit beurteilen zu können. Bei niedrigeren Laststufen können die vernachlässigten Reibungskräfte zu einer unzutreffenden Darstellung der bleibenden Verschiebungen s_{bl} führen.

9.4.2. Sicherheit des Verpreßkörpers

Bei Ankern, die unter der Annahme aktiven oder erhöhten aktiven Erddrucks bemessen sind, ist zur Beurteilung der Tragfähigkeit des Verpreßkörpers im Boden die Kurve der bleibenden Verschiebungen (siehe Bild 5 b) mit den entsprechenden Kurven der Grundsatz- oder Eignungsprüfungen (siehe Bild 4 b) zu vergleichen. Die erforderliche Sicherheit ist im allgemeinen dann gegeben, wenn die bleibende Verschiebung bei $1{,}2 \cdot A_r$ nicht größer als die bleibenden Verschiebungen bei der entsprechenden Laststufe der Grundsatz- oder Eignungsprüfung ist. Außerdem soll die Zunahme Δs_{bl} der bleibenden Verschiebungen s_{bl} zwischen $1{,}0 \cdot A_r$ und $1{,}2 \cdot A_r$ im Bild 5 b nicht größer sein als die Zunahme zwischen den entsprechenden Laststufen der Grundsatz- oder Eignungsprüfung im Bild 4 b.

Für Anker, die unter Annahme des Erdruhedrucks bemessen sind, ist die Abnahmebedingung im Hinblick auf die Tragfähigkeit erfüllt, wenn die Verschiebungen bei $1{,}2 \cdot A_r$ innerhalb der Prüfzeit abgeklungen sind.

9.4.3. Freie Stahllänge

Die rechnerisch ermittelte freie Stahllänge l_{rSt} darf sich von der vorgesehenen freien Stahllänge l_{fSt} nicht wesentlich unterscheiden. Nach Abschnitt 9.3 ist diese Forderung erfüllt, wenn die Kurve der elastischen Verschiebungen innerhalb der Grenzlinien a und b verläuft (siehe Bild 4 b).

Da jedoch von dieser Kurve nur die elastische Verschiebung unter der 1,2fachen rechnerischen Ankerkraft (Punkt P_e in Bild 5 a) ermittelt ist, genügt der Nachweis, daß dieser Punkt P_e zwischen den Grenzlinien a und b liegt.

Hinweise auf weitere Normen und Empfehlungen

DIN   488 Blatt 1 Betonstahl; Begriffe, Eigenschaften, Werkkennzeichnung
DIN   1045 Beton- und Stahlbetonbau; Bemessung und Ausführung
DIN   1050 Stahl im Hochbau; Berechnung und bauliche Durchbildung
DIN   1054 Baugrund; zulässige Belastung des Baugrunds
DIN   4030 Beurteilung betonangreifender Wässer, Böden und Gase
DIN   4084 Blatt 1 (Vornorm) Baugrund; Geländebruchberechnungen bei Stützbauwerken; Empfehlungen
DIN   4124 Baugruben und Gräben; Böschungen, Arbeitsraumbreiten; Verbau
DIN   4227 Spannbeton; Richtlinien und Bemessung der Ausführung
DIN 17 100 Allgemeine Baustähle; Gütevorschriften
Empfehlungen des Arbeitsausschusses „Ufereinfassungen" (EAU 1970), 4. Auflage 1971 [8])
Empfehlungen des Arbeitskreises „Baugruben"[9]) der Deutschen Gesellschaft für Erd- und Grundbau e. V.

---

[8]) Verlag Wilhelm Ernst & Sohn, Berlin — München. Ergänzungen erscheinen in der Zeitschrift „Bautechnik" jeweils im letzten Heft des Jahres.
[9]) Zu beziehen bei der Deutschen Gesellschaft für Erd- und Grundbau e. V., 43 Essen, Kronprinzenstraße 35 a.

DK 624.023.943 : 620.1   DEUTSCHE NORMEN   *Entwurf* Mai 1974

Erd- und Felsanker **Verpreßanker** für dauernde Verankerungen (Daueranker) im Lockergestein Bemessung, Ausführung und Prüfung	**DIN** *4125* Blatt 2

Soil and rock anchors; permanent soil anchors;   *Einsprüche bis 30. September 1974*
analysis structural design and testing

Dieser Norm-Entwurf, dessen Inhalt noch nicht die endgültige Fassung der beabsichtigten Norm darstellt und deshalb noch nicht für die Anwendung bestimmt ist, wird der Öffentlichkeit zur Prüfung und Stellungnahme vorgelegt, damit er erforderlichenfalls verbessert werden kann.

Soll dieser Norm-Entwurf ausnahmsweise im wirtschaftlichen Verkehr angewendet werden, so ist dies zwischen den Beteiligten, z. B. Auftraggeber und Auftragnehmer, zu vereinbaren.

Einsprüche und Änderungsvorschläge zu diesem Norm-Entwurf werden in zweifacher Ausfertigung erbeten an den Fachnormenausschuß Bauwesen, 1 Berlin 30, Reichpietschufer 72-76.

Deutscher Normenausschuß

Die Ausführung und Prüfung von Verpreßankern für dauernde Verankerungen erfordern gründliche Kenntnis und Erfahrung in dieser Bauart. Mit der Herstellung von Verpreßankern dürfen nur solche Unternehmen betraut werden, die diese Voraussetzungen erfüllen und eine fachgerechte Ausführung gewährleisten. Dies erfordert auch den Einsatz zuverlässiger Führungskräfte (Bauleiter, Poliere usw.), die bereits bei Arbeiten zur Herstellung von Verpreßankern für vorübergehende Zwecke mit Erfolg tätig waren und ausreichende Kenntnisse für die ordnungsgemäße Ausführung solcher Arbeiten besitzen. Für die ausschlaggebenden Arbeiten darf nur geschultes Fachpersonal unter Aufsicht eines Fachbauleiters herangezogen werden.

In dieser Norm sind die von außen auf einen Verpreßanker einwirkenden Kräfte als Lasten bezeichnet.

Zu dieser Norm gehört:

DIN 4125 Blatt 1, Ausgabe Juni 1972, „Erd- und Felsanker; Verpreßanker für vorübergehende Zwecke im Lockergestein; Bemessung, Ausführung und Prüfung"

Inhalt

Fortsetzung Seite 2 bis 6

Fachnormenausschuß Bauwesen (FNBau) im Deutschen Normenausschuß (DNA)
Arbeitsgruppe Einheitliche Technische Baubestimmungen (ETB) des FNBau

Seite 2   Entwurf DIN 4125 Blatt 2

1. Geltungsbereich

Die Norm gilt für die Bemessung, Ausführung und Prüfung
von Verpreßankern, die für bleibende Verankerungen
verwendet werden und deren Tragfähigkeit durch Spannen
überprüft werden kann. Die Verpreßanker dürfen nicht
verwendet werden, wenn dynamische Kräfte nach
DIN 4150 auftreten, oder wenn im Boden oder im Grund-
wasser Stoffe enthalten sind, die einen starken chemischen
Angriff auf Beton verursachen (siehe DIN 4030) oder die
stark aggressiv gegenüber Stahl sind (siehe DVGW-Arbeits-
blatt „Merkblatt für die Beurteilung der Korrosions-
gefährdung von Eisen und Stahl im Erdboden") [1] [2].

Zugpfähle (siehe DIN 1054, DIN 4014 und DIN 4026)
und Felsanker (Norm in Vorbereitung) können nach dieser
Norm nicht bemessen werden.

Soweit im folgenden nichts anderes bestimmt ist, ist die
Bemessung, Ausführung und Prüfung von Daueranker
nach DIN 4125 Blatt 1 „Verpreßanker für vorübergehende
Zwecke" durchzuführen.

*Anmerkung: Die Norm enthält allgemeine technische
Anforderungen. Abweichungen bedürfen nach den bauaufsichtlichen Vorschriften im Einzelfall einer Zustimmung
der obersten Bauaufsichtsbehörde oder der von ihr
bestimmten Behörden, sofern nicht eine allgemeine bauaufsichtliche Zulassung erteilt ist.*

2. Begriffe

2.1. Verpreßanker

Verpreßanker im Sinne dieser Norm sind Erdanker, bei
denen durch Einpressen von Zementschlämme oder
-mörtel um den hinteren Teil eines in den Boden eingebrachten Stahlzuggliedes ein begrenzter Verpreßkörper
hergestellt wird, der über Stahlzugglied und Ankerkopf
mit dem zu verankernden Bauteil kraftschlüssig verbunden
wird. Eine vom Verpreßanker aufzunehmende Last wird
nicht — wie bei Ankerpfählen ohne Fuß — über die ganze
Länge, sondern im Bereich des Verpreßkörpers in den
Boden eingeleitet.

2.2. Grenzkraft

Abweichend von DIN 4125 Blatt 1, Abschnitt 2.9, wird
zwischen der Grenzkraft A_s, der Grenzkraft A_b und der
Grenzkraft A_k unterschieden:

a) Die Grenzkraft A_s ist die Ankerkraft, die sich aus der
garantierten Streckgrenze des für das Zugglied verwendeten Stahls und dem Querschnitt des Zuggliedes
errechnet unter Berücksichtigung einer möglichen
Verminderung der Tragfähigkeit des Stahlzuggliedes
an Kopf, Fuß oder Koppelstelle (im Zulassungsbescheid festzulegen).

b) Die Grenzkraft A_b ist die im Zugversuch der Eignungsprüfung ermittelte Bruchlast des Verpreßankers. Sie
ist gleich oder kleiner als die Grenzkraft A_s.

c) Die Grenzkraft A_k ist entsprechend Bild 2 die Ankerkraft, bei der im Zugversuch der Eignungsprüfung das
Kriechmaß k_s = 2 mm ist.

2.3. Kriechmaß

Das Kriechmaß k_s ist entsprechend Bild 1 das Maß für
die Zunahme der Verschiebung s des Verpreßkörpers im
Boden in Abhängigkeit vom Logarithmus der Zeit t unter
konstanter Ankerkraft:

$$k_s = \frac{s_2 - s_1}{\lg \frac{t_2}{t_1}} \text{ in mm}$$

Das Kriechmaß k_s ist eine vom Verpreßanker, der Ankerkraft, den Bodenverhältnissen und der Herstellung des
Verpreßankers abhängige Größe.

2.4. Weitere Begriffserklärungen

Siehe DIN 4125 Blatt 1, Abschnitt 2.

3. Bautechnische Unterlagen

DIN 4125 Blatt 1, Abschnitt 3 gilt auch für Daueranker.
Die unter Abschnitt b) geforderte ausführliche Beschreibung und Darstellung des gesamten Bauablaufs muß insbesondere Angaben über Transport, Lagerung und Einbau
der korrosionsgeschützten Anker in Form einer Arbeitsanweisung enthalten. In dieser Arbeitsanweisung sind
die Erfahrungen aus den Grundsatzprüfungen und Bauausführungen zu berücksichtigen. Die Erfahrungen aus
der Eignungsprüfung sind im Einvernehmen mit dem zur
Überwachung eingeschalteten sachverständigen Institut
einzuarbeiten. Die Arbeitsanweisung muß auch auf der
Baustelle vorliegen. Sie sollte zweckmäßigerweise in
Form einer Prüfliste aufgestellt sein.

4. Anforderungen

4.1. DIN 4125 Blatt 1, Abschnitt 4.1 (Nachweis der
Eignung),

4.2. (Ausbildung der Ankerköpfe) und 4.3 (Stahl für das
Stahlzugglied) gelten auch für Daueranker, die Ab-
schnitte 4.4 bis 4.8 werden durch die nachstehenden
Abschnitte dieser Norm ersetzt.

4.2. Daueranker dürfen ohne besondere Maßnahmen, die
in jedem Einzelfall festzulegen sind, nicht in folgende
Bodenarten eingebaut werden:

a) organische Böden,

b) bindige Böden mit einer Konsistenzzahl $I_C < 0,9$,

c) bindige Böden mit einer Fließgrenze $w_L > 50\%$,

d) lockere Sande mit einer bezogenen Lagerungsdichte
$I_D < 0,3$.

4.3. Der Abstand zwischen einem Verpreßkörper und einer
Verkehrsfläche muß mindestens 4 m betragen.

4.4. Der Gesamtquerschnitt eines Stahlzugglieds muß
mindestens 225 mm², der Einzelstabquerschnitt 75 mm²
betragen.

4.5. Bei der Auswahl des Zements für das Verpressen ist
eine mögliche Gefährdung durch betonangreifende Böden
oder betonangreifende Wässer entsprechend DIN 4030
zu berücksichtigen. Verpreßanker dürfen nicht angewendet
werden, wenn Wässer oder Böden vorliegen, die Beton
„stark" oder „sehr stark" angreifen. Über die Angaben
in DIN 4030 hinaus ist Vorsicht geboten bei Verankerungen
in der Nachbarschaft von Anlagen, bei denen korrosive
Chemikalien produziert, gelagert oder in großem Umfang
benutzt werden.

4.6. Daueranker sind auf ihrer ganzen Länge, auch am
Übergang vom Spannkopf zum Stahlzugglied und am
Verpreßkörper, durch auf Dauer sichere Maßnahmen
gegen Korrosion zu schützen.

In den Abschnitten 4.6.1 bis 4.6.5 werden Mindestanforderungen für den Korrosionsschutz von Verpreßankern
genannt, die in Böden eingebaut werden, die nicht stark

[1] Zu beziehen bei der ZfGW-Verlag GmbH, 6 Frankfurt,
Postfach 901080.

[2] In Zweifelsfällen ist eine in Korrosionsfragen erfahrene
Prüfstelle hinzuzuziehen.

aggressiv gegenüber Stahl sind. Bei stark aggressiven Böden
oder Wässer sind zusätzliche Maßnahmen über die hier
gegebenen Mindestanforderungen anzuordnen, die von
einem Fachmann für Korrosionsfragen zu beurteilen sind.

Ist mit Kriechströmen im Boden zu rechnen, so sind
elektrisch isolierte Stahlzugglieder zu verwenden.

4.6.1. Für die Korrosionsschutzmittel ist nachzuweisen,
daß

a) deren Langzeiteignung im Vergleich zu bewährten
Korrosionsschutzmitteln als gegeben angesehen werden
kann,

b) sie die Werkstoffeigenschaften des Stahls während der
Herstellung und des Gebrauchszustandes nicht beeinträchtigen,

c) sie das zu schützende Stahlzugglied auch im mikro-
skopischen Bereich lückenlos umschließen.

Zementmörtel gilt nur als Korrosionsschutz, wenn un-
mittelbarer Kontakt mit dem Stahlzugglied besteht, wenn
er selbst ausreichend dicht ist und er durch einen Mantel aus
ausreichend diffusionsdichtem und korrosionsbeständigem
Werkstoff umhüllt ist. Die Dicke der Mörtelüberdeckung
muß dabei mindestens 5 mm betragen; in Abhängigkeit
von der Konstruktion und der Umhüllung des Verpreßankers kann eine größere Dicke erforderlich werden. Der
Mantel muß in der Lage sein, ein Abplatzen des Mörtels
vom Stahl zu verhindern.

4.6.2. Der Korrosionsschutz ist unter werkmäßigen
Bedingungen vor dem Einbau aufzubringen und zu überprüfen.

Der Stahl muß bei Beschichtungen oder Anstrichen
trocken sein, er ist von Walzzunder und Flugrost zu
befreien und so vorzubereiten, daß die Oberfläche des
Stahls metallisch blank ist. Wird als Korrosionsschutz
Zementmörtel, Fett oder dgl. benutzt, so braucht Walzzunder und Flugrost nicht entfernt zu werden.

4.6.3. Der Korrosionsschutz ist während des Einbaus beim
Spannen und im Gebrauchszustand gegen Verletzungen
aus mechanischen Beanspruchungen, z. B. durch ein Hüllrohr, auf Dauer zu schützen. Im Bereich der freien Ankerlänge muß der mechanische Schutz gleichzeitig die
freie Dehnbarkeit des Ankers gewährleisten. Werden
plastisch verformbare Korrosionsschutzmittel (z. B. Fette)
verwendet, muß durch Abstandhalter gewährleistet sein,
daß an jeder Stelle eine genügend große Schichtdicke
zwischen dem Stahlzugglied und dem mechanischen Schutz
vorhanden ist. Der Hohlraum zwischen dem Korrosionsschutz und dem mechanischen Schutz soll raumbeständig
und raumabschließend verfüllt werden, es sei denn, daß
nachgewiesen wird, daß eine erd- und luftseitig angeordnete
Abdichtung zwischen Hüllrohr und korrosionsgeschütztem
Stahlzugglied auch nach dem Spannen gegenüber dem
angrenzenden Medium dicht ist. Der der Zementmörtel
nach Abschnitt 4.6.1 umhüllende Mantel aus diffusionsdichtem Werkstoff darf als mechanischer Schutz herangezogen werden.

4.6.4. Die Ankerköpfe sind gegenüber der Atmosphäre
durch ausreichend diffusionsdichte Werkstoffe zu schützen.
Der verbleibende Hohlraum ist zu verpressen. Müssen
Verpreßanker nachgespannt oder nachgeprüft werden,
ist sicherzustellen, daß das Verpreßmittel am Ankerkopf
wieder nachgepreßt werden kann.

---

3) Bei dieser Festlegung wird unterstellt, daß eine Trag-
fähigkeitsreserve von etwa 15 % vorhanden ist, wenn
bis zur 1,5fachen Gebrauchslast die Bedingungen der
Grenzkraft A_k nicht aufgetreten sind.

4.6.5. Verpreßanker mit Stahlzuggliedern aus St 52-3 oder
einer geringeren Festigkeitsklasse können ohne Korrosionsschutz eingebaut werden, wenn eine örtlich verstärkte
Korrosion nicht auftreten kann, und wenn der Wert für die
gleichmäßige Oberflächenabtragung durch Korrosion
bekannt ist. Dabei müssen Stahlzugglieder mindestens
800 mm² Querschnitt + Abrostungszuschlag und Rohre
mindestens 10 mm Wanddicke + Abrostungszuschlag haben.

4.7. Die Mindestdicke der Verpreßkörper ergeben sich im
Gegensatz zu DIN 4125 Blatt 1, Abschnitt 4.8 nur aus
konstruktiven und herstellungstechnischen Gründen.

4.8. Die Einhaltung der Abmessungen und Werkstoffgüten
der verwendeten Baustoffe, insbesondere für das Stahlzugglied, die Verankerungsteile und den Korrosionsschutz
ist durch eine Überwachung (Güteüberwachung), bestehend
aus Eigen- und Fremdüberwachung, zu sichern. Die dazu
erforderlichen Prüfungen und der Prüfumfang sind den
Zulassungsbescheiden für Verpreßanker zu entnehmen.

5. Bemessung und Nachweise

5.1. Die für den Verpreßanker zulässige Last beträgt:

$$A_{zul} = A_s/1{,}75$$
$$A_{zul} = A_b/1{,}75$$
$$A_{zul} = A_k/1{,}50$$

der kleinere Wert für A_{zul} ist maßgebend.

A_b und A_k sind im Rahmen der Eignungsprüfung (siehe
Abschnitt 7) zu bestimmen.

Die Ankerkraft unter Gebrauchslast darf die 0,67fache
maximale Prüflast der Grundsatzprüfung oder einer
zusätzlichen Prüfung des Korrosionsschutzes nicht überschreiten.

5.2. Ist bei allen Ankern der Eignungsprüfung die
1,5fache Gebrauchslast erreicht worden, ohne daß die
im Abschnitt 2.2 genannten Bedingungen für die Grenzkräfte eingetreten sind, so ist für diese Anker die notwendige
Sicherheit nachgewiesen 3). Wird bei einem der Anker
bei einer niedrigeren Laststufe die Grenzkraft A_b oder
A_k erreicht, ist die zulässige Ankerkraft für alle Anker,
für die die Eignungsprüfung gilt, nach den Bedingungen
von Abschnitt 5.1 auf Grundlage des niedrigsten Versuchs-
wertes festzulegen. Soll nicht vom niedrigsten Versuchswert ausgegangen werden, so sind weitere Versuche im
nötigen Umfang auszuführen.

5.3. Die Änderung der Kraft im Stahlzugglied aus häufig
sich wiederholenden Verkehrslasten (auch Wind) darf
nicht größer als 20 % der Kraft unter der größten
Gebrauchslast sein, sofern nicht aufgrund der Dauer-
schwingfestigkeit der Stahlteile und ihrer Verbindungen
ein geringerer Wert gewählt werden muß.

5.4. Neben der Sicherheitsbetrachtung nach
DIN 4125 Blatt 1, Abschnitt 5.7, sind ferner der Abfall
der Ankerkraft aus Kriechen der Verpreßkörper abzuschätzen und der für die Standsicherheit kritischen Ankerkraft unter Beachtung von Abschnitt 4.2 gegenüberzu-
stellen. Die angenommenen Kriechmaße sind nach Durchführung der Eignungsprüfung mit den wirklichen zu
vergleichen.

5.5. Im Rahmen der statischen und konstruktiven Ent-
wurfsbearbeitung ist das zu verankernde Bauteil nach
Abschnitt 9.1 einzustufen, ggf. die Auswahl der Prüf-
anker für die Nachprüfung vorzunehmen und die Prüf-
methode und das Arbeitsprogramm festzulegen.

5.6. Für das zu verankernde Bauteil sind alle Nachweise nach einschlägigen technischen Baubestimmungen, z. B. DIN 1045 und DIN 1050 getrennt für die Lastfälle „Gebrauchslast" und „Abnahmeprüfung" zu führen. Unter dem Lastfall „Abnahmeprüfung" gilt DIN 4125 Blatt 1, Abschnitt 5.5 mit der Ergänzung, daß die zulässige Druckspannung bei Teilflächenbelastung nach DIN 1045, Ausgabe Januar 1972, Gleichung 13, mit dem Sicherheitsbeiwert 1,5 anstelle von 2,1 ermittelt werden darf. Der Nachweis der Rißsicherheit ist nur dann für den Lastfall „Abnahmeprüfung" zu führen, wenn der Bewehrungsquerschnitt aus diesem Lastfall ermittelt ist. Dabei dürfen die Beiwerte r gegenüber DIN 1045, Tabelle 16, verdoppelt werden [4]. In allen anderen Fällen ist der Nachweis der Beschränkung der Rißbreite nur für dauernd wirkende Lasten entsprechend DIN 1045, Abschnitt 17.6, zu führen.

6. Bauausführung

Es gilt DIN 4125 Blatt 1, Abschnitt 6, darüber hinaus sind die folgenden Abschnitte 6.1 und 6.2 zu beachten.

6.1. Vor Beginn und während der Bauarbeiten ist zu prüfen, ob der anstehende Boden für die Aufnahme von Daueranker geeignet ist (siehe Abschnitte 1 und 4.2).

6.2. Verunreinigungen in der Krafteintragungslänge sind zu verhindern. Bei unverrohrten Bohrungen sind geeignete Maßnal.men (z. B. nachträgliche Verrohrung) zu ergreifen.

7. Grundsatz- und Eignungsprüfung

7.1. Für jede Ankerbauart müssen Grundsatzprüfungen in einer Bodenart der folgenden Gruppen vorgenommen werden:

a) mit Zementsuspension nicht injizierbare, grobkörnige (nichtbindige) Böden,

b) feinkörnige (bindige) Böden. Die Grundsatzprüfung ist für diese Bodenarten nur dann allgemeingültig, wenn der Boden bei der Grundsatzprüfung eine Fließgrenze $w_L \geqq 30\%$ und eine Plastizitätszahl $I_P > 15$ hat.

Das Verhalten von Verpreßankern kann im Regelfall in gemischtkörnigen Böden aufgrund der Ereignisse der Grundsatzversuche in grobkörnigen und feinkörnigen Böden beurteilt werden.

7.2. Ergebnisse von Grundsatzprüfungen mit verrohrter Bohrung und Außenspülung können auf Bauausführungen mit anderen verrohrten Bohrverfahren (z. B. trockenes Rammbohren, Bohren mit Innenspülung (Überlagerungsbohren)) übertragen werden, bei Verpreßankern in grobkörnigen Böden auch umgekehrt. Dagegen können Ergebnisse von Grundsatzprüfungen mit verrohrter Bohrung nicht für Bauausführungen mit unverrohrter Bohrung herangezogen werden und umgekehrt. Grundsatzprüfungen sollen in Ankern durchgeführt werden, deren Neigung kleiner als 1 : 2 ist.

7.3. Das Herstellen der Anker, das Durchführen der Zugversuche sowie das Ausgraben der Anker muß von einem sachverständigen Institut überwacht werden, das auch die erforderlichen Bodenuntersuchungen durchführt. Die ausgegrabenen Anker sind sowohl von diesem Institut wie auch von einem Sachverständigen für Korrosionsfragen zu beurteilen.

7.4. Die Grundsatzprüfung ist nach DIN 4125 Blatt 1, Abschnitt 7, mit folgenden Abweichungen durchzuführen:

7.4.1. Die Zugkraft wird im Zugversuch, ausgehend von einer aus meßtechnischen Gründen erforderlichen Vorlast A_0 in den Laststufen nach der Tabelle, Spalte 1, aufgebracht. Nach dem erstmaligen Erreichen einer Laststufe ist der Anker auf die Vorlast A_0 zu entlasten, um Aufschluß über die elastischen und bleibenden Verschiebungen zu erhalten.

7.4.2. Die Anker sind mindestens bis zur Laststufe $0,9 \cdot \beta_S \cdot F_e$ zu belasten, sofern die Grenzkraft A_b nicht bei einer kleineren Laststufe erreicht wird, wenn kein Anker im Rahmen der Grundsatzprüfung die Laststufe $0,9 \cdot \beta_S \cdot F_e$ erreicht, sind zur Beurteilung der Ankerbauart Ergebnisse von Grundsatzprüfungen an anderer Stelle heranzuziehen, wo mindestens 1 Anker diese Laststufe erreicht hat.

7.4.3. Zur Ermittlung der Grenzkraft A_k sind vor jeder Entlastung die Verschiebungen unter konstanter Last zu messen (z. B. nach 1, 3, 5, 10, 30 min), nach Bild 1 im halblogarithmischen Maßstab aufzutragen und das Kriechmaß k_s zu ermitteln. Die erforderlichen Mindestbeobachtungszeiten sind der Tabelle, Spalten 3 bzw. 4, zu entnehmen.

Tabelle. **Mindestbeobachtungszeiten**

1	2	3	4
Laststufen		Mindestbeobachtungszeiten	
Grundsatz-prüfung $A_0 \leqq 0,1$ $\beta_S \cdot F_e$	Eignungs-prüfung $A_0 \leqq 0,2\, A_r$	in grobkörni-gen Böden	in feinkörni-gen Böden
$0,30\ \beta_S \cdot F_e$	$0,40\ A_r$	15 min	30 min
$0,45\ \beta_S \cdot F_e$	$0,80\ A_r$	15 min	30 min
$0,60\ \beta_S \cdot F_e$	$1,00\ A_r$	1 h	2 h
$0,75\ \beta_S \cdot F_e$	$1,20\ A_r$	1 h	3 h
$0,90\ \beta_S \cdot F_e$	$1,50\ A_r$	2 h	24 h

Die in der Tabelle angegebenen Mindestbeobachtungszeiten sind ggf. zu verlängern,

a) bis die Meßpunkte in der graphischen Darstellung nach Bild 1 mit ausreichender Genauigkeit durch eine Gerade ausgeglichen und damit die Kriechmaße k_s festgestellt werden können,

b) wenn die Kriechmaße k_s bei grobkörnigen Böden größer sind als 1 mm. In diesem Fall sind die Mindestbeobachtungszeiten für bindige Böden einzuhalten.

Die Kriechmaße k_s sind entsprechend Bild 2 in Abhängigkeit von den Laststufen aufzutragen.

7.4.4. Ein Anker ist, ausgehend von der Laststufe $0,6 \cdot \beta_S \cdot F_e$ 20 mal auf $0,3 \cdot \beta_S \cdot F_e$ zu entlasten und wieder zu belasten. Die Verschiebungen bei der Ober- und Unterlast sind mindestens nach jedem 5. Lastwechsel zu messen. Wartezeiten sind nicht einzuschalten. Anschließend ist auf die Vorlast A_0 zu entlasten. Danach ist die Laststufe $0,6 \cdot \beta_S \cdot F_e$ mit der zugehörigen Beobachtungszeit aufzubringen.

7.5. Die Eignungsprüfung ist nach DIN 4125 Blatt 1, Abschnitt 7, bzw. DIN 4125 Blatt 2, Abschnitt 7.4, unter Aufsicht eines sachverständigen Instituts, mit folgenden Abweichungen durchzuführen:

---

[4] Die Bemessungshilfen von Heft 220 des Deutschen Ausschusses für Stahlbeton „Bemessung von Beton- und Stahlbetonbauteilen nach DIN 1045", zu beziehen beim Verlag Wilhelm Ernst und Sohn, Berlin, können benutzt werden, wenn die Schnittgrößen für den Lastfall „Abnahmeprüfung" mit dem Faktor 1,3 : 1,75 abgemindert werden.

Entwurf DIN 4125 Blatt 2   Seite 5

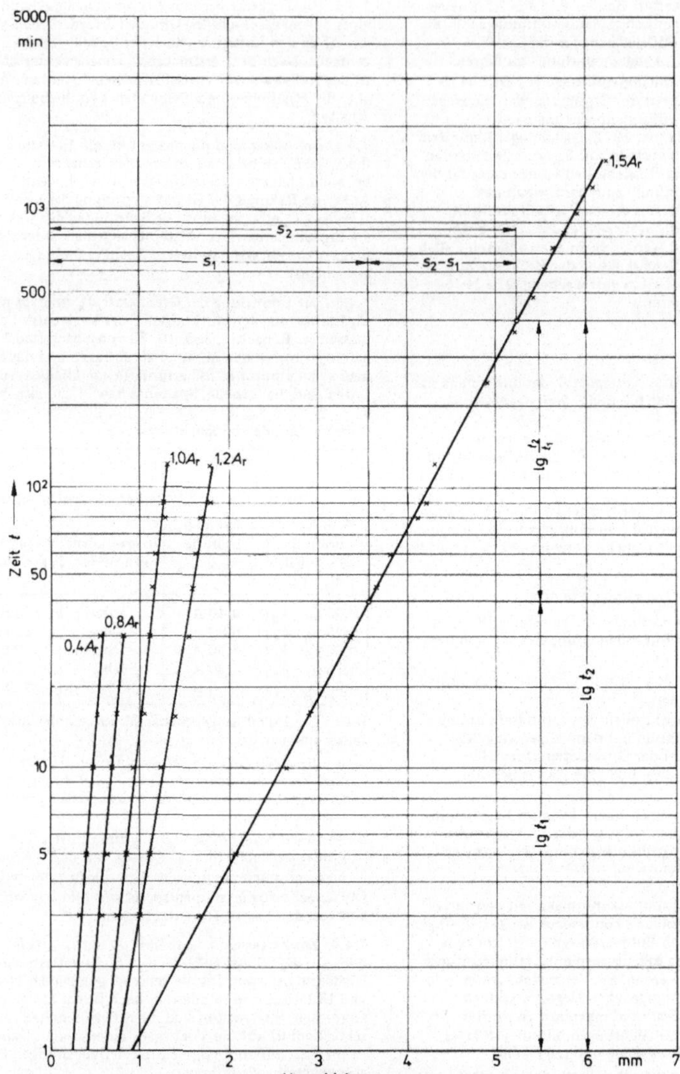

Bild 1.   Beispiel für die Ermittlung des Kriechmaßes k_s

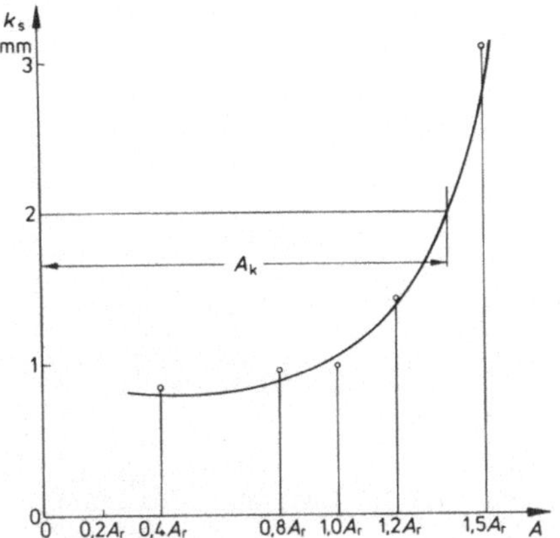

Bild 2.   Beispiel für die Ermittlung der Grenzkraft A_k

7.5.1. Eignungsprüfungen sind vor jedem Einsatz von Dauerankern auf der Baustelle durchzuführen. Sie sind dort anzuordnen, wo aufgrund von Bodenaufschlüssen die ungünstigsten Bodenverhältnisse in dem Bereich der Baustelle zu erwarten sind, in dem die Eignungsprüfungen angesetzt sind.

7.5.2. Die Laststufen sind in der Tabelle, Spalte 2, zu entnehmen. Ist zum Zeitpunkt der Prüfung die Gebrauchslast nicht bekannt, bzw. die erreichbare Grenzkraft A_k unsicher, so wird empfohlen, kleinere Laststufen als in der Tabelle angegeben, zu wählen.

7.5.3. Ein Anker ist nach Erreichen der vorgesehenen Gebrauchslast 20 mal auf die halbe Gebrauchslast zu entlasten und wieder zu belasten. Danach ist die 1. Dauerlaststufe aufzubringen.

7.5.4. Die Grenzkraft ist entsprechend Abschnitt 2.2 festzulegen.

8. Abnahmeprüfung

Die Abnahmeprüfung ist nach DIN 4125 Blatt 1, Abschnitt 8, mit folgenden Abweichungen durchzuführen:

8.1. Jeder Anker ist von der Vorlast A_0 mit einer Zwischenablesung nach Erreichen der rechnerischen Ankerkraft A_r (Gebrauchslast) auf $1{,}5\,A_r$ anzuspannen, auf die Vorlast A_0 zu entlasten, darauf wieder anzuspannen und auf die gewählte Vorspannkraft festzulegen. Die Verschiebung des luftseitigen Endes des Zuggliedes ist bei den angegebenen Laststufen zu messen.

8.2. Bei den ersten 10 Ankern sowie an mindestens einem von 10 weiteren Ankern ist die Prüflast in den Stufen $0{,}4\,A_r$, $0{,}8\,A_r$, $1{,}0\,A_r$, $1{,}2\,A_r$ und $1{,}5\,A_r$ aufzubringen, in denselben Stufen bis A_0 zu entlasten und darauf die gewählte Vorspannkraft aufzubringen.

8.3. Die bei konstant gehaltener Höchstlast von $1{,}5\,A_r$ auftretenden Verschiebungen sind in der Regel 15 min lang zu beobachten und zu messen (z. B. nach 1, 2, 3, 5, 10, 15 min). Eine Beobachtungszeit von 5 min ist in nichtbindigen Böden ausreichend, wenn die zwischen 2 min und 5 min auftretenden Verschiebungen kleiner als 0,2 mm sind. Grundsätzlich ist die Beobachtungszeit von 15 min zu verlängern, wenn die zwischen 5 min und 15 min auftretenden Verschiebungen größer als 0,5 mm sind. Die Beobachtungen sind dann so lange fortzusetzen, bis eine eindeutige Feststellung des Kriechmaßes k_s möglich ist.

8.4. Die Meßergebnisse sind mit den Werten der Eignungsprüfung zu vergleichen. In der Regel genügt ein listenmäßiger Vergleich der bleibenden und der elastischen Verschiebungen sowie der Kriechmaße k_s. Die Abnahmeprüfung gilt als bestanden, wenn die elastischen Verschiebungen innerhalb der Grenzen nach DIN 4125 Blatt 1, Abschnitt 9, liegen, die bleibenden Verschiebungen und die Kriechmaße k_s den Werten der Eignungsprüfung entsprechen und die Kriechmaße k_s bei $1{,}5\,A_r$ unter 2 mm liegen.

8.5. Die Durchführung und Auswertung der Abnahmeprüfungen sind mit einem Sachverständigen des Instituts abzusprechen, das auch die Eignungsprüfung überwacht hat. Die Maßnahmen bei nichtbestandener Abnahmeprüfung sind mit dem Sachverständigen abzustimmen (z. B. Verringerung der Gebrauchslast, erneutes Vorspannen, Setzen von Zusatzankern).

9. Nachprüfung

9.1. Für die Nachprüfung von Dauerankern werden die Bauwerke bzw. Bauteile wie folgt unterschieden:

a) Bauteile, die auch ohne die Mitwirkung ihrer Anker eine Standsicherheit $\geq 1{,}2$ aufweisen,

b) Bauteile, deren Standsicherheit ohne die Mitwirkung ihrer Anker kleiner als 1,2 ist und bei denen sich das Versagen einzelner Daueranker durch erkennbare Verformungen ankündigt,

c) Bauteile, deren Standsicherheit ohne die Mitwirkung ihrer Anker kleiner als 1,2 ist und bei denen das Versagen einzelner Daueranker nicht an Verformungen erkennbar ist.

9.2. Daueranker in Bauteilen nach b) und c) bedürfen einer Nachprüfung auch nach dem Einbau, wenn das Versagen der Daueranker zu einer Gefahr für die öffentliche Sicherheit und Ordnung führen kann und wenn die Nachprüfung im Zulassungsbescheid gefordert ist. Durch die Nachprüfung wird das Verhalten des verankerten Bauteils bzw. die Tragfähigkeit der eingebauten Anker nach Ingebrauchnahme des Bauwerks kontrolliert. Art und Umfang der Nachprüfung sind im Zulassungsbescheid zu regeln.

Literatur

1. Oitto, R. H., und C. A. Goode: Recent Studies on Performance of Expansion Anchors. SME Fall Meeting, Oct. 1972, Preprint Nr. 72–AM–357.
2. Parsons, E. W.: Design and Development of a Rock Bolt Anchored by Explosive Forming: A Progress Report, US-Bureau of Mines, RI 6250, 1963, 29 S.
3. Lang, T. A.: Theory and Practice of Rock Bolting. AIME-Transactions **220**, 333–348 (1961).
4. Thiel, P. S.: Recent Developments in Roof Bolting and Roof Bolt Installation Procedure. E. L. Bateman Ltd., Johannesburg (1972), 16 S.
5. US-Bureau of Mines: Use of Torque Wrenches to Determine Load in Roof Bolts. Part 3, Expansion Type 5/8″ Bolts. RI 5228 (1956).
6. Hansagi, I.: Entwicklung des Betonankers in Schweden. Erzmetall **25**, 287–290 (1972).
7. N. N.: Grouted Re-Bar Makes Strong Roof Bolt (Perfo-System). Construction Methods and Equipment. Mc Graw-Hill Publishing Co. 1957.
8. Jessberger, H. L.: Theorie und Praxis eines neuzeitlichen Verankerungsverfahrens. Bautechnik **7** (1963).
9. Wagner, H.: Verkehrs-Tunnelbau. Band I: Planung, Entwurf und Bauausführung. Berlin-München: W. Ernst & Sohn. 1968.
10. Schuermann, F., A. Jankowski und R. Novotny: Die Weiterentwicklung des Klebankers. Glückauf **106**, 1145–1151 (1970).
11. Judtmann, C.: Persönliche Information über den Pfändertunnel-Richtstollen. Bregenz und Innsbruck (1975).
12. Rotter, E., und H. Habenicht: Über den Kunststoff-Verbundverbau (KVVN) und seine technologischen Vorteile. Der Bauingenieur **50**, 267–270 (1975).
13. Rotter, E., und H. Habenicht: Ausbau untertägiger Hohlräume in Kunststoff. Österreichische Bauzeitung **2**, 42–44 (1975).
14. Rotter, E., und H. Habenicht: Kunststoff-Verbundverbau. Neues Ausbausystem für Hohlräume und Baugruben. Schweiz. Bauzeitung **93**, H. 44, S. 709–713 (1975).
15. Habberstad, J., G. Walde und R. Simpson: The Pumpable Rock Bolt: A New Roof Control Concept. Engineering and Mining Journal, August 1973, S. 76–79.
16. Parker, H., R. P. N. Hargraves, R. Ramsell und A. Hawkins: Strata Reinforcement Using the Technique of Long Hole Resin Dowelling. The Mining Engineer, July 1973, S. 519–532.
17. Colorado Fuel and Iron Corporation: Prospekt TK/UT/4M/FS/F. Pueblo, Colorado, USA.
18. Berg- und Industrietechnik GmbH, Recklinghausen, BRD. Prospekt. Januar 1973.
19. Thiel, P. S.: The Development of Rock-Reinforcing in South African Mining. Rock-Elb (Pty) Ltd. Johannesburg, South Africa.
20. Seegmiller, B. L.: How Cable Bolt Stabilization May Benefit Open Pit Operations. Mining Engineering, Dec. 1974, S. 29–34.
21. N. N.: Der Ankerausbau. Sonderdokumentation 1969 der Schrauben- und Gebirgsankerfabrik Lenoir et Mernier, Frankreich, 28 S.
22. König, H.: Zur Wirkungsweise und Belastbarkeit von einbetonierten Ankern. Bergakademie **21**, 647–652 (1969).
23. N. N.: Vorgespannte Injektionsanker System Stump-Duplex. Informationsschrift. Stump Bohr A. G., Zürich.

24. Zaijé, J.: Injektionsanker in Grund- und Bergbau. Neue Bergbautechnik **3**, 312–317 (1973).

25. Stehlik, C. J. : Mine Roof and Roof Bolt Behavior Resulting From Nearby Blasts. US- Bureau of Mines, RI 6372, 1964.

26. Stefanko, R., und R. V. de la Cruz: Mechanism of Load Loss in Roof Bolts. Sixth Symp. on Rock Mechanics, University of Missouri at Rolla, 1964, p. 293–309.

27. Habenicht, H., und J. J. Scott: The Influence of Shock Waves on the Stability of Rock-Bolt Anchorage. Transactions. Society of Mining Engineers of AIME, 1967, S. 113–117.

28. Ortlepp, W. D.: An Empirical Determination of the Effectivness of Rockbolt Support under Impulse Loading. Proceedings of the Internat. Symposium on Large Permanent Underground Openings, S. 197–205. Oslo. 1969.

29. Habenicht, H.: Diskussionsbeitrag, Proceedings of the Internat. Symposium on Large Permanent Underground Openings, S. 263–264, Oslo. 1969.

30. N. N.: Perfo Rock Bolting System. Technical Bulletin TB-62-13 (1962), Sika Chemical Corporation, Passaic, N. J.

31. Nordin, Per-Olaf: Insitu Anchoring, Sonderdruck der Hagconsult a. b., Stockholm 1964. 8 S.

32. Committee on Field Tests: Suggested Methods for Rock Bolt Testing. International Society for Rock Mechanics. Commission on Standardization of Laboratory and Field Tests. Committee on Field Tests, Document No. 2, 16 S. (1974).

33. N. N.: Roof-Bolt Compression Pads. Information der Firma Goodyear St. Marys. Ohio (1964).

34. Müller, L.: Der Felsbau. Erster Band. Stuttgart: Ferdinand Enke Verlag. 1963.

35. Fritsche, C. H.: Bergbaukunde, Band I und II. Berlin-Göttingen-Heidelberg: Springer. 1961.

36. Fiedler, K.: Vorlesungen über Tunnelbau. Montanistische Hochschule Leoben. 1960.

37. Habenicht, H., und E. Brennsteiner: Über den Stand der Entwicklung auf dem Gebiet der Gebirgsklassifizierung. BHM **116**, H. 4, 138–149 (1971).

38. Lauffer, H.: Gebirgsklassifizierung im Stollenbau. Geologie und Bauwesen **24**, 46–51 (1958).

39. Proctor, R. V., und T. L. White: Rock Tunneling with Steel Supports. The Commercial Shearing and Stamping Co., Yongstown, Ohio 1964.

40. Richter, R.: Theoretische und praktische Fragen des Ankerausbaues. Freiberger Forschungshefte A **325**, 35–62 (1964).

41. Panek, L. A.: Theory of Model Testing as Applied to Roof Bolting. US-Bureau of Mines, RI 5154, 11 S. (1956).

42. Panek, L. A.: Design of Bolting Systems to Reinforce Bedded Mine Roof. US-Bureau of Mines, RI 5155, 16 S. (1956).

43. Panek, L. A.: Principles of Reinforcing Bedded Mine Roof with Bolts. US-Bureau of Mines, RI 5156, 25 S. (1956).

44. Panek, L. A.: The Effect of Suspension in Bolting Bedded Mine Roof. US-Bureau of Mines, RI 6138, 59 S. (1962).

45. Panek, L. A.: The Combined Effects of Friction and Suspension in Bolting Bedded Mine Roof. US-Bureau of Mines, RI 6139, 31 S. (1962).

46. N. N.: Vorgespannte Fels- und Alluvialanker. Informationsschrift der Losinger & Co. AG. Bern. 1966.

47. Egger, P.: Rock Stabilization. Vortragsfolge „Rock Mechanics" des C.I.S.M., Udine. 1973.

48. Kezdi, A., und I. Marko: Erdbauten – Standsicherheit und Entwässerung. Düsseldorf: Werner. 1969.

49. Hansen, J. Brinch, und H. Lundgren: Hauptprobleme der Bodenmechanik. Berlin-Göttingen-Heidelberg: Springer. 1960.

50. Egger, P.: Verankerungen im Felshohlraumbau. BHM **118**, H. 2, 39–44 (1973).

51. Kegel, K.: Untersuchungen über die zweckmäßigste Abmessung und Anordnung von Bergfesten im Kalisalzbergbau. Abhandlungen der Deutschen Akademie der Wissenschaften zu Berlin, Klasse für technische Wissenschaften, Nr. 1, 75–94. Berlin: Akademie-Verlag. 1953.

52. Isaacson, E. de St. Q.: Rock Pressure in Mines. Mining Publications Ltd., Salisbury House, London, E. C. 2, 1958.

53. Fayol, H.: Note sur les mouvements de terrain provoqués par l'exploitation des mines. Revue del'Industrie Minerale **14** (1885).

54. Evans, W. H.: The Stength of Undermined Strata. Transactions of the Inst. Min. Metall. **50**, 1940–1941.

55. Börger, H.: Die Gebirgsdruckhypothesen für elastische Gesteine und ihre Anwendungsmöglichkeit im Salzbergbau. Kali und Steinsalz, 10–20 (1954).

56. Talobre, J.: La mécanique des roches. Paris: Dunod. 1958.

57. Bierbaumer, A.: Die Dimensionierung des Tunnelmauerwerkes. Leipzig und Berlin: Wilhelm Engelmann. 1931.

58. Irving, C. J.: Some aspects of ground movements. J. Chem. Met. Min. Soc. of South Africa **46** (1946).

59. Dinsdale, J. R.: Ground failure around excavations. Transactions of the Inst. Min. Metall. **50**, 1940–1941.

60. Protodiakonov, M. M.: Siehe Széchy, Tunnelbau, S. 175.

61. Széchy, K.: Tunnelbau. Berlin-Heidelberg-New York: Springer. 1969.

62. Engesser, F.: Über den Erddruck gegen innere Stützwände. Deutsche Bauzeitung (1882).

63. Kommerell, O.: Statische Berechnung von Tunnelmauerwerk. Berlin: W. Ernst. 1940.

64. Terzaghi, K., und L. Richart: Stresses in Rock about Cavities. Geotechnique, S. 57–75 (1952).

65. Terzaghi, K., und R. Jellinek: Theoretische Bodenmechanik. Berlin-Göttingen-Heidelberg: Springer. 1954.

66. Rabcewicz, L. von: Spritzbeton und Ankerung als Hilfsmittel zum Vortrieb und als endgültiger Tunnelausbau. BHM **106**, H. 5/6, 166–176 (1961).

67. Rabcewicz, L. von: Die Neue Österreichische Tunnelbauweise. Teil I: Entstehung, Ausführungen und Erfahrungen. Der Bauingenieur **40**, 289–296 (1965).

68. Sattler, K.: Die Neue Österreichische Tunnelbauweise. Teil II: Statische Wirkungsweise und Bemessung. Der Bauingenieur **40**, 297–301 (1965).

69. Rabcewicz, L. von: The New Austrian Tunneling Method. Parts I, II and III. Sonderdruck aus Water Power, Hefte November 1964, December 1964 und January 1965.

70. Rabcewicz, L. von: Die Ankerung im Tunnelbau ersetzt bisher gebräuchliche Einbaumethoden. Schweizer Bauzeitung **75**, 3–11 (1957).

71. Rabcewicz, L. von: Bemessung von Hohlraumbauten. Die „Neue Österreichische Bauweise" und ihr Einfluß auf Gebirgsdruckwirkungen und Dimensionierung. Felsmechanik **1**, 225–244 (1963).

72. Kastner, H.: Statik des Tunnel- und Stollenbaus. Berlin-Heidelberg-New York: Springer. 1971.

73. Rabcewicz, L. von, J. Golser und E. Hackl: Die Bedeutung der Messung im Hohlraumbau. Der Bauingenieur **47**, 225–234 (Teil I) und 178–287 (Teil II), (1972). Sonderdruck der Fa. Interfels, Salzburg.

74. Müller, L.: Grundsätze der Meßtechnik im Felsbau. Interfels Meßtechnik Information 1973. Interfels Ges.m.b.H. Salzburg, S. 3–11.

75. Rabcewicz, L. von: Die Entwicklung der Meßtechnik im Rahmen der „Neuen Österreichischen Tunnelbauweise". Interfels Meßtechnik Information 1973, Interfels Ges.m.b.H. Salzburg, S. 10–11.

76. Hackl, E.: Messungen im Tunnelbau und ihr Einfluß auf das Baugeschehen. Interfels Meßtechnik Information 1973, Interfels Ges.m.b.H. Salzburg, S. 12–15.

77. Müller, G.: Geomechanische Messungen der Interfels in den Tunneln der Tauernautobahn, Interfels Meßtechnik Information 1973, Interfels Ges.m.b.H. Salzburg, S. 16–25.

78. Pöchhacker, H.: Moderner Tunnelvortrieb in sehr stark druckhaftem Gebirge. Theorie und Praxis. PORR-Nachrichten H. 57/58 (1974).

79. Pacher, F.: Gebirgsklassifizierung für den Tunnelbau. Ingenieurbüro für Geologie und Bauwesen, Salzburg, 1973.

80. Edeling, H., und W. Schulz: Die Neue Österreichische Tunnelbauweise im Frankfurter U-Bahnbau. Der Bauingenieur **47**, 351–362 (1972).

81. Egger, P.: Erfahrungen beim Bau eines seichtliegenden Tunnels in tertiären Mergeln. 23. Geomechanik Kolloquium, Österreichische Gesellschaft für Geomechanik, Salzburg, 1974.

82. Fettweis, G. B., K. Gehring und H. Habenicht: Über gebirgsmechanische Entwicklungen im Bergbau. Rock Mechanics, Suppl. 2, 127–162 (1973).

83. Fettweis, G. B.: Über Begriff und Aufgaben der bergmännischen Gebirgsmechanik. Glückauf **105**, 820–822 (1969).

84. Pacher, F.: Über die Berechnung von Felssicherungen, verankerten Stützmauern und Futtermauern. Geologie und Bauwesen **23**, 41–50 (1957).

85. Panek, L. A.: Use of Vertical Roof Bolts to Reinforce an Arbitrary Sequence of Beds. Proceedings of the Internat. Symp. on Mining Research Rolla, Mo. , S. 499–508 (1962).

86. Parker, J., und J. J. Scott: Instrumentation of Room and Pillar Workings in a Copper Mine of the Copper Range Company, White Pine, Michigan. Proceedings of the 6th Symposium on Rock Mechanics, University of Missouri at Rolla, p. 669–720 (1964).

87. Weiß, P. F.: Der scheibenweise Strebbau unter künstlicher Firste, eine leistungsfähige Abbaumethode für mächtige hochwertige Lagerstätten. BHM **117**, H. 10, 331–334 (1972).

88. Rescher, O. J., K. H. Abraham, F. Bräutigam und A. Pahl: Ein Kavernenbau mit Ankerung und Spritzbeton unter Berücksichtigung der geomechanischen Bedingungen. Rock Mechanics, Suppl. 2, 313–354 (1973).

89. N. N.: The Waldeck II Station. Water Power, August 1971, S. 275–285.

90. Martin, H., und H. Ribitsch: Die Ausführung einer Stützmauer als dünne Stahlbetonplatte mit vorgespannten Verbundankern. Montan-Rundschau **10**, H. 7, 8 S. (1962).

91. Smith, W. M., und P. S. Thiel: Rock Reinforcement for Tunnels. The Technology and Potential of Tunneling. Sonderdruck der Firma Roc-Elb (Pty) Ltd., South Africa, 1972.

92. N. N.: Overhead Support Underground. Du Pont-Magazine, July/August 1974, p. 13–15.

93. Steinbichler, H.: Felsanker. Monatsschrift der Fa. Polensky und Zöllner, Frankfurt. September 1964.

94. Wester, A.: Zementieren und Ankern der Sohlen in Haupt- und Abbaustrecken. Glückauf **107**, 325–332 (1971).

95. Fabricius, O.: Betriebsversuche mit Ankerausbau im Braunkohlentiefbau. Geologie und Bauwesen **23**, 20–32 (1957).

96. Nocke, H., O. Rasche und F. Schuermann: Erfahrungen mit Anker-Türstock-Ausbau in einer Abbaustrecke. Glückauf **104**, 701–707 (1968).

97. Nocke, H.: Neue Erfahrungen mit Anker-Türstock-Ausbau. Glückauf **106**, 979–983 (1970).

98. Adam, R., und J. F. Raffoux: Erfahrungen mit Anker- und mit Anker-Türstock-Ausbau im französischen Steinkohlenbergbau. Glückauf **108**, 1072–1077 (1972).

99. Archiv der Firma GD-Anker, Millstatt, Österreich.

100. Ernst, K.: Neueste Entwicklungen beim Magnesitbergbau Hochfilzen. BHM **118**, H. 10, 327–331 (1973).

101. Allen, G. W.: Ground Support and Mine Bolts. A Study of Usage. Engineering and Mining Journal, August 1962, p. 95–99.

102. Roos, J.: Der Seilanker, eine neue Ankerart. Glückauf **98**, 16–21 (1962).

103. Schuermann, F.: Anker im Streckenausbau. Glückauf **98**, 331–335 (1962).

104. Schuermann, F.: Richtlinien für den Ankerausbau. Glückauf **96**, 183–186 (1960).

105. Jacobi, O.: Zur Statik des Ankerausbaus. Bergfreiheit **17**, 9–16 (1952).

106. Schering, E.: Über die Verwendbarkeit von Firstankern im Salzgestein. Kali und Steinsalz **2**, 37–42 (1956).

192 Literatur

107. Gimm, W.: Ankerausbau im Tiefbau. Bergbautechnik 8, 451–460 (1958).
108. Richter, R.: Grundlegende Betrachtungen zum Ankerausbau. Bergbauwissenschaften 11, 393–402 (1964).
109. Pralle, G. E., und R. H. Karol: Methods of Testing Rock Bolts. Fifth Pacific Area National Meeting of ASTM, Paper Nr. 108, Seattle 1965.
110. McLean, D. C.: Use of Resins in Mine Roof Support. Mining Engineering, Jan. 1964, Reprint, 6 pp.
111. Mintschev, W.: Tensometrische Messungen am Ankerausbau. Bergakademie 16, 234–236 (1964).
112. Lucio, F. de: CERRO Saves Money Using Cemented Rock Bolts at San Cristobal. World Mining, Nov. 1969, p. 38–41.
113. Singh, M. M., und Y. P. Chugh: Design of Roof Bolt Installations. Mining and Minerals Engineering 4, 98–104 (1968).
114. Parsons, E. W., und L. Osen: Load Loss from Rock-Bolt Anchor Creep. US-Bureau of Mines, RI 7220, 26 S. (1969).
115. Parsons, E. W., und L. Osen: Field Testing of the Explosive-Anchored Rockbolt. US-Bureau of Mines, RI 6595, 40 S. (1967).

Sachverzeichnis

IBM-Composersatz: Springer-Verlag Wien;
Reproduktion und Offsetdruck: Adolf Holzhausens Nfg., Wien